Claudia Lorenz-Ladener Heinz Ladener

Solaranlagen im Selbstbau

Theorie und Praxis der Sonnenkollektortechnik

- Warmwasserbereitung
- Schwimmbad- und
- Raumheizung

Staufen bei Freiburg i.Br.

An dieser Stelle
ein besonderes Dankeschön an
Peter Stenhorst vom
Energie- & Umweltzentrum, Springe
für die Durchsicht und Korrektur
des Manuskripts
sowie an alle Bastler und Energieladengruppen,
deren Erfahrungen in dieses
Buch mit eingeflossen sind.

CIP-Titelaufnahme der Deutschen Bibliothek

Lorenz-Ladener, Claudia:
Solaranlagen im Selbstbau : Theorie und Praxis der
Sonnenkollektortechnik ; Warmwasserbereitung, Schwimmbad-
und Raumheizung. - 8., unveränd. Aufl. - Staufen bei Freiburg
: ökobuch, 1989
  ISBN 3-922964-15-X
NE: Ladener, Heinz

1.-5. unveränderte Auflage: 22.000 Ex.
6. erweiterte Neuauflage 1985
7. unveränderte Auflage 1986
8. unveränderte Auflage 1989

ISBN 3 - 922 964 - 15 - X

© ökobuch Verlag, Freiburg 1985
         Staufen 1989

Druck: Graphische Werkstatt GmbH, Kassel.

Inhaltsverzeichnis

1.0	**Einführung**	5
2.0	**Grundlagen der Sonnenenergienutzung**	7
2.1	Das Strahlungsangebot der Sonne	7
2.2	Solaranlagen	10
2.2.1	Sonnenkollektoren	11
2.2.2	Wärmespeicher	14
2.2.3	Das Wärmetransportsystem	15
3.0	**Bausteine der Solartechnik**	17
3.1	Sonnenkollektoren	17
3.1.1	Schwimmbadkollektoren	18
3.1.2	Standard-Flachkollektoren	20
3.1.3	Vakuumkollektoren	35
3.1.4	Luftkollektoren	38
3.1.5	Geometrie und Zusammenschaltung von Kollektoren	42
3.1.6	Wirkungsgrad und Anwendungsbereich von Kollektoren	45
3.2	Wärmeträger	48
3.3	Wärmetransport	50
3.3.1	Systeme	50
3.3.2	Wärmetransportleitungen	54
3.3.3	Betriebstechnische Einrichtungen	62
3.3.4	Pumpen und Ventilatoren	64
3.3.5	Wärmetauscher	67
3.3.6	Steuerungen	70
3.4	Wärmespeicher	75
3.4.1	Druckspeicher	76
3.4.2	Drucklose Speicher	79
3.4.3	Großspeicher	80
3.4.4	Latentwärmespeicher	82
3.4.5	Steinspeicher	83
4.0	**Solarsysteme**	86
4.1	Vom Sonnenkollektor zur Solaranlage	86
4.2	Speicherkollektoren	86
4.3	Solarsysteme für die Schwimmbadheizung	87
4.3.1	Offenes System mit Schwimmbadkollektor	87
4.3.2	Geschlossenes System mit Standard-Flachkollektoren	90
4.4	Solaranlagen zur Brauchwassererwärmung	92
4.4.1	Was kann man erwarten?	92

4.4.2	Anlagendimensionierung	92
4.4.3	Anlagensysteme	95
4.4.4	Solaranlage für Schwimmbad- und Brauchwassererwärmung	102
4.5	Solare Raumheizung	103
4.6	Luftkollektoranlage zur Raumheizung	107
5.0	**Planung von Solaranlagen**	110
5.1	Anlagenstandort	110
5.2	Wahl des Anlagensystems	112
5.3	Anlagendimnesionierung	113
5.4	Kosten von Solaranlagen	114
5.5	Förderung von Solaranlagen	115
5.6	Wirtschaftlichkeit von Solaranlagen	117
5.7	Baugenehmigung	118
6.0	**Selbstbau von Solaranlagen**	119
6.1	Vorüberlegungen zum Selbstbau	119
6.2	Bericht vom Bau einer Brauchwasser-Solaranlage	120
6.3	Selbstbau-Solaranlagen	124
6.4	Betriebskontrolle von Solaranlagen	129
6.5	Leistungen von Solaranlagen	131

Anhang 1: Berechnung der Solareinstrahlung und des Energieertrages 133
Anhang 2: Berechnung des Strömungswiderstandes und Auswahl der Pumpe 139
Anhang 3: H. Olfs/ Bauanleitung für einen drucklosen Wasserspeicher 144

Lieferhinweise 148
Abbildungsverzeichnis 151
Literatur 152

1.0 Einführung

Die Sonne ist für die Entwicklung und Erhaltung des Lebens auf der Erde nicht nur unverzichtbar, sondern auch der wichtigste Energielieferant. Durch die Strahlung der Sonne wird der Erde und ihrer Atmosphäre kontinuierlich eine Leistung von $1{,}7 \times 10^{17}$ Watt ($\hat{=}$ 170 Mio. Gigawatt, 1 Gigawatt $\hat{=}$ elektrische Leistung eines großen Atomkraftwerks) zugeführt.

Selbst bei einer Erdbevölkerung von 10 Mrd. Menschen und einem Pro-Kopf-Verbrauch von 10 kW (Durchschnitt für deutsche Verhältnisse: 7-8 kW Primärenergieverbrauch) würden 1% der Erdoberfläche ausreichen, wenn dort die Sonnenenergie mit 10% technischem Wirkungsgrad für die Energiegewinnung genutzt werden könnte. Die dauerhafte Energieversorgung einer technischen Hochzivilisation auf der ganzen Erde durch die Sonne ist daher prinzipiell möglich.

Die Schwierigkeiten dies zu realisieren, liegen neben ungelösten technischen Problemen und ökonomischen Zwängen vor allem darin, daß wir gerade erst angefangen haben, uns ernsthaft mit den Möglichkeiten der Sonnenenergienutzung zu beschäftigen. Es ist eben heute noch leichter und politisch wohl auch mehr erwünscht, unseren Energiebedarf aus fossilen Energieträgern oder der Atomkraft zu decken.

So war bis Mitte der 70er Jahre die Sonnenenergienutzung in unseren Breiten etwas für Spinner und ein paar Wissenschaftler, die vor allem für Anwendungen in sonnenreichen Gegenden forschten. Drastische Ölpreissteigerungen und erste, noch kurzzeitige Versorgungsengpässe haben uns ins Bewußtsein gerufen, daß die Vorräte fossiler Energieträger begrenzt und zu wertvoll sind, um gedankenlos verschwendet zu werden. Außerdem ist inzwischen für jeden deutlich geworden, daß mit dem Verbrauch fossiler Brennstoffe auch Umweltschäden größeren Ausmaßes einhergehen, deren Kosten heute noch keiner abzuschätzen vermag.

Die Praxis der thermischen Sonnenenergienutzung, d.h. der Sonnenkollektortechnik, ist hierzulande erst gut 10 Jahre alt; gemessen an diesem recht kurzen Zeitraum und den eher bescheidenen Forschungsmitteln sind die Fortschritte recht beachtlich: zugegeben, in der Anfangszeit wurden bei vielen Solaranlagen Fehler gemacht, die für das Erlernen der Technik vielleicht notwendig waren, die jedoch beim Nutzer vielfach einen schlechten Eindruck hinterlassen und mit dazu beigetragen haben, daß die Sonnenenergie zeitweise in Verruf und der Markt zum Erliegen kam.

So war der erste "Solar-Boom" 1977/78, der von großen Umsatzerwartungen der Firmen und allzu hoch gesteckten Versprechungen angeheizt wurde, nur von kurzer Dauer. Eine ganze Reihe von Firmen gab das Kollektorgeschäft auf und nur wenige zogen die Konsequenz, aus den Fehlern zu lernen. Schließlich reicht es ja nicht, gute Solaranlagen zu produzieren, sie müssen auch für jeden Anwendungsfall richtig angepaßt und fachgerecht eingebaut werden.

In den letzten Jahren sind die Sonnenkollektorsysteme weiterentwickelt und verbessert worden, so daß die meisten Kinderkrankheiten dieser Technik wohl überwunden sind. Trotzdem ist die jährlich installierte Kollektorfläche in der Bundesrepublik weiter rückläufig. Es scheint, als würden sich die schlechten Erfahrungen der Anfangsjahre erst jetzt richtig herumsprechen. Außerdem steht der immer noch recht hohe Preis von Firmenanlagen einer breiten Anwendung entgegen.

Unbeeinflußt vom wechselhaften Marktgeschehen bei den Industrie-Kollektoren hat der Selbstbau von Solaranlagen in den letzten Jahren zunehmend an Interesse gewonnen, nicht zuletzt, weil die Kosten für eine Selbstbau-Solaranlage erheblich günstiger sind. Durch die Arbeit von "alternativen" Handwerkern und Selbsthilfegruppen ist in den letzten Jahren die Selbstbautechnik so weiterentwickelt und vermittelt worden, daß Selbstbauanlagen

heute einen Vergleich mit Anlagen aus industrieller Produktion nicht zu scheuen brauchen. Wissenschaftliche Untersuchungen mit vergleichenden Leistungsmessungen beweisen dies.
So ist der Selbstbau von Solaranlagen mehr als eine Bastelei, die zwar Spaß macht, aber nichts "bringt". Mit handwerklichem Geschick und etwas technischem Verständnis können heute Solaranlagen in "Industriequalität" gebaut werden, und zwar zu 30-50% der Kosten von gleichwertigen Firmenanlagen. Da fällt es nicht schwer, die Anlagenkosten durch eingesparte Energiekosten innerhalb von wenigen Jahren zu "amortisieren".

Das vorliegende Buch will daher nicht nur den Käufer von fertigen Anlagen über den Stand der Solartechnik informieren, sondern auch das für den qualifizierten Selbstbau nötige Wissen und die praktische Erfahrung anderer "Bastler" vermitteln. Angesichts der vielfältigen Anwendungsmöglichkeiten der Solartechnik wurde jedoch von einem "Selbstbau-Rezept" abgesehen.
Nach einer kurzen Einführung in die Grundbegriffe und Zusammenhänge der Kollektortechnik (Kapitel 2) werden in Kapitel 3 die verschiedenen Bauteile von Solaranlagen, ihre Funktion und Auslegung behandelt. Hier finden sich viele Detailhinweise und Tips, die später beim Bau einer Anlage von Nutzen sein können.
Wer sich erst einmal einen Überblick verschaffen möchte, kann dieses, vielleicht etwas schwierige Kapitel zunächst überschlagen und gleich in Kapitel 4 "Solarsysteme" oder Kapitel 5 "Anlagenplanung" weiterlesen. In Kapitel 6 werden dann neben Tips für den Selbstbau einige Selbstbauanlagen näher vorgestellt, die Anregungen für das eigene Schaffen geben sollen.

Viel Spaß beim Lesen und Erfolg beim Bauen wünschen die Autoren!

Grebenstein, im März 1985

2.0 Grundlagen der Sonnenenergienutzung
2.1 Das Strahlungsangebot der Sonne

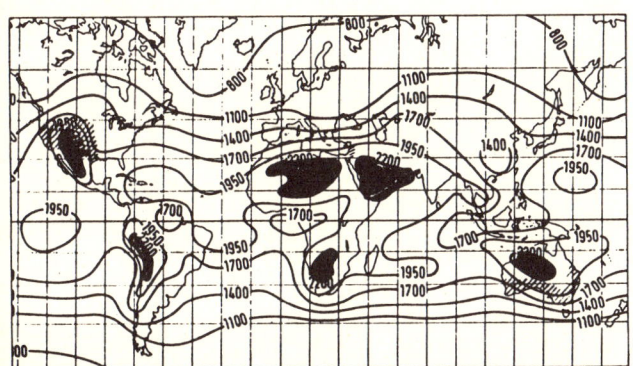

Abb. 1
Einstrahlung der Sonne auf verschiedene Erdregionen (mittlere jährliche Einstrahlung auf horizontale Flächen in kWh/m²a)

Um die Technik der Sonnenenergienutzung für unsere häuslichen Zwecke: Warmwasserbereitung, Schwimmbad- und Hausheizung besser zu verstehen, muß man sich zunächst einmal mit den wichtigsten Eigenschaften der dauerhaften Energiequelle Sonne näher vertraut machen:

- Die Intensität der Sonneneinstrahlung pro m² Fläche (genauer: die Energiedichte) ist verglichen mit anderen Energiequellen (z.B. Öl, etc.) zwar nicht sehr groß, dafür steht die Sonnenenergie aber überall auf der Erzur Verfügung. Im Idealfall (keine Wolken) fallen auf die Erdoberfläche etwa 800 – 1000 Watt/m², die je nach Anwendungsfall und Umweltbedingungen zu 10-80% genutzt werden können. Für die Nutzung der Sonnenenergie zur Deckung unseres Energiebedarfs sind also relativ große Empfängerflächen erforderlich, die jedoch im allgemeinen z.B. auf unseren Hausdächern zur Verfügung stehen.

- Die Sonneneinstrahlung schwankt nicht nur im Tag-Nacht-Rythmus, sondern auch im Wechsel der Jahreszeiten und Wetterlagen. Im Winter, wenn wir die meiste Energie benötigen, ist die mittlere Sonneneinstrahlung am niedrigsten, weshalb es ja dann draußen auch so kalt ist. Während die Tag-Nacht-Schwankungen und Schlechtwetterperioden durch entsprechende Wärmespeicher (Sonnenenergie-Vorräte) mit vertretbarem Aufwand ausgeglichen werden können, bereitet die Speicherung von Sommer-Sonnenenergie für den Winter heute insbesondere wirtschaftlich noch große Schwierigkeiten. Aus diesem Grund sind wir von der reinen Solarheizung im Winter noch weit entfernt und werden wohl auch im kommenden Jahrzehnt auf eine gute und energiesparsame Heizungsanlage nicht verzichten können.

- Die Sonneneinstrahlung auf der Erdoberfläche hängt stark vom Wetter ab: man unterscheidet die **direkte Sonneneinstrahlung** bei

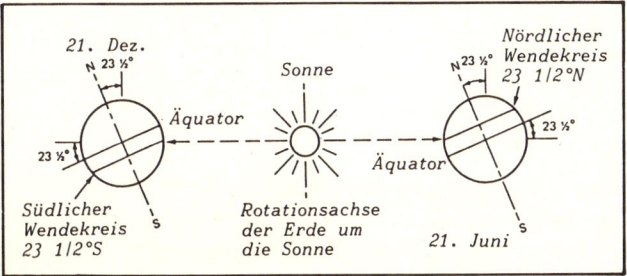

Abb. 2
Bewegung der Erde um die Sonne

Grundlagen: Strahlungsangebot

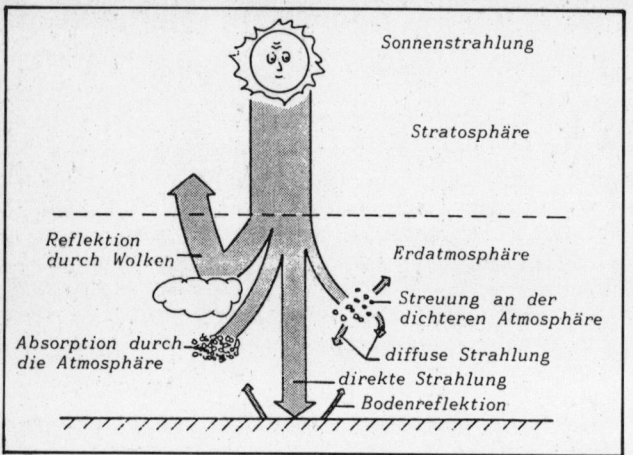

Abb. 3: Streuung des Lichtes an der Atmosphäre

klarem, wolkenlosem Himmel, die die Erde ohne Richtungsänderung erreicht und durch Spiegel und Linsen konzentriert werden kann, und die **diffuse Strahlung**, die durch Streuung der direkten Strahlung an Wolken und Verunreinigungen der Athmosphäre entsteht und in unserem Klima gegenüber der direkten Strahlung überwiegt. Die Summe aus direkter und diffuser Strahlung wird als **Globalstrahlung** bezeichnet.

Während im Sommer der Anteil der diffusen Strahlung ca. 50% der Globalstrahlung beträgt, liegt dieser Anteil im Winter bedingt durch das trübe Wetter erheblich höher. Je höher der Anteil der diffusen Strahlung und damit die Trübung der Atmosphäre ist, umso mehr nimmt der Energiegehalt der Globalstrahlung ab. So beträgt das Energieangebot (die Strahlungsleistung) an trüben Tagen 40–200 Watt/m^2, während an klaren Tagen (im Sommer wie im Winter) 700–1000 Watt/m^2 eingestrahlt werden.

Die Sonneneinstrahlung (auf waagerechte Flächen) wird von Wetterstationen auf der ganzen Welt gemessen und ausgewertet. In Tab. 1 sind die mittleren Tagessummen der Globalstrahlung für verschiedene Orte der Bundesrepublik im Jahresverlauf zusammengestellt.
Die jährlich eingestrahlte Energiemenge beträgt bei uns ca. 1000 kWh/m^{2}a, wobei der überwiegende Teil der Einstrahlung in das Sommerhalbjahr (April – September = 6 Monate) fällt, während die Strahlung im Winterhalbjahr recht niedrig ist. Entsprechend sind die Voraussetzungen für die Sonnenenergienutzung vornehmlich im Sommerhalbjahr gegeben.
Wie Abb. 5 zeigt, ändert sich die eingestrahlte Energie, wenn die bestrahlte Fläche (die Empfängerfläche) nicht waagerecht sondern geneigt ist. Bei einer nach Süden orientierten Fläche mit 30–40° Neigung ergibt sich im Sommerhalbjahr der größte Energiegewinn, während für einen optimalen Energiegewinn in den Übergangsmonaten März/April und September/Oktober eine Neigung von ca. 60° günstig ist.

	Jan	Feb	Mär	Apr	Mai	Juni	Juli	Aug	Sept	Okt	Nov	Dez
1 Norderney	0,57	1,30	2,60	4,27	5,13	6,02	5,46	4,75	3,06	1,66	0,74	0,44
2 Hamburg	0,52	1,13	2,23	3,55	4,67	5,44	4,82	4,34	2,79	1,49	0,67	0,40
3 Braunschweig	0,63	1,16	2,24	3,43	4,65	5,20	4,77	4,21	2,79	1,50	0,70	0,42
4 Braunlage	0,74	1,34	2,40	3,51	4,42	4,95	4,79	4,16	2,78	1,67	0,76	0,51
5 Berlin	0,61	1,14	2,44	3,49	4,77	5,26	4,58	3,05	1,59	0,76	0,46	
6 Bocholt	0,64	1,20	2,18	3,78	4,89	4,75	4,14	3,52	2,71	1,63	0,79	0,44
7 Gelsenkirchen	0,60	1,23	2,10	3,45	4,69	4,44	4,31	3,78	2,68	1,65	0,78	0,48
8 Maastrich, Aachen	0,69	1,34	2,29	3,61	4,75	5,00	4,82	4,26	3,06	1,76	0,88	0,54
9 Bonn	0,72	1,33	1,79	3,33	4,82	4,38	4,15	3,63	2,76	1,67	0,84	0,53
10 Trier	0,72	1,47	2,52	3,88	4,88	5,25	5,27	4,43	3,31	1,80	0,84	0,56
11 Geisenheim	0,70	1,22	2,07	3,59	4,72	4,85	4,52	4,07	2,87	1,52	0,77	0,54
12 Freiburg	0,76	1,34	2,52	3,59	4,71	5,20	4,83	4,55	3,46	1,92	0,99	0,72
13 Nürnberg	0,70	1,42	2,27	3,07	5,66	5,84	5,03	4,52	2,99	1,90	0,87	0,65
14 Würzburg	0,82	1,59	2,68	4,04	5,03	5,54	5,34	4,49	3,53	1,94	0,92	0,65
15 Weihenstephan	1,07	1,83	2,96	4,11	5,08	5,39	5,46	4,60	3,70	2,23	1,18	0,83
16 Hohenpeissenberg	1,38	2,05	3,17	4,15	4,89	5,13	5,40	4,62	3,85	2,62	1,43	1,12
Ø 16 Stationen	0,74	1,38	2,40	3,68	4,86	5,18	4,90	4,28	3,09	1,78	0,87	0,58

Tabelle 1:
Mittlere monatliche Tagessummen der Globalstrahlung aus langjährigen Messungen von 16 Stationen in kWh/m^2 und Tag.

Grundlagen: Strahlungsangebot

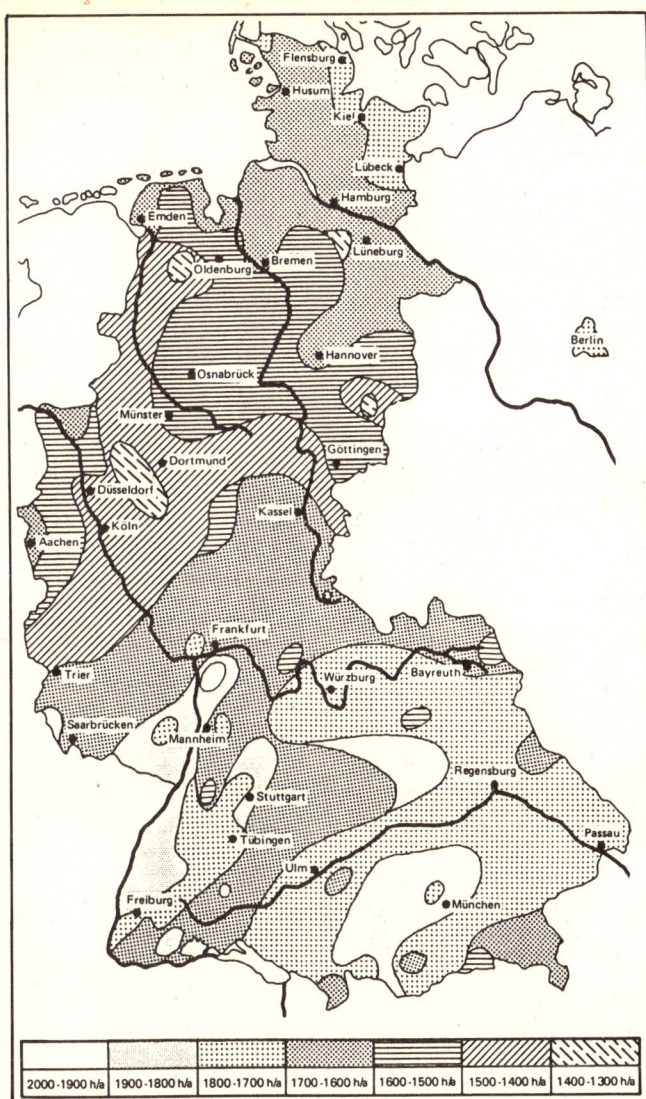

Abb. 4: *Durchschnittliche Sonnenscheindauer in der Bundesrepublik in Stunden/Jahr.*

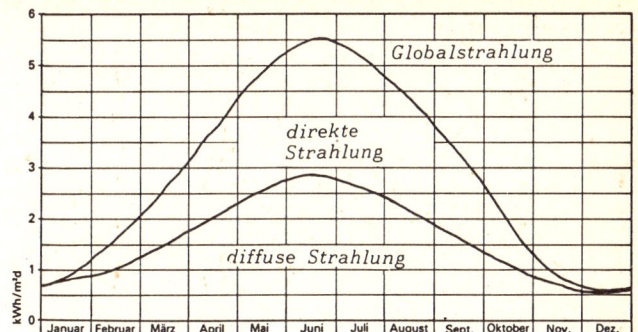

Abb. 5: *Jahresgang der Globalstrahlung auf waagerechte Flächen in kWh/m² Tag*

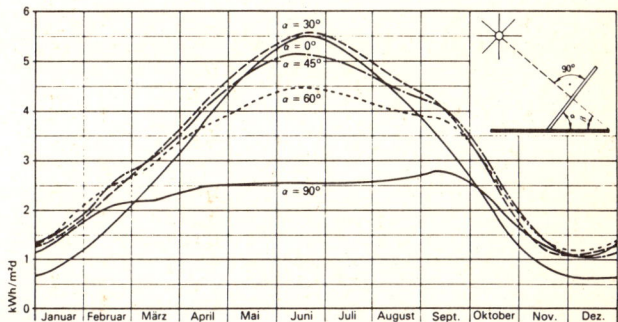

Abb. 6: *Jahresgang der Globalstrahlung auf geneigte Flächen in kWh/m² Tag*

Die Neigung der Empfängerfläche (=Sonnenkollektorfläche) sollte nun so gewählt werden, daß sich in der Hauptnutzungszeit ein optimaler Energiegewinn einstellt.

Da bei der Anbringung von Sonnenkollektoren auf dem Dach der Neigungswinkel durch die Dachneigung vorgegeben ist, ist man vielfach gezwungen, Kompromisse zu schließen.
Die optimale Orientierung der geneigten Kollektorfläche ist Süden, wobei Abweichungen von 20° nach Ost oder West nur wenig ins Gewicht fallen. Abb. 8 zeigt die relative Änderung der eingestrahlten Sonnenenergie in Abhängigkeit von der Abweichung aus der Südrichtung.

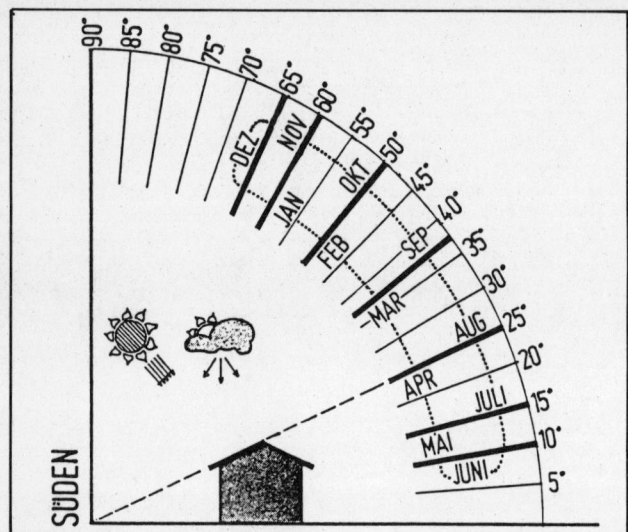

Abb. 7: Günstiger Neigungswinkel für verschiedene Nutzungszeiträume

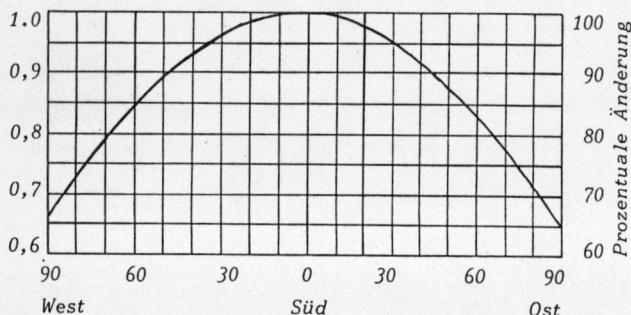

Abb. 8: Relative Änderung der Sonneneinstrahlung bei Abweichungen von der Südorientierung

Versuche, die Empfängerfläche, d.h. den Kollektor, stets dem Sonnenstand nachzuführen und dadurch den Energiegewinn zu jedem Zeitpunkt zu optimieren, scheitern bei gängigen Kollektorflächen in der Regel an dem erheblichen mechanischen Aufwand für die Bewegung der Kollektoren.

Wer die eingestrahlte Sonnenenergie auf eine vorgesehene Kollektorfläche genauer bestimmen will, um z.B. den Energieertrag einer Solaralage im voraus abzuschätzen, findet im Anhang 1 die nötigen Tabellen und Formeln für die Berechnung.

2.2 Solaranlagen

Solaranlagen sind Systeme, die die Sonneneinstrahlung in Wärme umwandeln und diese Wärme über technische Einrichtungen (Speicher, Pumpe, etc.) für die weitere Nutzung der Wärme verfügbar machen. Die Wärmeerzeugung durch Sonnenkollektoren bezeichnet man auch als "aktive Sonnenenergienutzung", weil hier eine Reihe technischer Komponenten an der Energieumwandlung beteiligt sind. Im Gegensatz dazu spricht man von "passiver Sonnenenergienutzung", wenn ein Gebäude mit seiner Verglasung und Wärmespeichermasse so konzipiert ist, daß die eingestrahlte Sonnenenergie vom Gebäude möglichst optimal aufgenommen wird (vgl. Cl.Lorenz-Ladener, "Solargewächshäuser - Theorie und Praxis der passiven Sonnenenergienutzung").

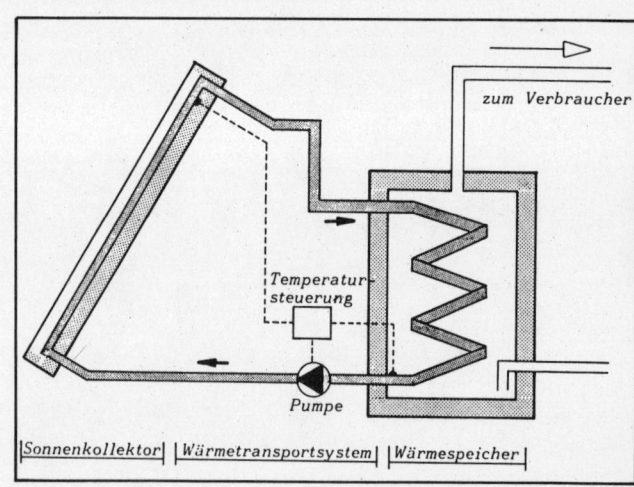

Abb. 9: Schema einer Solaranlage

Grundlagen: Sonnenkollektoren

Während bei der Raumheizung die Maßnahmen zur aktiven und passiven Sonnenenergienutzung stets aufeinander abgestimmt sein sollten, ist die solare Brauchwasserbereitung nur mit aktiver Sonnenkollektortechnik möglich.

Eine Solaranlage besteht in der Regel aus folgenden Komponenten:
- dem **Sonnenkollektor**, in dem die Strahlung in Wärme umgewandelt und an ein Wärmeträgermedium (z.B. Wasser oder Luft) übertragen wird;
- dem **Wärmespeicher**, der die Wärme vom Kollektor aufnimmt, Schwankungen im Energieangebot ausgleicht und die Wärme für die gewünschte Nutzung bereithält; die wichtigsten Speicher sind drucklose und druckbeständige Wasserspeicher sowie Steinspeicher für das Wärmeträgermedium Luft;
- dem **Solarkreislauf**, in dem das Wärmeträgermedium für einem geregelten **Wärmetransport** zwischen Kollektor und Speicher entsprechend dem Energieangebot sorgt. Zum Solarkreislauf gehören das Wärmeträgermedium (Wasser und andere Flüssigkeiten, Luft), Rohre, ggf. Wärmetauscher, Ventile, Pumpe, Steuerung u.ä..

Um die eingestrahlte Sonnenenergie möglichst weitgehend zu nutzen, wird man sich bemühen, die Komponenten in ihrer Funktion zu optimieren und je nach Anwendungsfall möglichst gut aufeinander abzustimmen.

2.2.1 Sonnenkollektoren

Sonnenkollektoren sind Systeme, die die solare Strahlungsenergie in Wärme (thermische Energie) umsetzen. Grundsätzlich unterscheidet man zwischen **konzentrierenden Kollektoren**, die die Strahlung mit Spiegeln auf eine relativ kleine Absorberfläche konzentrieren und die dem Sonnenstand nachgeführt werden müssen, und den feststehenden **Flachkollektoren**, die die Globalstrahlung breitflächig sammeln. Im Gegensatz zu konzentrierenden Kollektoren können Flachkollektoren auch den bei

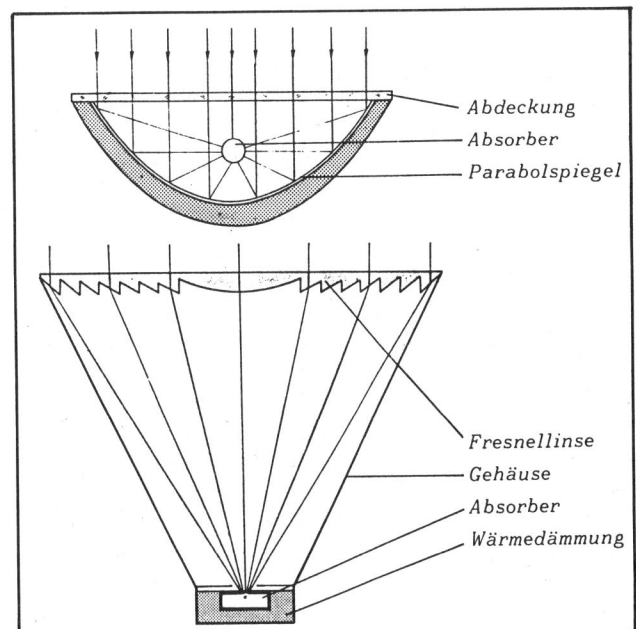

Abb. 10: Konzentrierende Kollektoren

uns erheblichen Anteil an diffuser Strahlung nutzen. Aus diesem Grund, und weil eine aufwendige Nachführungsmechanik entfällt, werden bei uns zur Wärmeerzeugung im häuslichen Bereich praktisch nur Flachkollektoren eingesetzt.

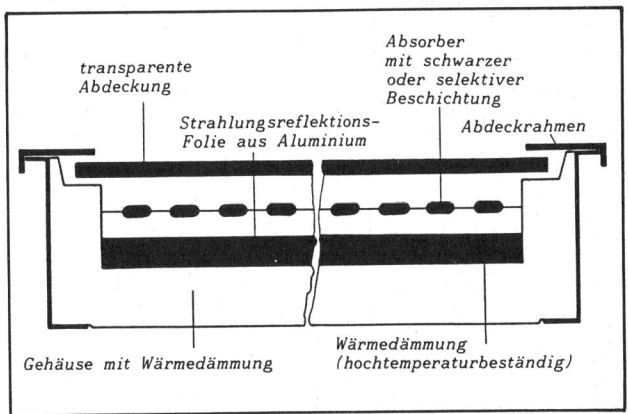

Abb. 11: Aufbau eines Flachkollektors

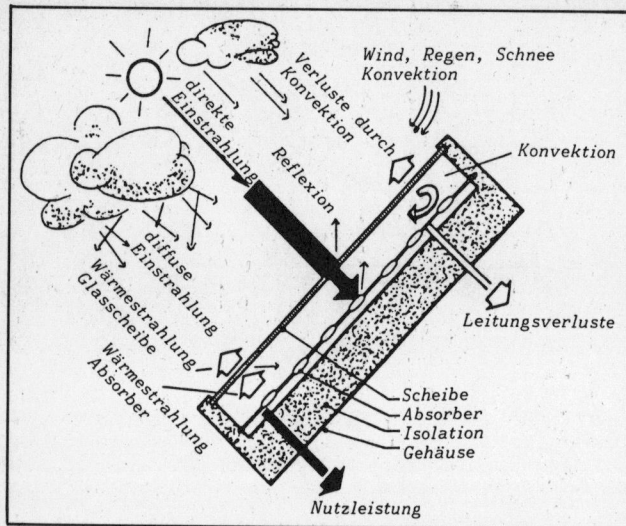

Abb. 12: Wärmeverluste eines Kollektors

Aufbau eines Flachkollektors

Das Herz des Flachkollektors ist der wärmeleitende, schwarze Absorber (absorbieren = Strahlung aufnehmen), der sich in thermischem Kontakt mit einem Wärmeträgermedium befindet. An diesem Absorber wird der größte Teil der auftreffenden Sonnenenergie (ca. 85-98% je nach Beschaffenheit der Oberfläche) in Wärme umgewandelt und an den Wärmeträger übertragen, der die Wärme entweder direkt zum Verbraucher oder für die spätere Nutzung zu einem Wärmespeicher abführt.
Leider geht ein Teil der Wärme am Absorber gleich wieder verloren:
- durch Wärmestrahlung: jeder Körper, der wärmer ist als seine Umgebung, strahlt Energie an diese Umgebung ab (langwellige Infrarotstrahlung);
- durch Konvektion: an warmen und heißen Körpern erwärmt sich die Luft, die aufsteigt und die Wärme davonträgt;
- durch Wärmeleitung: über Befestigungspunkte sowie über die rückseitige Auflage des Absorbers wird ein Teil der Wärme abgeleitet.

Diese Wärmeverluste des Absorbers nehmen mit zunehmender Temperaturdifferenz zwischen Absorber und Umgebung zu. Um diese Verluste zu vermindern, baut man den Absorber für die meisten Anwendungen in ein Gehäuse, das den Absorber auf der Rückseite und an den Seitenwänden durch eine gute Wärmedämmung isoliert, und das an der Oberseite mit einer transparenten Abdeckung (Glas, Kunststoff) geschlossen ist, um die Strahlungs- und Konvektionsverluste zu verringern. In Abb. 12 sind die Umwandlung der Sonneneinstrahlung und die dabei auftretenden Verluste anschaulich dargestellt.

Die diffuse und direkte Solarstrahlung trifft zunächst an der transparenten Abdeckung des Kollektors auf. Durch Reflexion an der Oberfläche und bei der Transmission durch die Abdeckung erreicht ein Teil der Strahlen (ca. 10 - 30%) nicht den darunterliegenden Absorber. Während die Reflexionsverluste vom Einfallswinkel der Strahlen und vom Brechungsindex der transparenten Abdeckung abhängig sind, werden die Transmissionsverluste durch die Lichtdurchlässigkeit des Materials bestimmt.
Je nach Grad der Schwärzung des Absorbers können ca. 85 - 98% der dort auftreffenden Strahlung in Wärme umgewandelt werden. Der Absorptionsfaktor der Absorberbeschichtung sollte daher möglichst in der Nähe von 100% liegen.
Die für das kurzwellige Sonnenlicht transparente Abdeckung ist nun für die langwellige Wärmestrahlung vom Absorber (Wärmeverlust durch Strahlung) nicht durchlässig (Treibhauseffekt). Die Wärmeverluste infolge Konvektion werden wesentlich durch den Abstand zwischen Absorber und Abdeckung bestimmt. Insgesamt sind die Wärmeverluste eines Kollektors von der Konstruktion und den verwendeten Materialien abhängig. Sie können z.B. durch selektive Beschichtung des Absorbers (vgl. Kap. 3.1.2) oder durch Verwendung mehrerer Abdeckungen stark vermindert werden, was natürlich die Kosten erhöht.

Grundlagen: Sonnenkollektoren

An der Rückseite des Absorbers können durch eine wirkungsvolle Wärmedämmung die Wärmeverluste ohne weiteres gering gehalten werden. An der Frontseite treten jedoch in der Regel 5 - 10 mal höhere Verluste auf als an der Rückseite, weil die Forderung nach Durchlässigkeit für Sonnenstrahlung das Ausmaß der Wärmedämmung begrenzt.

Temperaturen im Kollektor

Im normalen Betrieb wird durch das Wärmeträgermedium die im Kollektor produzierte Wärme als Nutzwärme abgeführt. Je nach Bauart entstehen dabei am Absorber Temperaturen von 30 - 90°C, (bei voller Sonneneinstrahlung) denen die Kollektorbauteile dauerhaft standhalten müssen.

Wird die produzierte Wärme durch das Wärmeträgermedium nicht abgeführt (z.B. bei Stromausfall, weil kein Energiebedarf vorhanden ist, beim Aufbau der Anlage, u.ä.), heizt sich der Absorber soweit auf, bis die Wärmeverluste des Kollektors durch Strahlung, Konvektion und Wärmeleitung so groß sind wie die Wärmegewinne durch die eingestrahlte Sonnenenergie. In diesem Fall, dem **Leerlauf**, können am Absorber je nach Bauweise des Kollektors Leerlauftemperaturen von 90 - 200°C entstehen. Je geringer die Wärmeverluste des Kollektors im Betriebszustand sind, d.h. je besser der Kollektor ist, umso höher ist seine Leerlauftemperatur. Da das Eintreten des Leerlauffalles kaum mit Sicherheit vermieden werden kann, dürfen die im Kollektor verwendeten Materialien auch bei diesen Temperaturspitzen noch nicht zerstört werden.

Wirkungsgrad von Sonnenkollektoren

Der Wirkungsgrad eines Sonnenkollektors ist definiert als das Verhältnis von Nutzleistung (durch das Wärmeträgermedium abgeführte Wärme) und eingestrahlter Sonnenenergie. Da die Wärmeverluste des Kollektors mit steigender Absorbertemperatur zunehmen (bei konstanter Einstrahlung), sinken die Nutzleistung

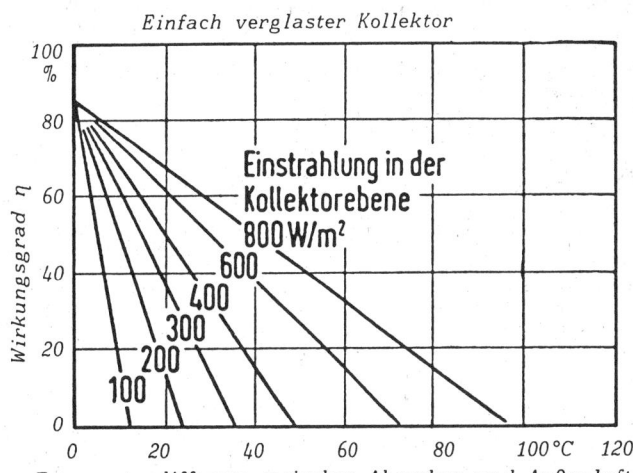

Abb. 13: Wirkungsgradkennlinien eines Flachkollektors mit Einfachverglasung

und der Wirkungsgrad eines Kollektors mit steigender Absorbertemperatur. Hat ein Kollektor z.B. bei einer Absorbertemperatur von 40°C (Außentemperatur 20°C) einen Wirkungsgrad von 50%, so wird bei einer Sonneneinstrahlung von 800 W/m² eine Nutzleistung von 400 W/m² z.B. in Form von warmen Wasser verfügbar sein. Wird jedoch wärmeres Wasser gewünscht, so daß die Absorbertemperatur 60°C betragen muß, so sinkt der Wirkungsgrad auf z.B. 40%, die nutzbare Wärmeleistung geht auf 320 W/m² zurück.

Damit der Kollektor möglichst effizient arbeitet, ist es daher günstig, keine unnötig hohen Temperaturen im Kollektor zu erzeugen.

Eine detaillierte Betrachtung der Wirkungsgrade verschiedener Kollektorkonstruktionen schließt sich an die Behandlung der einzelnen Kollektortypen in Kap. 3 (Seite 17 ff.) an.

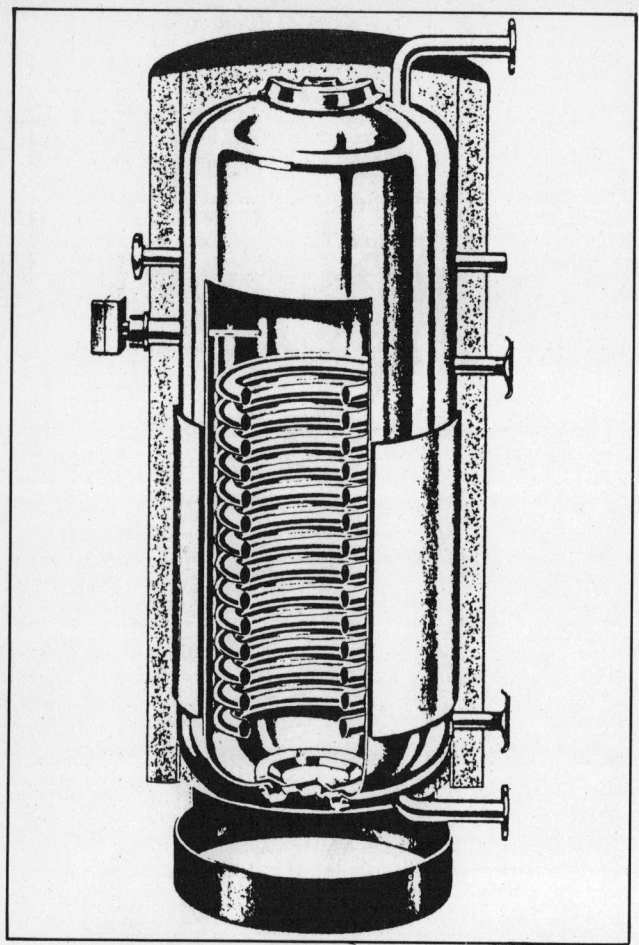

Abb. 14: Druckspeicher für die Brauchwasserbereitung mit Wärmetauscher innen und Wärmedämmung außen

Stoff	nutzbarer Temperaturbereich °C	spez. Gewicht kg/m³	spez. Wärme Wh/kg°C	Speicherkapazität Wh/m³°C	Wärmeleitfähigkeit W/m°C
Wasser	0 - 100	1000	1,17	1170	0,6
Wasser/Eis	0° - 0°	1000	94	86.000	-
Beton, Kies	praktisch unbegrenzt	2400	0,28	667	2,1
Ziegel		1800	0,28	500	0,8
Basalt, Granit		2800	0,28	778	3,5

Tabelle 2: Eigenschaften verschiedener Speichermaterialien

2.2.2 Wärmespeicher

Da die Sonnenenergie nur in wenigen Ausnahmefällen (Schwimmbadheizung, solare Trocknung im Sommer) wirklich dann zur Verfügung steht, wenn sie auch benötigt wird, braucht man Wärmespeicher. An Sonnentagen wird die gewonnene Sonnenenergie häufig nur zum Teil verbraucht; es bietet sich also an, die überschüssige Energie für bedeckte und regnerische Tage zu speichern. Energieangebot und -verbrauch werden dadurch besser aufeinander abgestimmt.

Nun liegt der Gedanke nahe, den Wärmespeicher gleich so groß zu machen, daß der Wärmebedarf des Verbrauchers bei fehlender oder geringer Sonneneinstrahlung für möglichst lange Zeit gedeckt werden kann; der ideale Speicher wäre demnach in der Lage, unseren hohen Energieverbrauch im Winter (für Raumheizung und Warmwasser) aus den Sonnenenergieüberschüssen des Sommers zu decken. Leider steigen mit zunehmender Speichergröße und -kapazität auch die Wärmeverluste des Speichers und natürlich seine Kosten, so daß es bis heute keine akzeptable Lösung für die Sommer-Winter-Wärmespeicherung gibt.

Solange diese Langzeitspeicherung von Sonnenenergie hauptsächlich aus finanziellen und technologiepolitischen Gründen nicht realisiert wird, werden wir für die Raumheizung im Winter nicht ohne Zusatzenergie (Holz, Gas, Öl, Kohle, Strom) auskommen.

Für Solaranlagen im häuslichen Bereich ist heute vor allem die Kurzzeitspeicherung, d.h. die Speicherung bis zu mehreren Tagen, von Bedeutung, und zwar sowohl für die Warmwasserbereitung als auch bei größeren Solaranlagen, die in der Übergangszeit einen Teil der Wärme für die Raumheizung liefern.

Das gebräuchlichste Wärmespeichermaterial ist Wasser, das

- ein hohes Wärmespeichervermögen hat,
- einfach und ungefährlich zu handhaben und
- (fast) überall preiswert und in großen Mengen verfügbar ist.

Grundlagen: Wärmetransport

Bei der Brauchwasserbereitung bietet es sich an, das Brauchwasser selbst als Speichermedium zu benutzen und den Speicher in das häusliche Warmwasser-Leitungssystem zu integrieren. Dazu ist in der Regel ein Druckspeicher erforderlich, handelsübliche Speicher hierfür haben eine Größe von 200 - 1000 l.
Für die Raumheizung (Voraussetzung: Warmwasserheizung im Niedertemperaturbereich wegen der möglichst niedrigen Kollektortemperaturen) müssen in der Regel größere Mengen Energie gespeichert werden, so daß Speichervolumina von 1000 - 30.000 l erforderlich sind. Hierfür werden dann offene Behälter (drucklose Speicher) oder Niederdruckspeicher bis 2,5 bar eingesetzt.
Bei der Schwimmbadheizung ist das Schwimmbadwasser Speichermedium und Wärmeverbraucher zugleich.

In Verbindung mit Luftkollektoren und für sehr große Speicher werden neben Wasser auch Stein und Erde als Speichermedien genutzt, deren spezifische Wärmespeicherkapazität bezogen auf ihr Volumen nur etwa die Hälfte bis ein Viertel der Kapazität von Wasser beträgt.

Alle diese Materialien speichern "fühlbare" Wärme, d.h. der Energieinhalt des Speichers steigt proportional mit der Temperatur des Speichers. Wasserspeicher können bis max. 80-90°C aufgeladen werden, Brauchwasserspeicher möglichst nur bis 60°C. Je nach Anwendung ist der Speicher bei Temperaturen von 25-40°C entladen, da niedrigere Temperaturen kaum noch genutzt werden können. Wasserspeicher können somit im Temperaturbereich zwischen 30 und 90°C ca. 40-60 kWh/m^3 speichern. Bei Stein als Speichermaterial sind zwar grundsätzlich höhere Speichertemperaturen möglich, die jedoch von den heute gebräuchlichen Kollektoren in unserem Klima kaum erreicht werden.

Da der geladene Speicher wärmer als seine Umgebung ist, geht mit zunehmender Temperatur ein Teil der gespeicherten Wärme durch die Wände des Speichers verloren. Durch eine

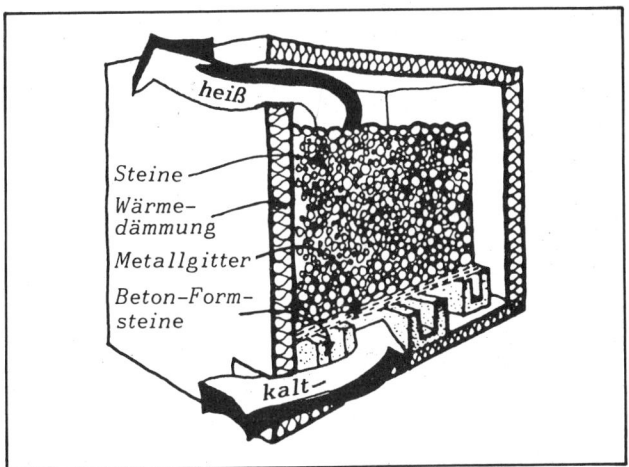

Abb. 15: Schema eines Steinspeichers

gute Wärmedämmung der gesamten Speicheroberfläche einschließlich der Armaturen können diese Verluste in der Regel so niedrig gehalten werden, daß ein Speicherwirkungsgrad (Verhältnis von entnommener zu zugeführter Energie) von 90% oder mehr bei der Kurzzeitspeicherung erreicht wird. Bei längeren Speicherzeiten von Wochen oder gar Monaten ist stets zu prüfen, ob sich der Aufwand hierfür angesichts der auftretenden Speicherverluste überhaupt lohnt.

2.2.3 Das Wärmetransportsystem

Das Wärmetransportsystem muß dafür sorgen, daß die im Kollektor gewonnene Wärme mit möglichst geringen Verlusten zum Speicher bzw. zum Verbraucher gelangt. Dazu wird ein Wärmeträgermedium (Wasser, frostgeschützte Flüssigkeit oder Luft) im Kreislauf zwischen Kollektor und Speicher umgewälzt. Bei Sonneneinstrahlung wird das Medium im Kollektor aufgeheizt, strömt durch Rohrleitungen zum Speicher und gibt dort seine Wärme an den Speicher ab. Der abgekühlte Wärmeträger fließt dann zurück zum Kollektor.

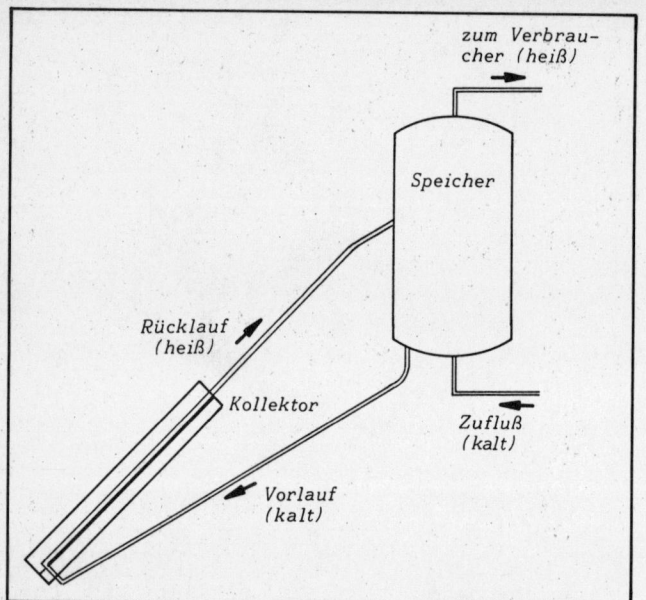

Abb. 16: Solaranlage mit Schwerkraftumlauf

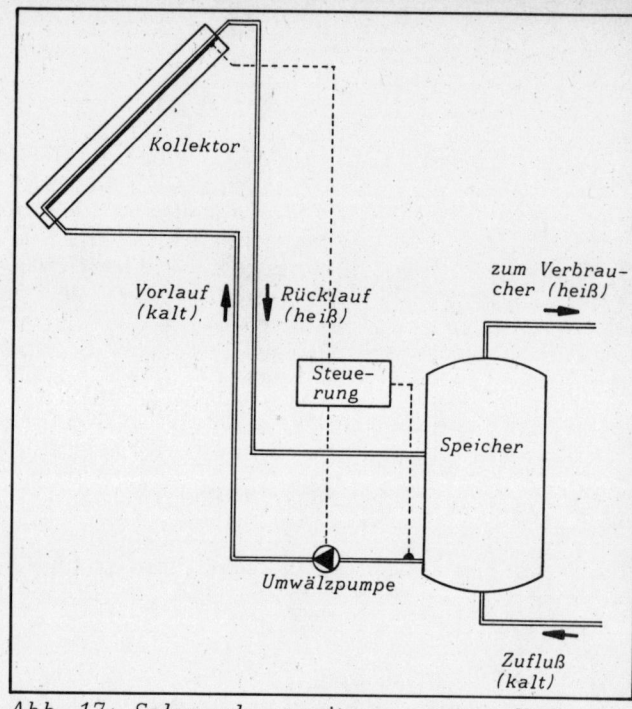

Abb. 17: Solaranlage mit gepumptem Umlauf

Dieser Solarkreislauf kann entweder bei entsprechender Anordnung von Kollektor und Speicher durch Schwerkraft (warmes Wasser bzw. Luft ist leichter als kaltes) oder elektrisch durch eine Pumpe oder einen Ventilator angetrieben werden. Man unterscheidet daher entsprechend Solaranlagen mit **Schwerkraftumlauf** und solche mit **gepumptem Umlauf**. Beim gepumpten Umlauf muß eine elektronische Steuerung dafür sorgen, daß der Umlauf nur dann in Gang gesetzt wird, wenn Energiegewinne vom Sonnenkollektor zu erwarten sind, d.h. wenn der Kollektor wärmer ist als der Speicher. Beim Schwerkraftumlauf geht dies automatisch; da auch keine Pumpe erforderlich ist, kann sie ganz ohne Strom betrieben werden.

Als Wärmeträgermedien eignen sich Wasser, Mischungen aus Wasser und Frostschutzmitteln, spezielle Wärmeträgeröle und Luft. Wasser hat zwar eine gute Fähigkeit, Wärme aufzunehmen (d.h. eine hohe Wärmespeicherkapazität) und zu transportieren, kann aber in unseren Breiten nicht ganzjährig eingesetzt werden, da es im Winter in den Kollektoren gefrieren würde. Durch Zusätze von Frostschutzmitteln (wie beim Autokühler) kann dies verhindert werden, was jedoch eine stoffliche Trennung des Wärmeträgers im Solarkreislauf und des Wassers im Speicher (Trinkwasser, Heizungswasser, o.ä.) erfordert. Ein **Wärmetauscher** am oder im Speicher sorgt dann für die Wärmeübertragung bei gleichzeitiger Stofftrennung.

In südlichen Ländern, in denen selten oder gar keine Frostgefahr besteht, kann dieser zusätzliche Aufwand (Frostschutzmittel, Wärmetauscher) entfallen, was zu erheblich einfacheren und preiswerteren Anlagen bei gleich guter oder besserer Leistung führt.

Ebenso wie der Speicher müssen auch die Rohrleitungen gut wärmegedämmt werden, um unnötige Verluste beim Transport der Wärme zu vermeiden. Aus demselben Grund sollte man auch die Länge der Leitungen so kurz wie möglich halten, was sich zudem auch positiv auf die Kosten der Anlage auswirkt.

Nach diesem Überblick über die Funktion der drei wesentlichen Elemente jeder Solaranlage werden im folgenden Kapitel Funktion, Technik und Selbstbau dieser Bausteine im einzelnen beschrieben. Wer nicht gleich in die manchmal doch recht komplizierten Details einsteigen will, kann dieses Kapitel auch zunächst überschlagen und bei Kapitel 4 auf Seite 86 weiterlesen.

3.0 Bausteine der Solartechnik
3.1 Sonnenkollektoren

Sonnenkollektoren für häusliche Anwendungen werden heute in einer solchen Vielzahl von Formen und Ausführungen angeboten, daß es sinnvoll ist, Kollektortypen nach ihrem Hauptanwendungsgebiet zu unterscheiden:

* der **Schwimmbadkollektor** arbeitet mit gutem Wirkungsgrad in einem Temperaturbereich bis zu 10 - 15°C über der Umgebungstemperatur, kann also bei 20°C Außentemperatur Temperaturen von max. 30-35°C erzeugen. Sein Hauptanwendungsgebiet liegt daher, wie der Name schon sagt, in der Heizung von privaten und öffentlichen Schwimmbädern im Sommerhalbjahr. Da die Temperaturdifferenzen zwischen Absorber und Umgebung rechtgering sind, bestehen Schwimmbadkollektoren in der Regel nur aus einem Absorber ohne Wärmedämmung und transparente Abdeckung.

* der **Standard-Flachkollektor** besteht dagegen aus einem Absorber in einem gut wärmegedämmten Kasten mit 1 - 2 transparenten Abdeckungen und kann dadurch auch bei Temperaturen von 40-60°C über der Umgebungstemperatur Wärme mit gutem Wirkungsgrad erzeugen. Da sich häufig sogar im Winter Temperaturen von 50-80°C durchaus erzeugen lassen, ist er für die Warmwasserbereitung besonders in der heizfreien Zeit bestens geeignet.

* der **Vakuumkollektor** ist zwar vom Prinzip her auch ein Flachkollektor, jedoch mit Vakuumisolierung und einer besonderen Bauform, durch die dieser Kollektortyp Temperaturen von 100-120°C über der Außentemperatur erzeugen kann. Wegen seiner besonderen Fähigkeit, hohe Temperaturen noch mit gutem Wirkungsgrad zu erzeugen, wird sein Haupteinsatzgebiet bei der Raumheizung und Prozeßwärmeerzeugung liegen. Auch für die Brauchwassererwärmung kann sein Einsatz sinnvoll sein, doch werden heute erst

2 Typen zu einem relativ hohen Preis am Markt angeboten.

Alle bisher genannten Kollektortypen verwenden Wasser oder andere Flüssigkeiten als Wärmeträger, die wegen ihrer großen spezifischen Wärmekapazität viel Wärme aufnehmen und transportieren können.

* **Luftkollektoren** arbeiten dagegen mit dem allgegenwärtigen Wärmeträger Luft, dessen spezifische Wärmekapazität ca. 3000 mal kleiner als die von Wasser ist (bezogen auf gleiche Volumina). Im Aufbau und in ihrer Leistung sind Luftkollektoren den Standardflachkollektoren sehr ähnlich. Sie sind für die Warmwasserbereitung nicht sonderlich gut geeignet, können jedoch für die Raumheizung in Verbindung mit einer konventionellen Luftheizung sowie für Trocknungszwecke in der Landwirtschaft und Industrie durchaus sinnvoll sein.

Daneben gibt es noch eine ganze Reihe von Spezialkonstruktionen für besondere Anwendungsfälle, zu denen auch die konzentrierenden Kollektoren gezählt werden, die sich besonders für die Erzeugung von Prozeßwärme und mechanischer Energie in sonnenreichen Gegenden eignen und im häuslichen Bereich bei uns keine Einsatzchancen haben. Auf sie wird daher im folgenden nicht weiter eingegangen.

Abb. 18: *Einfacher Solarabsorber für die Schwimmbadheizung*

3.1.1 Schwimmbadkollektoren

Wegen der niedrigen Arbeitstemperaturen (20-30°C) und der dadurch geringen Strahlungs- und Konvektionsverluste kann beim Schwimmbadkollektor das beim Standard-Flachkollektor übliche wärmegedämmte Gehäuse mit der transparenten Abdeckung entfallen. Dadurch wird die Kollektorkonstruktion nicht nur wesentlich einfacher und billiger, es entfallen auch die optischen Verluste an der transparenten Abdeckung (Reflexions- und Transmissionsverluste), so daß der Schwimmbadkollektor bei kleinen Temperaturdifferenzen zwischen Absorber und Umgebung einen besseren Wirkungsgrad hat als Flach- oder Vakuumkollektoren.

Anforderungen an Konstruktion und Material:

* Als Wärmeträger im Absorber dient in der Regel das Schwimmbadwasser selbst, das Absorbermaterial muß daher gegen Schwimmbadwasser (evtl. gechlort) korrosionsbeständig sein.
* Der Durchflußwiderstand des Absorbers sollte möglichst klein sein (d.h. ausreichende Fließquerschnitte), um viel Schwimmbadwasser durch den Absorber pumpen zu können.
* Das Absorbermaterial muß wetterbeständig sein und Temperaturen von -20°C bis 70°C ohne Schaden aushalten.
* Um einen guten Wirkungsgrad zu erreichen, sollte das Material eine gute Strahlungsabsorption (schwarz) und eine gute Wärmeleitfähigkeit besitzen.
* Da die Absorber in der Regel nicht mit hohem Druck beansprucht werden, brauchen an die Festigkeit des Materials keine besonderen Anforderungen gestellt werden.

Aufgrund der geringen thermischen und mechanischen Beanspruchungen des Materials können Schwimmbadkollektoren aus Kunststoffen gefertigt werden, die eine gute Korrosions-

Bausteine: Sonnenkollektoren

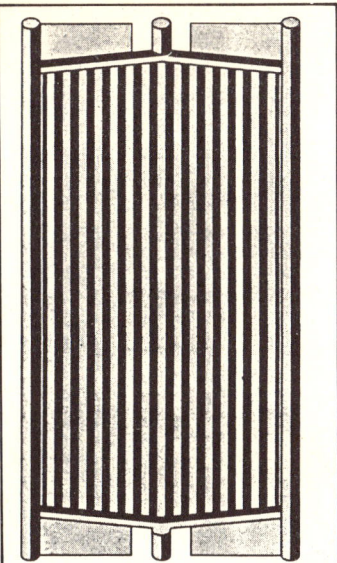

*Abb. 19
Solarabsorber aus
Kunststoff-Hohlkammer-Platten
(Fa. Hegeler, Oerlenbach)*

*Abb. 20
Solar-Plattenabsorber aus Polyäthylen, System OKU
(Obermaier Kunststoff, Sibichhausen)*

und Wetterbeständigkeit aufweisen: Polyäthylen (PE), Polypropylen (PP) und der Synthesekautschuk EPDM. PE und PP (schwarz eingefärbt) sind preiswerte und relativ umweltfreundliche Materialien, EPDM ist erheblich teurer, dafür jedoch auch haltbarer.

Kunststoffe sind verhältnismäßig schlechte Wärmeleiter; die Absorberfläche sollte daher möglichst vollflächig vom Wärmeträgermedium gekühlt werden.

Gebräuchlich sind sowohl "Röhrenabsorber", die aus vielen nebeneinander liegenden Röhren bestehen, als auch "Plattenabsorber", bei denen der Absorber über die ganze Fläche von Wasser durchströmt wird. Abb. 19 - 22 zeigen praktische Ausführungen von Schwimmbadkollektoren, deren Montage im Selbstbau im allgemeinen kaum Schwierigkeiten macht. Neben diesen Systemen kann der Rippenrohrabsorber (Abb. 18) als preiswertes, vielseitiges und nachbausicheres Selbstbausystem für Schwimmbadkollektoren besonders empfohlen werden (nähere Hinweise zum Selbstbau vgl. Kap. 4.3.1)

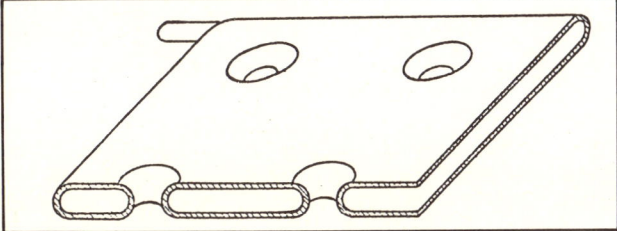

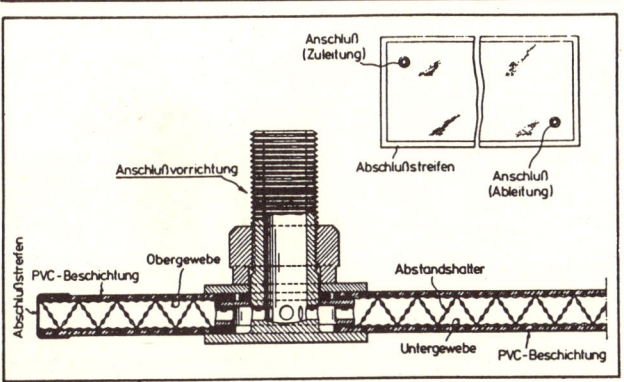

Abb. 21: Solarabsorber aus TREVIRA-Abstandsgewebe, PVC-beschichtet;
(Fa. Wülfing & Hauck, Kaufungen)

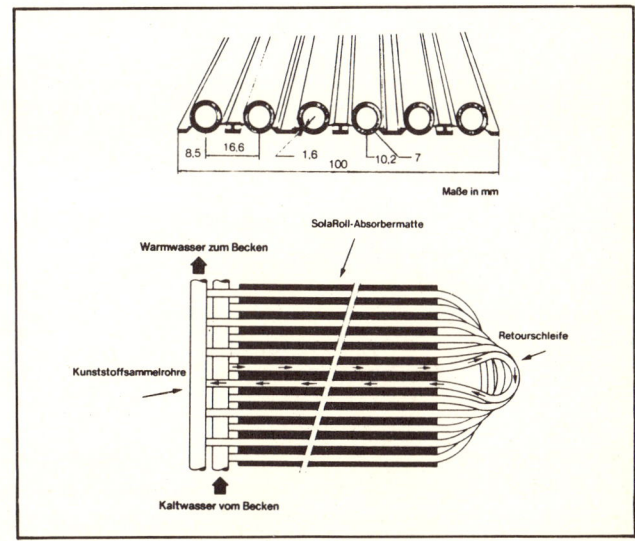

Abb. 22: Absorbermatte aus EPDM, System SOLAROLL, (Fa. Solkav, Wilhelmsburg Österreich)

Die Lebensdauer von guten PE- und PP-Absorbern kann mit ca. 10 Jahren angenommen werden, solche aus Regenerat-Kunststoffen (recyclierte Kunststoffabfälle) sind zwar etwas preiswerter, haben sich in der Praxis jedoch auch als weniger haltbar erwiesen. Die Haltbarkeit von Absorbern aus EPDM wird mit ca. 15-20 Jahren angegeben. Durch die Sonnenbestrahlung (insbesondere durch das UV-Licht) und die Temperaturzyklen verspröden die Kunststoffe im Laufe der Jahre, bis es am Ende zu Rissen im Material und damit zur Undichtigkeit und Zerstörung des Absorbers kommt.

Wegen der Nutzung in den Sommermonaten, in denen die Sonne hoch am Himmel steht, bieten sich als Aufstellungsort neben schwach geneigten Dächern (20-40°) auch Flachdächer und Rasenflächen z.B. neben dem Schwimmbecken an. Gegenüber der waagerechten Verlegung bringt die Verlegung mit einem optimalen Neigungswinkel (30°) einen Mehrertrag von etwa 20-25%.

Beim Aufbau und bei der Befestigung des Absorbers ist unbedingt zu berücksichtigen, daß sich Kunststoffe bei Erwärmung erheblich ausdehnen (und bei Abkühlung auch schrumpfen) (vgl. Kap. 3.1.2) und daß sie dies bei der gewählten Montage vor Ort auch unbeschadet tun können!

3.1.2 Standard-Flachkollektoren

Die meisten der heute am Markt angebotenen Kollektoren fallen in die Kategorie "Standard-Flachkollektoren", die im Prinzip aus einem Absorber im wärmegedämmten Gehäuse mit 1 - 2 transparenten Abdeckungen aus Glas oder Kunststoff bestehen. Da diese Art von Kollektoren breite Anwendung in der Solartechnik finden und für den Selbstbau wie für die handwerkliche Herstellung von besonderem Interesse sind, werden sie im folgenden besonders ausführlich behandelt. Auch den nicht selbstbauinteressierten Bauherren und Planern werden diese Ausführungen Anregungen und Hilfe bei der Wahl des richtigen Kollektors, bei der Materialauswahl und der Ausbildung konstruktiver Details bieten.

Aufbau und Funktion des Flachkollektors sind im Prinzip bereits im vorigen Kapitel beschrieben worden. Um einen leistungsfähigen Flachkollektor zu bauen, kommt es darauf an, daß

- der Absorber die einfallende Strahlung möglichst vollständig in Wärme umwandelt und diese Wärme gut an das Wärmeträgermedium übertragen kann; d.h. hohe Absorption der Absorberoberfläche, gute thermische Leitfähigkeit zwischen Absorberoberfläche und Wärmeträger, geringe Wärmerückstrahlung des Absorbers;
- der Absorber in hohem Maße wärmebeständig (100-180°C), druckfest (3-4 bar) und korrosionsbeständig gegenüber dem Wärmeträgermedium ist;
- die transparente Abdeckung möglichst lichtdurchlässig ist und gleichzeitig die Wärmerückstrahlung und Konvektionsverluste des Absorbers minimiert;
- die transparente Abdeckung wärme-, witterungs- und uv-lichtbeständig ist, nicht zur Verschmutzung neigt und auch durch Hagelschlag nicht zerstört wird;

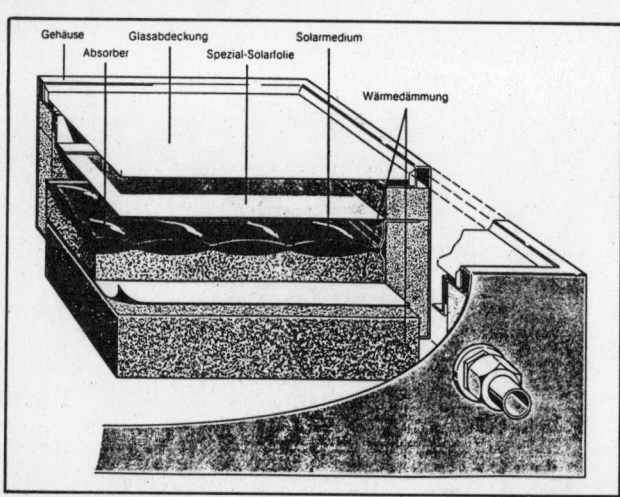

Abb. 23: Aufbau eines Standard-Flachkollektors (Fa. Schäfer, Neunkirchen)

- die rückseitige Wärmedämmung nicht nur ausreichend bemessen (k-Wert von 0,3 - 0,5 W/m²°C) sondern auch temperaturbeständig (120-200°C je nach Konstruktion) ist und von Regen und Tauwasser nicht durchfeuchtet werden kann;
- das gesamte Kollektorelement soweit geschlossen ist, daß weder Staub noch Insekten in den Innenraum zwischen Scheibe und Absorber gelangen und auf Dauer die Eigenschaften des Kollektors verschlechtern.
- der Absorber muß vor Feuchtigkeitseinflüssen geschützt werden, die speziell selektive Beschichtungen zerstören können.

Die genannten Anforderungen können durch geeignete Materialwahl und richtige Konstruktion ohne weiteres erfüllt werden.

Absorbermaterial

Als Absorbermaterial kommen hauptsächlich die Metalle Kupfer, Aluminium, Stahl und Edelstahl sowie in Sonderfällen auch einige Kunststoffe (z.B. PE, PP) infrage. Die Vor- und Nachteile der einzelnen Materialien sind in Tab. 3 gegenübergestellt.

Kupfer und Edelstahl sind zwar die dauerhaftesten, da wenig korrosionsanfälligen Absorbermaterialien, doch auch die teuersten; dafür können sie direkt von Brauchwasser durchflossen werden. Aus Aluminium lassen sich leistungsfähige und preiswerte Absorber fertigen (im Rollbond-Verfahren), die sich jedoch als sehr korrosionsanfällig erwiesen haben, wenn nicht besonders darauf abgestimmte Wärmeträger verwendet werden.

Der Einsatz von Kunststoffen für die Herstellung von Absorbern erscheint wegen des günstigen Materialpreises und der Korrosionsbeständigkeit zwar attraktiv und wird auch in einigen Selbstbauanleitungen empfohlen, doch muß man mit einer relativ kurzen Lebensdauer (5-10 Jahre) rechnen, da das Material den gelegentlich auftretenden Leerlauftemperaturen von 120-140°C nicht standhält und versprödet oder gar schmilzt; gelingt es durch ein entsprechendes Anlagensystem, die Tempe-

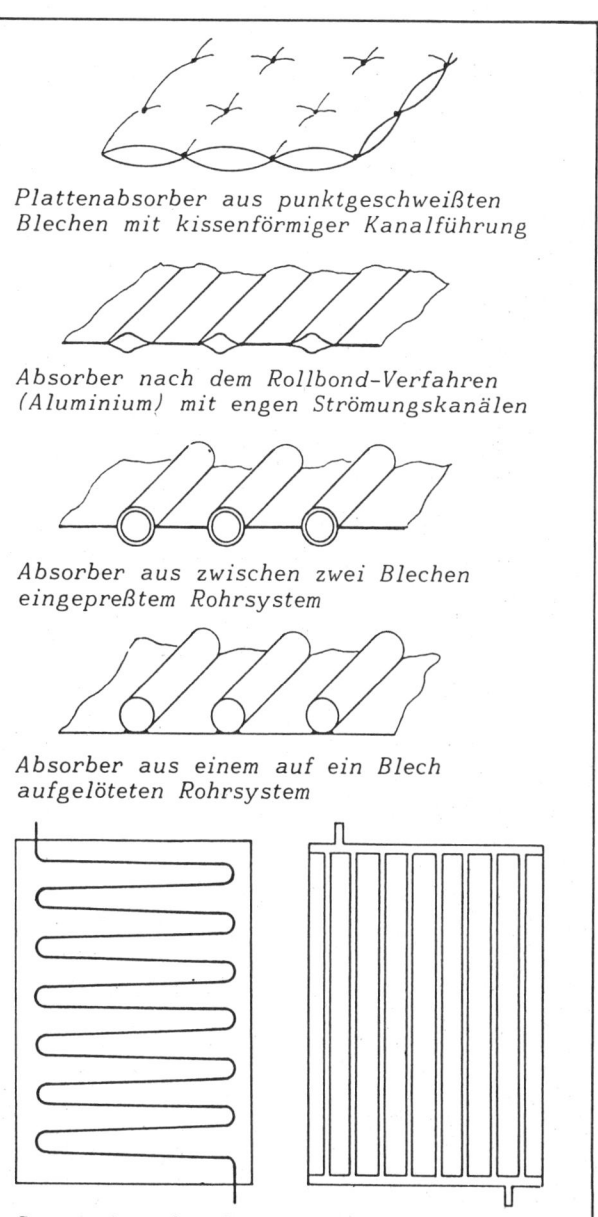

Plattenabsorber aus punktgeschweißten Blechen mit kissenförmiger Kanalführung

Absorber nach dem Rollbond-Verfahren (Aluminium) mit engen Strömungskanälen

Absorber aus zwischen zwei Blechen eingepreßtem Rohrsystem

Absorber aus einem auf ein Blech aufgelöteten Rohrsystem

Serpentinenabsorber   Rohrregisterabsorber

Abb. 24: Formen von Solarabsorbern

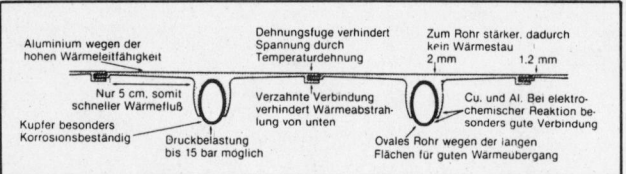

Abb. 25: Absorber aus Alu-Strangpreßprofil, aufgeclipst auf ein ovales Kupferrohr (Energietechnik Müller, Satteldorf)

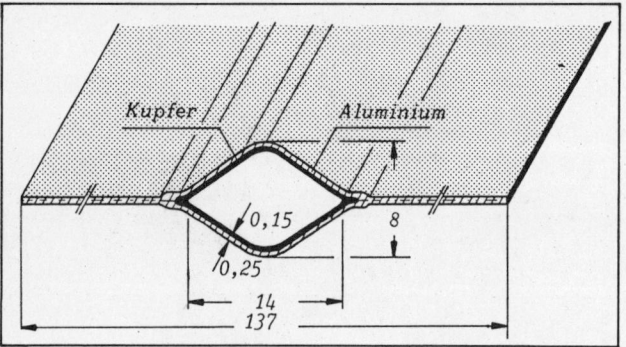

Abb. 26: Absorberprofil aus Aluminium mit eingepreßtem Kupferkanal; System SUNSTRIP (alle Maße in mm)

raturen im Kollektor sicher auf weniger als 90°C zu begrenzen und den Druck im Absorber niedrig zu halten, können die Kunststoffabsorber auch eine längere Lebensdauer erreichen. Absorber für Industrie-Kollektoren sind in der Regel aus Metall gefertigt. Um die günstigen Eigenschaften von Kupfer (korrosionsbeständig) und Aluminium (leicht, preiswert, gute Wärmeleitung) zu vereinigen, sind für die Solartechnik Absorber entwickelt worden, bei denen der Absorber selbst aus preisgünstigem Aluminium und die Kanäle für das Wärmeträgermedium aus korrosionsbeständigem Kupfer bestehen (Abb. 25/26).

Während die gut wärmeleitenden Materialien Kupfer und Aluminium in der Regel zu Röhrenabsorbern verarbeitet sind (der Wärmeträger fließt in Röhren oder Kanälen, die Absorberplatte leitet die Wärme zu den Kanälen), müssen die Absorber aus den schlechter wärmeleitenden Materialien Stahl, Edelstahl und Kunststoff möglichst auf der ganzen Fläche vom Wärmeträger gekühlt werden (Plattenabsorber). Röhrenabsorber sind im allgemeinen nicht nur materialsparender und leichter, sondern enthalten auch weniger Wärmeträgerflüssigkeit, so daß sich der Kollektor bei Sonneneinstrahlung schneller erwärmt.

Wer seinen Kollektor aus einzelnen Elementen selbst zusammenbauen will, kann fertige Absorber von einigen Kollektorherstellern in verschiedenen Maßen kaufen oder ggf. auch anfertigen lassen. Eine eigene Herstellung des Absorbers aus Kupferblech mit aufgelöteten Kupferröhren ist schon beim Vergleich des Materialpreises (ca. 110-120 DM/m^2 incl. Solarlack) mit dem Preis fertiger Absorber kaum lohnend, darüber hinaus gelingt die einwandfreie Herstellung solcher Absorber nur im Löten geübten Personen und ist zudem sehr zeitaufwendig.

Erheblich selbstbaufreundlicher ist die Verwendung der bereits erwähnten Sunstrip-Absorberstreifen (Abb. 26: 14cm Breite, bis 6 m Länge), die eine Maßanfertigung von Absorbern in nahezu allen Größen ermöglichen und bereits mit einer selektiven Beschichtung geliefert werden. Die Absorberstreifen müssen nur noch mit entsprechenden Rohrnippeln an das obere und untere Sammelrohr angelötet werden (Weichlötung mit dem handelsüblichen Warmwasserlot SnCu 3 oder mit silberhaltigem Lot). Da diese Lösung für den Selbstbau besondere Bedeutung hat, sind die wichtigsten Daten und Arbeitsschritte in Abb. 28 a/b und Abb. 27 dargestellt.

Auf Schrottplätzen lassen sich häufig alte Flachheizkörper finden, die bedingt als Absorber geeignet sind (zu schwer, zu großer Wasserinhalt), wenn man die alte Farbe entfernt und sie mit schwarzem Automattlack oder einer speziellen Kollektorfarbe streicht. Auch die außenliegenden Wärmetauscher von

Aluminium

+ geringes Gewicht
+ gute Wärmeleitfähigkeit
+ rationelle Fertigung möglich
− starke Korrosionsgefahr
* daher bei Selbstbauabsorbern abzuraten

Stahl

+ hohe Druckbelastbarkeit
+ geringere Korrosionsgefahr als bei Alu
− schwer und schwer zu verarbeiten
− geringe Wärmeleitfähigkeit
− Korrosionsgefahr nicht unerheblich
* gebräuchlich für Plattenabsorber

Edelstahl

+ keine Korrosionsgefahr auch bei Schwimmbadwasser, sonst wie Stahl
− teuer
− geringe Wärmeleitfähigkeit
* nur für Plattenabsorber einsetzbar, sehr haltbare Selektivbeschichtungen möglich

Kupfer

+ gute Wärmeleitfähigkeit
+ leichte Verarbeitung
+ gute Korrosionsbeständigkeit
− teuer, Ressourcen begrenzt
* wegen des hohen Preises als reines Absorbermaterial wenig gebräuchlich aber gut.

Polyäthylen/Polypropylen

+ keine Korrosion
+ vergleichsweise sehr preiswert
− nicht über 80-90°C temperaturbeständig
− Lebensdauer in Kollektoren sehr begrenzt
* hauptsächlich für nicht abgedeckte Schwimmbadkollektoren und einfache Selbstbau-Billig-Kollektoren

Tabelle 3: Eigenschaften verschiedener Absorbermaterialien

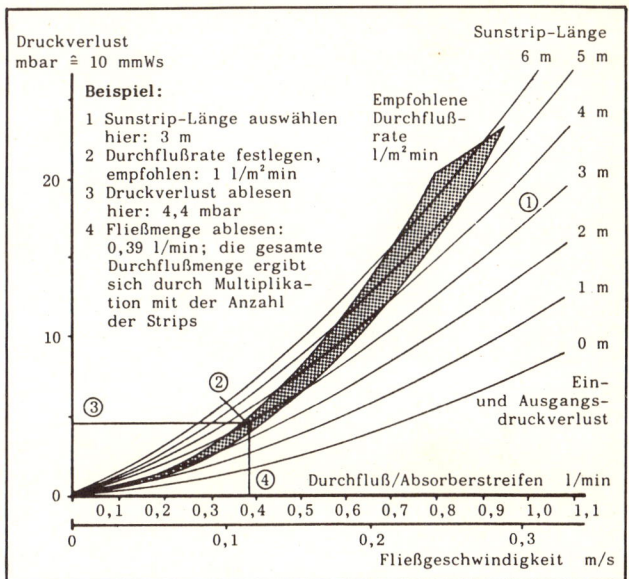

Abb. 27: Druckverlust von SUNSTRIP-Absorbern für verschiedene Absorberlängen

alten Kühlschränken lassen sich prinzipiell als Absorber gebrauchen (zu hoher Druckverlust). Diese billigen Materialquellen kann der Selbstbauer für erste Versuche noch gut gut nutzen; wegen der zweifelhaften Materialqualität und der für Solarabsorber nicht optimalen Konstruktion dieser Teile ist von der Verwendung solcher Altmaterialien für leistungsfähige Solaranlagen abzuraten.

Bausteine: Flachkollektoren

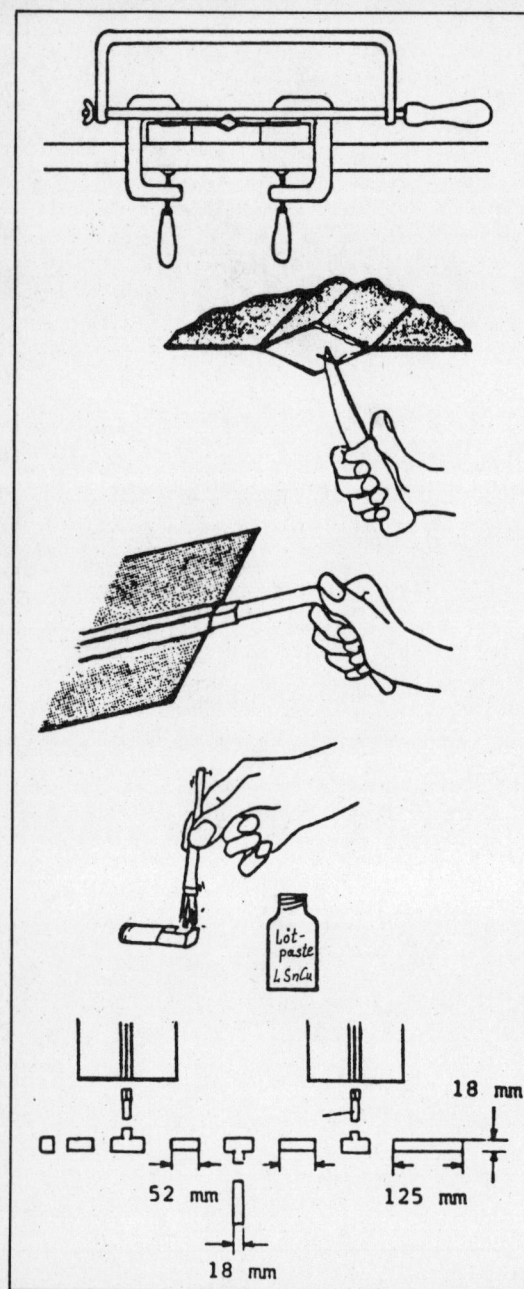

Abb. 28a

Herstellung von Sunstrip-Absorbern

Benötigtes Werkzeug und Material:

Eisensäge, spitzes Messer, Rohrschneider, Stahlwolle, Lötbrenner mit Gasflasche, Flach- und Rundfeile,
Sunstrip-Absorberstreifen, Übergangsnippel 10 mm, Cu-Rohr 18 mm, T-Stücke 18/10/18mm, T-Stücke 18mm, alternativ 2 Verteilerrohre mit fertig eingelöteten Anschlußnippeln für Sunstrip-Absorber; Lötzinn L-SnCu 3, Lötpaste L-SnCu 3

1. Zuschneiden

Die Sunstrip-Absorberstreifen können mit einer Eisensäge auf Länge geschnitten werden. Dazu den Streifen mit einer Schraubzwinge an der Tischkante festklemmen. Die selektive Beschichtung muß sehr vorsichtig behandelt werden: bei Festklemmen einen Lappen unterlegen und Fingerabdrücke auf der Beschichtung vermeiden. (Mit Handschuhen arbeiten!)

2. Entgraten

Alu-Blechkante mit der Flachfeile entgraten, den Grat im Absorberrohr mit einem spitzen Messer sorgfältig abschneiden. Bei Einschieben des Übergangsnippels darf kein Widerstand durch einen Grat entstehen.

3. Kalibrieren

Das Kalibrierwerkzeug (verlängerter Übergangsnippel mit Griff) ca. 1,5cm tief in das Absorberrohr einstecken und wieder herausziehen. Dadurch wird das Absorberrohr, d.h. die Muffe paßgenau für den einzusteckenden Übergangsnippel.

4. Reinigen

Übergangsnippel an beiden Enden mit Stahlwolle völlig blank putzen, auf das geformte Ende Lötpaste L-SnCu 3 mit einem Pinsel auftragen und den Nippel ca. 1,2cm tief einstecken. Lötpaste vor Gebrauch aufrühren, ggf. mit etwas Wasser verdünnen.

5. Zuschneiden der Verteilerrohre

Werden keine fertigen Verteilerrohre mit hart eingelöteten Übergangsnippeln verwendet, müssen nun aus Cu-Rohr und T-Stücken die Verteilerrohre hergestellt werden. Die angegebenen Maße sind Richtwerte; da die Muffenabstände unterschiedlich ausfallen können, sind die Rohrlängen so abzumessen, daß die Absorberstreifen um 2-5 mm überlappen.

6. Rohre entgraten

Rohrstücke mit der Rundfeile oder anderem Werkzeug sorgfältig innen entgraten, den Außengrat ggf. mit einer feinen Flachfeile entfernen. Rohrenden blank putzen, mit Lötpaste einpinseln und alle Fittings, Rohrstücke und Nippel für einen Absorber zusammenstecken.

Bausteine: Flachkollektoren

7. Anschlüsse

Der Abgang als T-Stück hat sich bisher bewährt, da sich die Anschlußleitungen so wesentlich besser anlöten und isolieren lassen, besonders bei der Montage zwischen den Sparren. Der seitliche Abgang mit 18mm Winkeln ist alternativ dazu möglich.

8. Der Lötvorgang

Wenn alle Lötstellen sorgfältig vorbereitet sind, wird der Absorber mit den Anschlüssen waagerecht über eine Tischkante gelegt. Mit dem Lötbrenner werden nun nacheinander die T-Stücke erhitzt, bis das Metall in der Lötpaste schmilzt, dann ggf. etwas Lot zugeben. bei jedem T-Stück wird gleichzeitig der Übergangsnippel mit den Absorberstreifen verlötet. Hier muß zusätzlich Lot rings um den Spalt zugegeben werden, da diese Stellen etwas mehr Lot aufnehmen als die Fittingverbindungen. **Nur Lötzinn L-SnCu 3 und Lötpaste L-SnCu 3 verwenden!**

9. Dichtigkeitsprüfung

Anschließend den Absorber z.B. mit Wasserleitungsdruck auf Dichtigkeit prüfen; an die 18mm Rohrstücke kann ein 3/4'' Schlauch mit Schaluchschellen angeschlossen werden. Sollte ein Leck auftreten, Wasser auslaufen lassen, die undichte Stelle mit Lötpaste einpinseln, mit dem Brenner erhitzen und weiteres Lot zugeben. Hilft das nicht, muß der Fitting durch einen neuen ersetzt werden.

Quelle: nach Unterlagen der Fa. Wagner & Co, Marburg

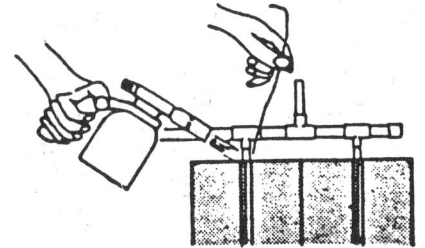

Schnitt A - A Schnitt B - B   Detail

 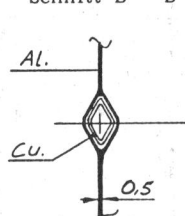 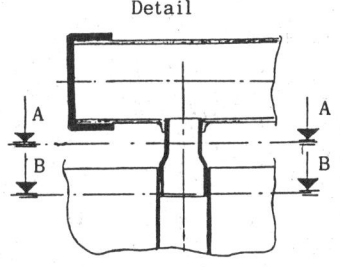

Günstige Abmessungen für Sunstrip-Absorber

günstige Längen	2 m	3 m	4 m	6 m	Sammelrohr-
Breite	Absorberfläche in m²				Ø in mm
4 Streifen = 54 cm	1,08	1,62	2,16	3,24	18
5 Streifen = 68 cm	1,36	2,04	2,72	4,08	18
6 Streifen = 81 cm	1,62	2,43	3,24	4,86	18
7 Streifen = 95 cm	1,90	2,85	3,80	5,70	22
8 Streifen =108 cm	2,16	3,24	4,32	6,48	22
9 Streifen =122 cm	2,44	3,66	4,88	7,32	22
10 Streifen =135 cm	2,70	4,05	5,40	8,10	28

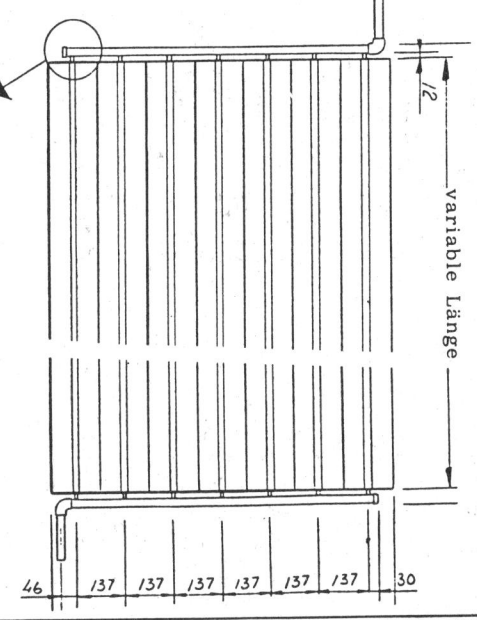

Abb. 28b

Bausteine: Flachkollektoren

Absorberbeschichtung

Um eine gute Lichtabsorption des Absorbers zu erreichen, sind für die Solartechnik spezielle, schwarze Beschichtungen und Lacke entwickelt worden, die einen möglichst hohen Absorptionskoeffizienten aufweisen (0,95 - 0,98 ≙ 95-98% Absorption) und die auch bei hohen Temperaturen wie bei häufigem Temperaturwechsel beständig sind. Für einfache und kleinere Anlagen, bei denen sich wegen der geringen Menge die Beschaffung nicht lohnt, kann man sich gut mit schwarzem Mattlack helfen. Um die Verluste des Absorbers durch Wärmestrahlung zu senken, sind sogenannte "selektive" Beschichtungen entwickelt worden, die für das Spektrum der Sonnenstrahlung (Strahlungstemperatur T_S = 5000°K) schwarz erscheinen, d.h. einen hohen Absorptionskoeffizienten besitzen, die sehr viel langwelligere Wärmerückstrahlung des Absorbers Strahlungstemperatur T_W = 350°K) jedoch kaum emittieren (aussenden) (Emissionskoeffizient ≦ 0,15). Dadurch werden die Wärmeverluste des Kollektors vor allem bei niedrigen Außentemperaturen (z.B. im Winter) erheblich reduziert. Die gebräuchlichsten Beschichtungen bestehen aus Schwarz-Nickel (Nickeloxyd) oder Schwarz-Chrom (Chromoxyd), also metallischen Verbindungen, die in speziellen Anlagen in sehr dünnen Schichten galvanisch auf die Absorberfläche

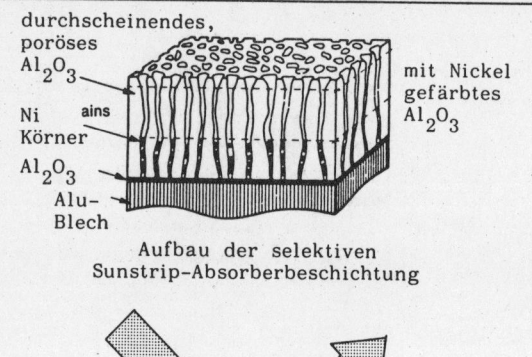

Aufbau der selektiven Sunstrip-Absorberbeschichtung

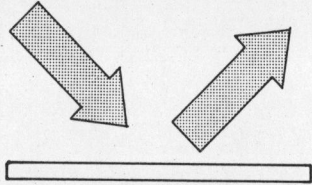

Eine spiegelnde Oberfläche (Alu-Platte) reflektiert die Sonneneinstrahlung.

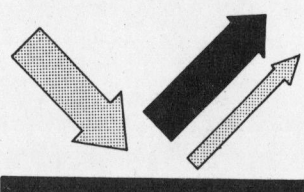

Eine schwarz gestrichene Platte absorbiert die Sonneneinstrahlung. Die Platte wird erwärmt und emittiert einen großen Teil der Energie als Wärmestrahlung.

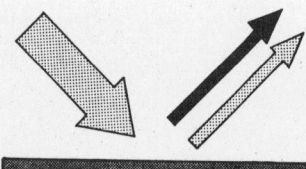

Eine selektiv beschichtete Platte absorbiert die Sonneneinstrahlung ähnlich wie die schwarze Platte, die Wärmeabstrahlung ist jedoch gering.

Abb. 29: Aufbau und Funktion einer selektiven Beschichtung

Art der Beschichtung	Absorption	Emission	Beschichtungsverfahren
schwarze Absorberfarben:			
Velvet Coating 2010 (3M)	0,97	0,87	streichen, spritzen
Transfer Electric, FMR	0,95	0,86	
schwarze Farbe, (Automattlack)	0,95	0,88	
selektive Beschichtungen			
Solkote-Selective Solar Coating	0,94	0,40	spritzen
Schwarz-Nickel auf Alu, z.B. Sunstrip	0,85-0,95	0,10-0,20	galvanisch
Schwarz-Nickel:Maxorb-Folie	0,96	0,10	aufkleben
Schwarz-Chrom	0,87-0,96	0,15-0,20	galvanisch
Skysorb: beschichteter Edelstahl	0,93	0,15	galvanisch

Tabelle 4: Eigenschaften verschiedener Absorberbeschichtungen

Bausteine: Flachkollektoren

aufgebracht werden. Die Herstellung solcher hochselektiven Schichten im Selbstbau ist nicht möglich. Unter dem Handelsnamen "Maxorb" wird jedoch eine selbstklebende, selektiv beschichtete Metallfolie angeboten, die sehr gute Eigenschaften besitzt und mit viel Geschick im Selbstbau auf Absorber aufgeklebt werden kann. Diese Folie eignet sich auch für Speicherkollektoren und Luftkollektoren sowie für die passive Sonnenenergienutzung in Gebäuden (Beschichtung von Speicherwänden).

Da die selektiven Beschichtungen aus physikalischen Gründen sehr dünn sein müssen, sind sie empfindlich gegenüber Feuchtigkeit; sie können daher nur wettergeschützt unter einer transparenten Abdeckung verwendet werden. Für die Absorbermontage sollte man dünne Baumwollhandschuhe (aus der Apotheke, Lederhandschuhe tun es auch) tragen, um Fett und Feuchtigkeit von der Oberfläche fernzuhalten.

Transparente Abdeckung

Die transparente Abdeckung des Kollektors soll für die einfallende kurzwellige Sonnenstrahlung möglichst durchlässig sein und die langwellige Rückstrahlung vom Absorber (Temperaturstrahlung) sowie die konvektiven Wärmeverluste an die Umgebung reduzieren.

Anforderungen an das Material:

- maximale Durchlässigkeit für die Globalstrahlung,
- minimale Durchlässigkeit für die Wärmestrahlung,
- geringe Wärmeleitfähigkeit,
- uv-Licht-, Wetter- und Temperaturbeständigkeit,
- ausreichende Schlag- und Bruchfestigkeit.

Als Materialien kommen Glas und eine Reihe von Kunststoffen infrage. Für die Materialauswahl sind die Kosten, die Lebensdauer und die Leerlauftemperatur des Kollektors entscheidend. Eine zweifache, transparente Abdeckung ähnlich wie bei Fenstern (Kastenfenster, Isolierverglasung) hilft gegenüber einer einfachen Abdeckung die Wärmeverluste deutlich zu reduzieren. Gleichzeitig sinkt aber auch die Lichtdurchlässigkeit durch die 2. Abdeckung, so daß die "optischen Verluste" steigen.

Sonnenkollektoren für die Brauchwassererwärmung mit schwarzem Absorber werden heute in der Regel mit zweifacher Abdeckung gebaut, während man bei Absorbern mit selektiver Beschichtung meist schon mit 1 Abdeckung die Wärmeverluste in erträglichen Grenzen hält. Der optimale Abstand zwischen Absorber und Abdeckung liegt bei 2-3 cm, bei zweifacher Abdeckung sollte der Abstand zwischen den Abdeckungen ca. 15-25 mm betragen.

Glas gibt es in verschiedenen Qualitäten: Gewächshausglas (blank oder genörpelt, nur in Standardabmessungen), Bau- oder Fensterglas sowie besonders lichtdurchlässiges Spezialglas für Solaranwendungen, das jedoch nicht bei jedem Glashändler erhältlich ist und vornehmlich in der industriellen Fertigung von Kollektoren eingesetzt wird. Für den Selbstbau von Sonnenkollektoren hat sich Gewächshausglas (4 mm stark) gut bewährt, da es
- temperaturbeständig, kratz- und wetterfest,
- ausreichend lichtdurchlässig,
- in seinen Abmessungen gut handhabbar und
- preiswerter als normales Bauglas ist.

Gartenblankglas			Gartenklarglas		
Dicke mm	Abmessungen cm	Gewicht kg	Dicke mm	Abmessungen cm	Gewicht kg
2,8 ± 0,2	48 x 60	2,0	3	30 x 30	0,7
	48 x 120	4,0		48 x 60	2,2
	46 x 144	4,6		48 x 120	4,3
	73 x 143	7,3		46 x 144	6,3
	60 x 200	8,4		73 x 143	7,8
3,8 ± 0,2	48 x 60	2,7		60 x 200	9,0
	48 x 120	5,5	3,8	48 x 60	2,7
	46 x 144	6,3		48 x 120	5,5
	73 x 143	10,0		46 x 144	6,3
	60 x 200	11,4		73 x 143	10,0
				60 x 200	11,4
			5	73 x 143	13,0
				60 x 200	15,0

Tabelle 5: Standardmaße für Gewächshausglas

Bauglas hat zwar dieselben Eigenschaften wie Gewächshausglas, ist aber wegen der höheren Anforderungen an Schlierenfreiheit und des nicht genormten Zuschnitts teurer. Die Standardmaße für Gewächshausglas sind in Tab. 5 zusammengestellt.

Der besondere Vorteil von Glas gegenüber den Kunststoffen ist die absolute uv-Lichtbeständigkeit und die sehr viel größere Lebensdauer richtige Handhabung und spannungsfreier Einbau vorausgesetzt. Nicht geeignet für Sonnenkollektoren sind neue oder gebrauchte Isolierglasscheiben, da aufgrund der hohen Temperaturunterschiede zwischen der inneren und äußeren Scheibe so hohe thermische Spannungen an der Verklebung der Scheiben entstehen, daß es zum Glasbruch kommen kann.

Von den **Kunststoffen** kommen besonders Plexiglasplatten, Plexiglas- bzw. Polycarbonat-Doppelstegplatten, Polyester-Wellplatten sowie Folien aus Polyester und Polytetrafluoräthylen (PTFE ≙ Teflon) und Polyvinylfluorid (PVF ≙ Tedlar) für den Sonnenkollektorbau zum Einsatz. Ihre Vorteile: geringe Bruchempfindlichkeit, geringes Gewicht, einfache Handhabung sind bestechende Argumente für den Selbstbau, doch muß man auch ihre Nachteile sehen: mangelnde Wärmebeständigkeit bei Plexiglas und Polycarbonat, mangelnde uv-Stabilität bei Polyesterfolien, insgesamt reduzierte Lebensdauer gegenüber Glas sowie Empfindlichkeit gegenüber Verkratzen und Verschmutzung.

Um die Vorteile der verschiedenen Kunststoffe zu nutzen und dabei ihre schlechten Eigen-

Baustoff	max. zulässige Temperatur °C	Energie-durchlässigkeit %	Abmessungen m	Dicke mm	Gewicht kg/m²	Preis DM/m²
Sonnenkollektorglas (Albarino/ Gußglas)	200	91	1,65 x 3,06 1,86 x 4,50	4 - 6	8,3-10,3	35,-
Gartenblankglas & Gartenklarglas	160	89	0,73 x 1,43 & andere Maße	3 - 4	6,8-10,0	10-15,-
Polyesterfolie(Hostaphan) nicht uv-stabil	170	92 - 94	max.1,4 breit auf der Rolle	0,1	0,14	7,-
Plexiglas-Doppelstegplatten (Acrylglas)	90	83	1,2 x 3,0 & andere Maße	8 - 30	3 - 8	50-70,-
Polycarbonat-Doppelstegplatten (Lexan)	140	80 - 83	1,5 x 2,4 1,2 x 2,4	8 - 16	1,2	35-70,-
glasfaserverst. Polyesterplatte (einfach)	90	ca. 85	max. 2 breit auf der Rolle	1 - 3	1,5 - 4,5	15-45,-
Hart-PVC-Platten (Palram), gewellt o. Trapez	60	75 - 85	1,09 x 6,0	1 - 1,5	2,0	15-20,-
PVF-Folie (Polyvinylfluorid, für außen	120	94 - 95	max. 1,6 breit auf der Rolle	0,1	0,14	15-20,-
Polyäthylenfolie, uv-stabilisiert (5 Jahre)	60	92	max. 8 breit auf der Rolle	0,1	0,18	2,-

Tabelle 6: Eigenschaften von transparenten Abdeckungen

Bausteine: Flachkollektoren

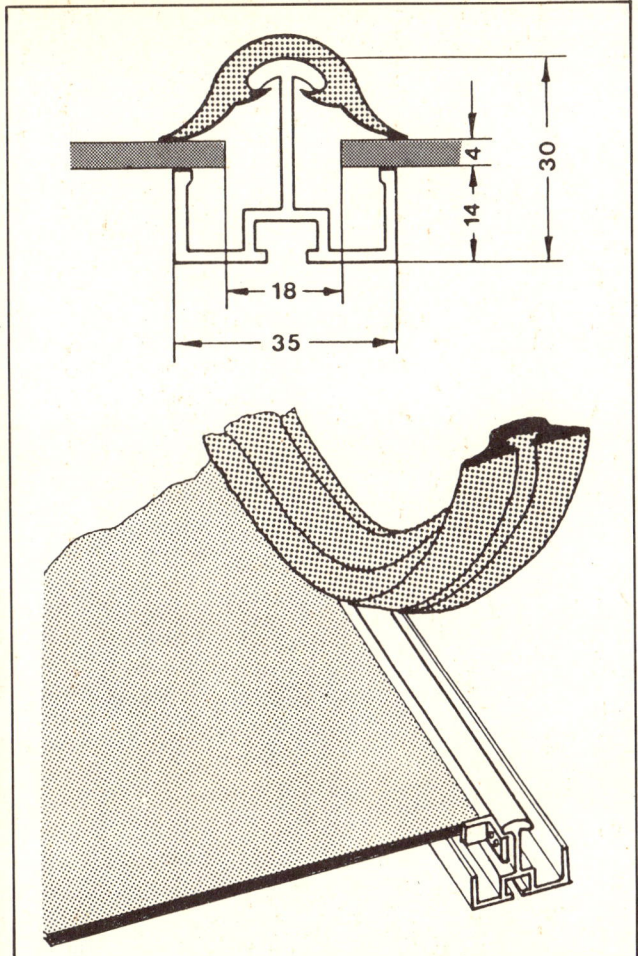

Abb. 30: Selbstbau-Verglasungsprofil – Aluminiumprofil mit EPDM-Dichtgummi (Fa. Wagner & Co, Marburg)

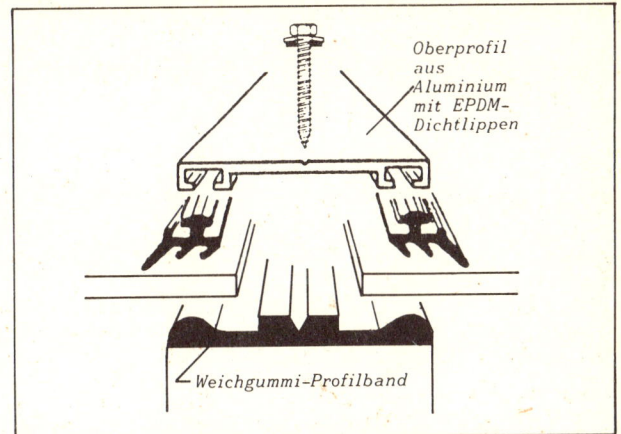

Abb. 31: Aluminium-Verglasungsprofil mit eingesetzten EPDM-Dichtlippenprofilen

schaften zu vermeiden, werden Kunststoffabdeckungen häufig als Zweifachabdeckungen ausgeführt: als innere Abdeckung kommt meist die preiswerte, hochwärmebeständige, jedoch nicht uv-stabile Polyesterfolie (Hostaphan o.ä.) zum Einsatz, die gegen uv-Strahlung und Bewitterung durch eine äußere Plexiglas-, Polyesterwell- oder Glasplatte geschützt ist. Die innere Folie schützt dabei die äußere Abdeckung vor den hohen Temperaturen des Absorbers.

Einfache Folienabdeckungen des Kollektors sind nur bei Verwendung der sehr hochwertigen PVF- und PTFE-Folien möglich. Für die Befestigung sind spezielle Randprofile erforderlich. Da sie kaum billiger als Gewächshausglas und zudem in kleinen Mengen schwer zu beschaffen sind, kommt ihr Einsatz weniger im Selbstbau sondern in erster Linie für die industrielle Kollektorfertigung infrage.

Die Verwendung von Glas- oder Plexiglasziegeln in der Form der übrigen Dacheindeckung kann für die äußere Abdeckung des Kollektors nicht empfohlen werden, da im Laufe der Zeit Staub durch die zahlreichen Fugen auf die innere Abdeckung gelangt und zur Minderung der Einstrahlung und des Wirkungsgrades führt. Darüber hinaus wird durch die erforderliche Dachlattung und die Überlappung der Ziegel ca. 20-30% der aktiven Absorberfläche verschattet und damit nicht genutzt.

Da sich Glas und besonders Kunststoffe bei Wärme ausdehnen, dürfen sie am Rand nicht fest eingespannt sein, sondern müssen sich in der Halterung frei ausdehnen können. Be-

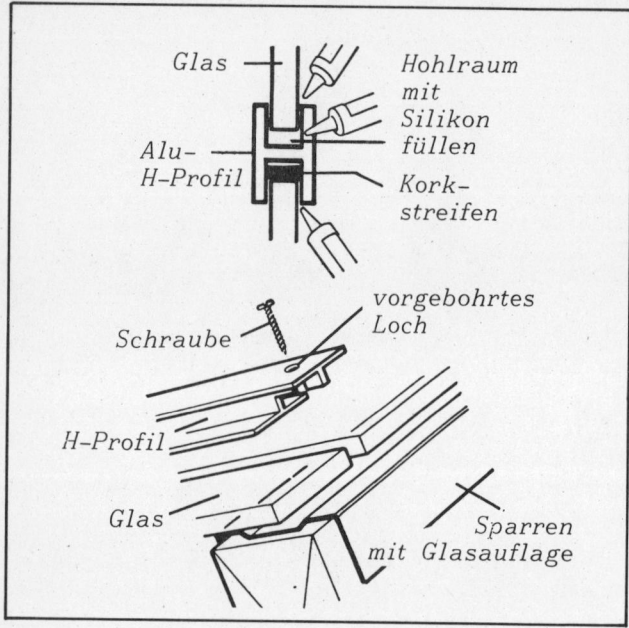

Abb. 32: Horizontaler Stoß zweier Glasscheiben mit Alu-H-Profil

Abb. 33: Anschlüsse bei der Kollektorverglasung: vertikales Alu-verglasungsprofil; horizontaler Stoß von zwei Glasscheiben mit Kunststoff-H-Profil, Anschluß zum Dach mit Zinkblech

sonders bei Verwendung großformatiger Doppelstegplatten (Lieferlänge 5 m) sollten für die Befestigung unbedingt die dazugehörigen Verglasungsprofile verwendet werden, die den Platten nach allen Seiten genügend Raum für die Ausdehnung geben. Ohne eine zusätzliche innere Abdeckung (z.B. Polyesterfolie) sind Plexiglas-Doppelstegplatten u.ä. wegen mangelnder Temperaturbeständigkeit nicht für Sonnenkollektoren geeignet. Damit sind sie für den Kollektorbau kaum einsetzbar, da 3-fach-Abdeckungen bereits zu große Lichtverluste bringen.

Der Luftzwischenraum zwischen Absorber und Abdeckung sollte nach außen hin so dicht sein, daß Luftbewegungen (Konvektion) nach außen unterbunden werden und weder Staub noch Insekten nach innen gelangen. Um Wasserdampfkondensation an der Innenseite der Scheibe zu vermeiden, ist es jedoch günstig, die Konstruktion nicht total luft- und dampfdicht zu machen, was sowieso nur mit besonderen Anstrengungen gelingt und meist nicht lange hält (daher: kontrollierte Lüftung einbauen!).

Wärmedämmaterial für die Kollektorrückseite

Um die Wärmeverluste der Absorberrückseite möglichst niedrig zu halten, wird diese Seite wärmegedämmt. Wie bei der transparenten Abdeckung muß auch hier eine hohe Temperaturbeständigkeit des Dämmaterials (140 - 200 °C) neben guten Dämmeigenschaften und günstigem Preis gefordert werden. Tabelle 7 gibt einen Überblick über geeignete und handelsübliche Dämmaterialien. Bei möglichen Kollektorleerlauftemperaturen von über 120°C sollten nach Möglichkeit nur nichtbrennbare Dämmstoffe in Absorbernähe eingesetzt werden. Bei industriellen Kollektoren werden häufig besonders wärmebeständige PU-Schaumplatten (Brandschutzklasse B1 -schwer entflammbar) verwendet, die durch beidseitige Kaschierung mit dünnem Alublech einen selbsttragenden Kollektorkasten bilden. Für den Selbstbau größerer Kollektoren ist diese Technik wegen des

Bausteine: Flachkollektoren

Dämmstoff	Baustoff-klasse	Dämmwert W/m°K	Temperaturbeständigk. °C	Dicke mm	Abmessungen cm	Preis DM/m²
Mineralfaser- - filz, unkasch - platten	A2 A2	0,040 0,040	≥ 200 ≥ 200	80 60	60–120 x 1000 60 x 125	5 – 10 10–15
Heraklith-Plat.	B1	0,120	150	50		12–15
Polyurethan-Hartschaumpl.	B1	0,025 – 0,040	100 – 150	60	60 x 120	15–25
Schaumglas	A2	0,044	≥ 200	60	50 x 100	30–50
Gipsfaserplatte	B1	0,21	≥ 160	12	50 x 200	7–9

Tabelle 7 Eigenschaften von Dämmaterialien, die für den Kollektorbau geeignet sind

hohen Preises der Schaumplatten weniger geeignet.

Die Dämmstoffdicke sollte je nach Dämmaterial 40–80 mm auf der Rückseite betragen, für die Seitenwände sind 30–40 mm ausreichend. Da nasse Dämmstoffe ihre Dämmeigenschaften weitgehend verlieren, müssen sie gegen Feuchtigkeit geschützt eingebaut werden. Es ist daher zweckmäßig und erhöht überdies die Dämmeigenschaften der Rückwand, wenn zwischen Dämmstoff und Absorber eine dünne, die Wärmestrahlung reflektierende Alufolie (0,05 mm) angebracht wird (mit Abstand zum Absorber hin). Sie bewirkt bei richtiger Verlegung, daß bei Undichtigkeiten am Absorber die Wärmeträgerflüssigkeit oder bei Glasbruch der Regen über das Dach abfließen kann.

Kollektorgehäuse – Dacheinbau

Die einzelnen Bestandteile des Kollektors wie transparente Abdeckung, Absorber und rückseitige Wärmedämmung bilden erst zusammen mit dem Kollektorgehäuse einen funktionierenden Kollektor. Das Gehäuse muß so gebaut sein, daß
- Absorber und Wärmedämmung mechanisch befestigt werden können und vor klimatischen Einflüssen geschützt sind,
- die transparente Abdeckung und die seitlichen Anschlüsse regendicht angebracht werden können,
- Reparaturen am Absorber und an den Leitungen (z.B. bei Undichtigkeiten) möglich sind, bzw. daß sich einzelne Kollektorelemente für Reparaturen leicht austauschen lassen,
- die verwendeten Gehäusematerialien genügend wärmebeständig sind und Wärmebrücken vermieden werden,
- es sich preiswert fertigen läßt und ästhetisch befriedigend aussieht.

Industriell gefertigte Kollektoren werden in der Regel in kompakten Gehäusen mit 1–2 m² Absorberfläche angeboten, die sowohl freistehend (z.B. auf einem Flachdach, im Garten), über der Dachfläche oder in die Dachfläche integriert installiert werden können. Als Gehäusematerialien kommen hauptsächlich ver-

zinktes Stahlblech und Aluminium zur Anwendung; die transparente Abdeckung wird dabei meistens durch ein aufgeschraubtes Rahmenprofil gehalten und abgedichtet, das für einen Ersatz der Scheibe oder Reparaturen am Absorber abnehmbar sein sollte.

Für die **freie Aufstellung** der Kollektoren auf dem Flachdach oder im Garten bieten die meisten Kollektorhersteller passende Rahmengerüste mit entsprechenden Verankerungen für das Dach an. Solche Rahmen können auch aus Holz selbst gefertigt werden, wobei sich meistens ästhetisch befriedigendere Lösungen realisieren lassen.

Beim **Dachaufbau** werden die Kollektorkästen über der bestehenden Dachhaut an Haltewinkeln montiert, die unter die Ziegel geschoben und mit dem Sparren verschraubt sind. Die Kollektorrückseite liegt also im Freien (wie bei der freien Aufstellung). Gegenüber der Montage in der Dachfläche ergeben sich durch die außenliegende Rückseite höhere Wärmeverluste des Kollektors sowie eine zusätzliche statische Belastung des Daches, die ggf. statisch nachgewiesen werden muß. Man vermeidet durch diese Art der Montage jedoch zeit-

Abb. 34: Freie Aufstellung von Kollektoren
Abb. 35: Dachaufbau von Kollektoren
Abb. 36: Dacheinbau von Kollektoren

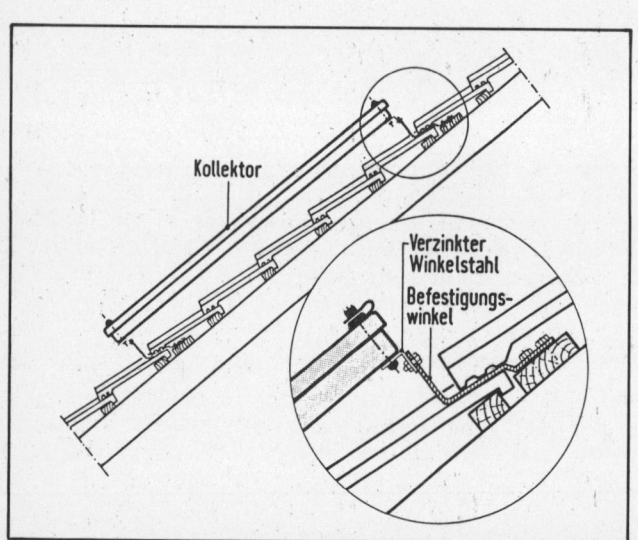

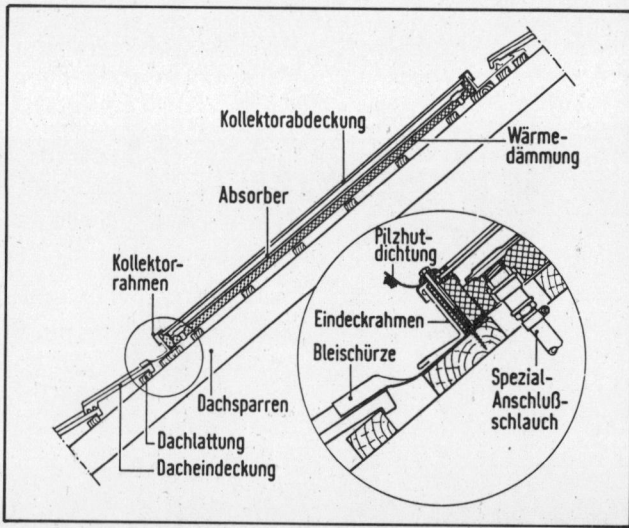

Bausteine: Flachkollektoren

aufwendige Arbeiten auf dem Dach (Abdecken der Dachflächen und Dichtung der Kollektorränder zum Dach hin).

Beim **Dacheinbau** wird das Dach im Bereich der Kollektorfläche abgedeckt; die Kollektorkästen werden dann auf der Dachlattung oder direkt auf den Sparren montiert; alle Übergänge zwischen Kollektoren und der übrigen Dachfläche müssen durch entsprechende Bleche (Zink-, Kupfer- oder Bleiblech) oder fertige Eindeckrahmen (wie beim Dachflächenfenster) so abgedichtet werden, daß das Dach auch beim stärksten Regen dicht bleibt.

Vorteile des Dacheinbaus sind:
- geringere Wärmeverluste durch die im Haus liegende Kollektorrückseite,
- geringere Wärmeverluste der Anschlußleitungen für den Wärmetransport, die unter dem Dach verlegt werden können,
- optisch bessere Integration in die Dachfläche, keine aufsitzende Kästen,
- keine zusätzliche Belastung für die Dachkonstruktion, da die Kollektoren in der Regel leichter sind als die entsprechenden Dachziegel.

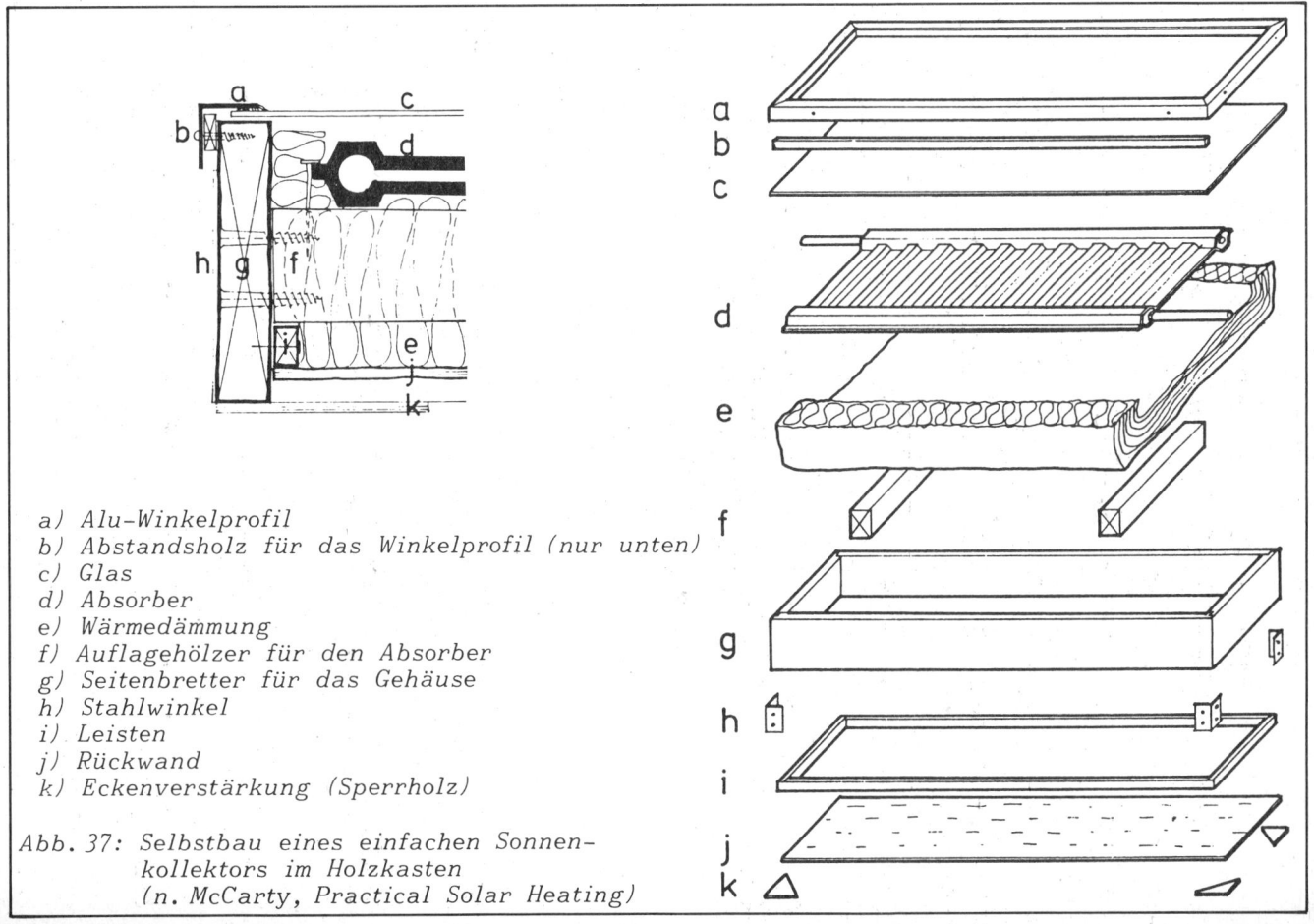

a) Alu-Winkelprofil
b) Abstandsholz für das Winkelprofil (nur unten)
c) Glas
d) Absorber
e) Wärmedämmung
f) Auflagehölzer für den Absorber
g) Seitenbretter für das Gehäuse
h) Stahlwinkel
i) Leisten
j) Rückwand
k) Eckenverstärkung (Sperrholz)

Abb. 37: Selbstbau eines einfachen Sonnenkollektors im Holzkasten
(n. McCarty, Practical Solar Heating)

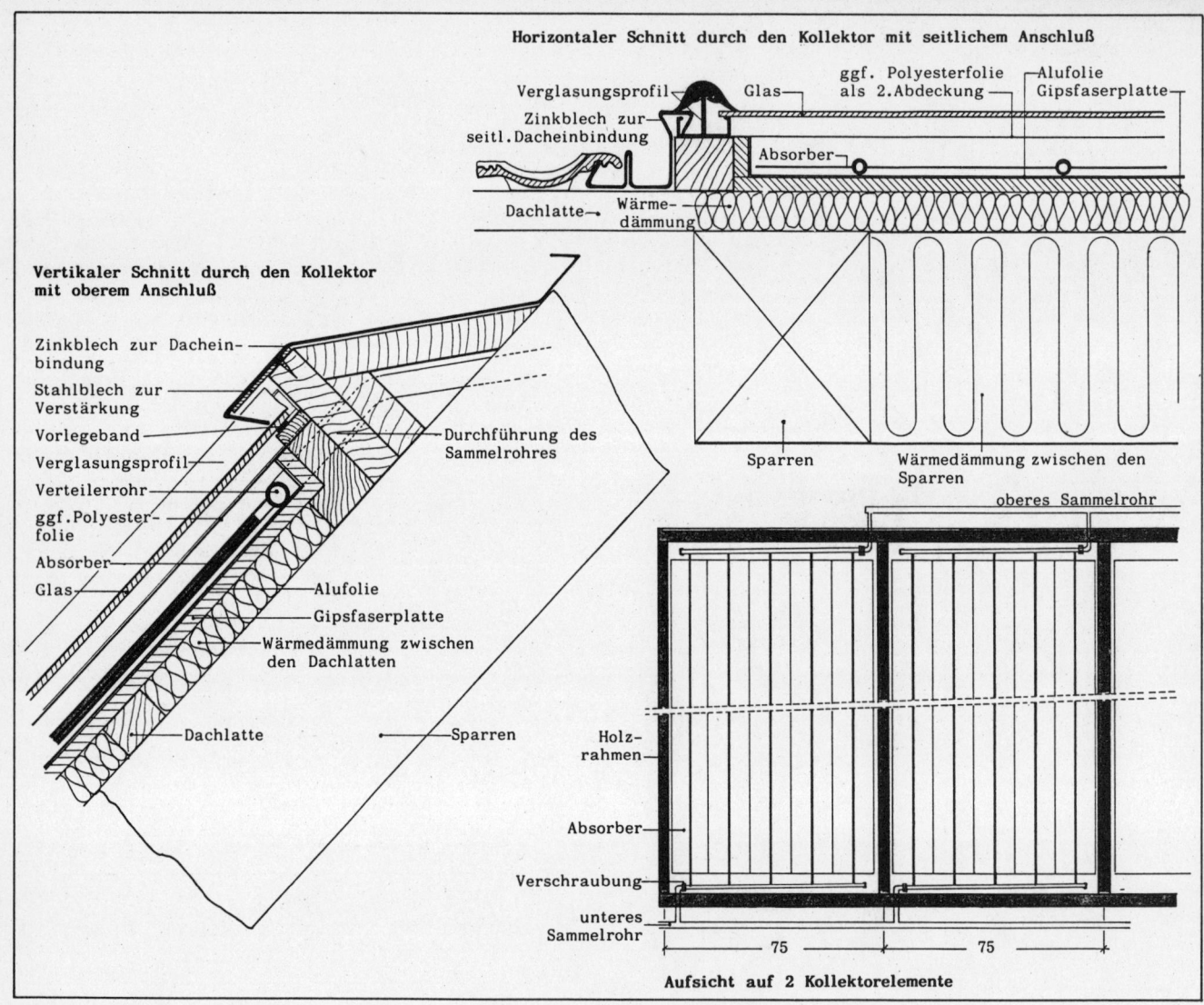

Abb. 38: Aufbau eines Selbstbaukollektors für den Dacheinbau

Für den Selbstbau von Kollektorkästen bietet sich Holz (Kiefer, Lärche, kochfest verleimte Sperrholzplatte) als Konstruktionsmaterial besonders an. Dabei sollte unbedingt darauf geachtet werden, daß das Holz innerhalb des Kollektors nicht der Sonnenstrahlung ausgesetzt ist und nicht mit dem Absorber in Berührung kommt. Detaillierte Untersuchungen in den Vereinigten Staaten haben nämlich gezeigt, daß harzreiches Holz, das in Sonnen-

Bausteine: Flachkollektoren

kollektoren einige Monate lang durch intensive Sonneneinstrahlung Temperaturen von über 150°C ausgesetzt war, langsam verkohlte und sich in einem Fall sogar selbst entzündet hat. Solche Temperaturen entstehen im Flachkollektor natürlich nur im Leerlauf, d.h. wenn keine Nutzwärme entnommen wird, doch kann diese Situation z.B. bei Ausfall der Solarsteuerung oder während der Urlaubszeit durchaus eintreten. Um allzu hohe Temperaturen vom Holz fernzuhalten, empfiehlt es sich deshalb, alle Holzoberflächen unter dem Absorber und an den Innenseiten mit einer 1 cm starken, temperaturbeständigen Dämmschicht (z.B. Gipsfaserplatten) zu versehen und diese mit einer die Wärmestrahlung reflektierenden Alufolie zu verkleiden.

Die Hauptgründe für die Herstellung von Sonnenkollektoren in relativ kleinen, separaten Kästen kommen aus der industriellen Fertigung:
- leichte Handhabbarkeit von der Herstellung über den Vertrieb bis zum Dacheinbau,
- Serienfertigung am Montageband,
- leichte Vermarktung durch Stückkostenkalkulation,
- geringer Arbeitsaufwand und Know-How-Bedarf für den Handwerker bei der Montage.

Der Materialaufwand für die 4 - 10 Kollektorkästen, wie sie für eine durchschnittliche Brauchwasser-Solaranlage benötigt werden, einschließlich der Anschlüsse zu den Nachbarkollektoren ist bedeutend. Eine amerikanische Firma, die Billigkollektoren, sogenannte Volkskollektoren, ganz aus Kunststoff herstellt, hat daher auch möglichst große Abmessungen von ca. 5m^2 je Kollektor gewählt, wobei sich wegen des geringen Gewichts der verwendeten Folien die Kollektoren trotz ihrer Größe recht gut handhaben lassen.

Beim Selbstbau und für spezialisierte Handwerksbetriebe liegt es nahe, anstelle von relativ aufwendigen, fertigen Kollektorkästen die Kollektorelemente Wärmedämmung, Absorber und transparente Abdeckung auf dem Dach zu einem großen Kollektor zusammenzubauen. Um sich dabei unnötige und gefährliche Arbeiten auf dem Dach zu ersparen, ist es vernünftig, den Kollektoraufbau bis ins Detail zu planen und alle Bauteile soweit wie möglich in der Werkstatt für den Zusammenbau vorzubereiten. Aus mehrjährigen Erfahrungen einiger Sonnenkollektorbau-Gruppen ist ein System für den Dacheinbau entstanden, das vor allem bei Beschränkung auf einige Standard-Kollektorabmessungen einen hohen Grad an Vorfertigung erlaubt und auf dem Dach problemlos und rationell zusammengebaut werden kann. Der Aufbau des Kollektorkastens und seines Innenlebens ist in Abb. 38 dargestellt.

Bei der Herstellung des Kollektorgehäuses, beim Einbau von Absorber und Scheiben sowie bei der Dacheindichtung sind unbedingt die verschiedenen Längenänderungen der Bauteile bei den auftretenden Temperaturänderungen zu beachten. So kann die Längenänderung des Absorbers z.B. bei langen Absorbern im Leerlauffall mehrere Zentimeter betragen.

3.1.3 Vakuumkollektoren

Eine Sonderform des Flachkollektors ist der Vakuumkollektor, der sich durch seine hohe Leistungsfähigkeit bei großen Temperaturdifferenzen zwischen Absorber und Umgebung auszeichnet. Er ist besonders für die solare Raumheizung und -klimatisierung sowie für die Erzeugung von Prozeßwärme entwickelt worden. Wie die Analyse der Wärmeverluste verschiedener Flachkollektorkonstruktionen (Abb. 39) zeigt, bestimmen neben den optischen Verlusten vor allem die Wärmeverluste durch Konvektion und Wärmerückstrahlung den Wirkungsgrad eines Kollektors. Der Vakuumkollektor vermeidet nun die Wärmeverluste durch Konvektion ganz, da das für die Konvektion notwendige Medium Luft entfernt worden ist (= Vakuum). Durch gleichzeitigen Einsatz von hochlichtdurchlässigem Glas für die Abdeckung und einer hochselektiven Absorberbeschichtung werden auch die optischen und Wärmestrahlungsverluste minimiert.

Bausteine: Flachkollektoren

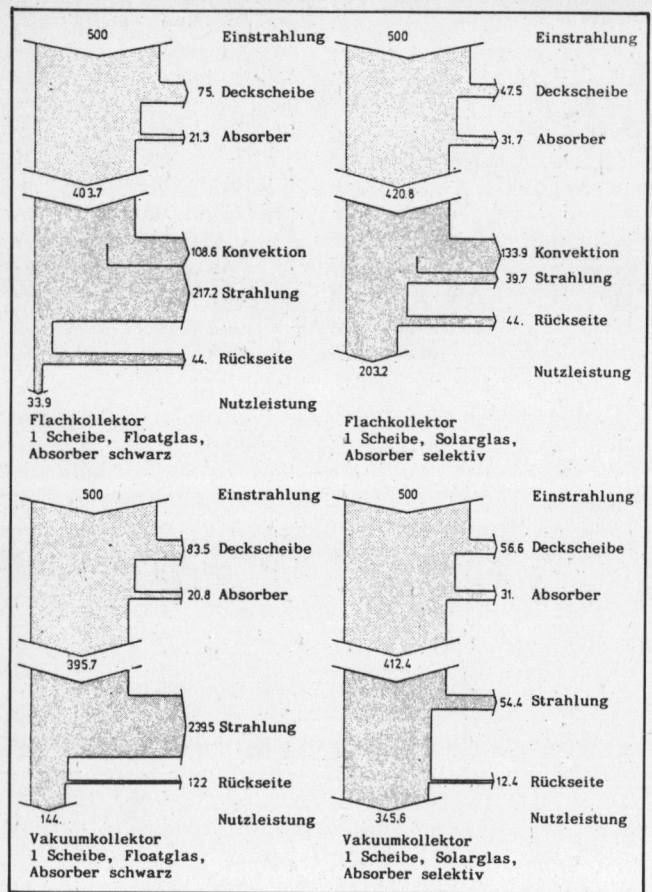

Abb. 39: Optische und thermische Verluste verschiedener Kollektorkonstruktionen bei 60°C Absorber- und 0°C Umgebungstemperatur

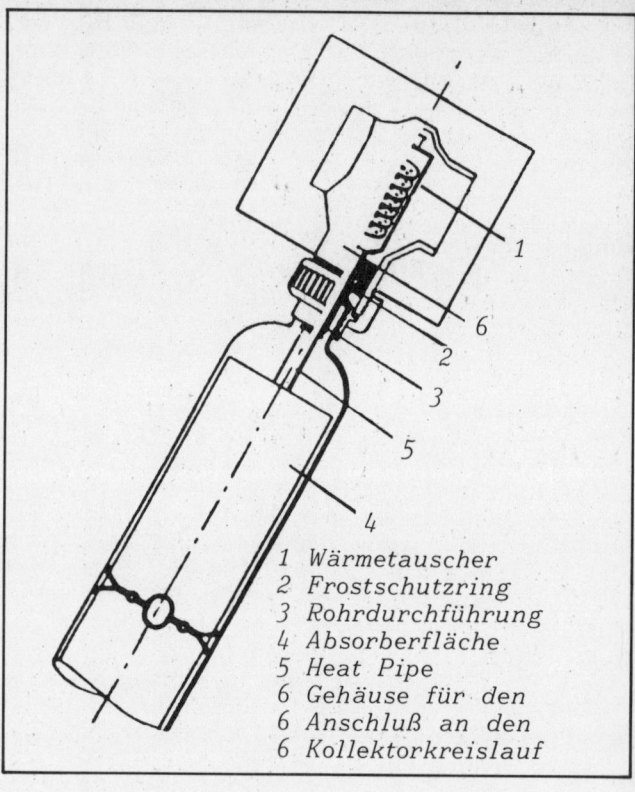

Abb. 40: Vakuumkollektor mit Heat Pipe (Fa. Thermomax)

Das Vakuum im Kollektor setzt natürlich eine absolut dichte und druckfeste Kollektorkonstruktion voraus. In der langjährigen Entwicklungszeit für diesen Kollektortyp sind bis heute 2 Typen zur Serienreife entwickelt worden, die zur Zeit am Markt eingeführt werden. Bei beiden Typen besteht das Kollektorgehäuse aus langen, dünnen, hochlichtdurchlässigen und wärmebeständigen Glasröhren, in die selektiv beschichtete Absorberstreifen eingehängt sind.

Während beim Cortec-Kollektor der Absorber vom Wärmeträgermedium durchflossen wird (der Kollektor hat zwei Anschlüsse für Vor- und Rücklauf), sorgt beim Vakuumkollektor der Fa. Thermomax ein Wärmerohr (Heat Pipe, die ähnlich wie eine Dampfheizung funktioniert) für den Wärmetransport zum außenliegenden Wärmetauscher, der seinerseits die Wärme an einen Wasserkreislauf überträgt.

Der kritische Punkt dieser Vakuumkollektoren ist die Stelle, an der die Wärme aus dem Glaskolben herausgeführt wird, also die Durchführung der Wärmeträgerleitungen bzw. des Wärmerohrs am Glasrohr, da hier nicht nur verschiedene Stoffe (Glas und Metall) dauerhaft dicht verbunden werden müssen, sondern

Bausteine: Flachkollektoren

zudem noch erhebliche thermische Belastungen auftreten. Nach Angaben der Hersteller sind diese Probleme inzwischen zuverlässig gelöst, so daß Garantien von 5 bzw. 10 Jahren auf die Vakuum-Kollektorröhren gegeben werden. Durch Herstellung in großen Stückzahlen sind in den nächsten Jahren eventuell noch Preissenkungen möglich; zur Zeit liegt der m^2-Preis noch bei ca. 1.100 DM/m^2 + MwSt.
Wegen des höheren Wirkungsgrades gegenüber Standard-Flachkollektoren kommt man beim Vakuumkollektor mit einer wesentlich geringeren Absorberfläche aus (für gleichen Energieertrag), so daß sein Einsatz auch für die Brauchwasserbereitung sinnvoll (z.B. wenn wenig Platz vorhanden ist) und finanziell lohnend sein kann. Dies ist jedoch im Einzelfall zu überprüfen. Nach Praxistests kann man sagen, daß gegenüber Standard-Flachkollektoren für die Brauchwasserbereitung nur etwa die halbe Kollektorfläche benötigt wird.

Die Herstellung von Vakuumkollektoren im Selbstbau oder in Kleinbetrieben scheidet wegen der hohen Fertigungstechnologie verständlicherweise aus. Darin ist ein gewisser Nachteil dieser sonst sehr guten Kollektoren zu sehen, da die Abhängigkeit von wenigen hochtechnisierten Unternehmen zunimmt. Eine Montage der fertigen Röhren in die passenden Halterungen und der Anschluß an den Wärmeträgerkreislauf ist bei Verwendung des zugehörigen Montagematerials durchaus im Selbstbau möglich.

Zur Zeit werden (z.B. beim Fraunhofer-Institut für Solartechnik) Versuche angestellt, wie auch mit großformatigen, gewöhnlichen Flachkollektoren ohne Vakuum die Leistungsfähigkeit von Vakuumkollektoren erreicht werden könnte. Dort versucht man, den Luftraum zwischen Absorber und Scheibe durch ein Gitter aus lichtdurchlässigen Folienstreifen (Polyäthylenterephalat) in kleine, abgeschlossene Zellen zu unterteilen, so daß keine oder nur noch minimale Konvektion stattfinden kann. Ob und wann diese Versuche zu einem neuen, marktfähigen Kollektortyp führen, ist zur Zeit noch nicht absehbar.

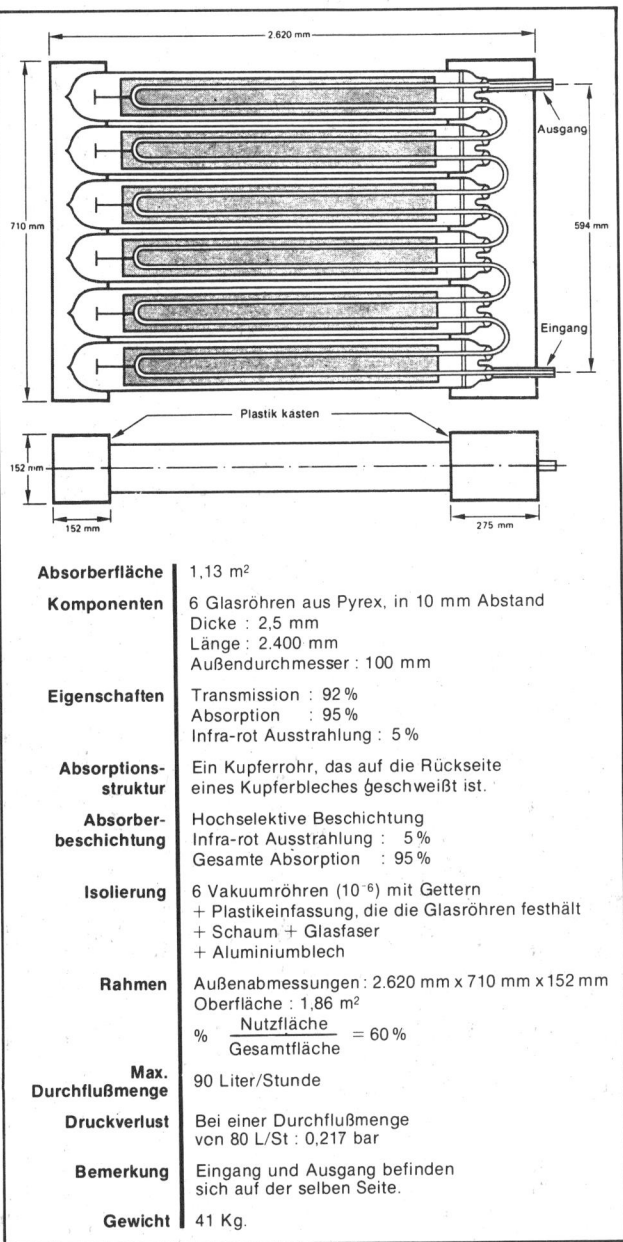

Abb. 41: Aufbau und Beschreibung eines Vakuumkollektors (Fa. Cortec)

3.1.4 Luftkollektoren

Während in den bisher beschriebenen Kollektortypen Wasser oder eine ähnliche Flüssigkeit erwärmt wird, nutzen Luftkollektoren, wie der Name schon andeutet, die Luft als Wärmeträger. Der große Vorteil dieser Kollektoren liegt darin, daß Luft ein recht unproblematisches Medium ist, da sie nicht gefriert oder kocht, und kleine Undichtigkeiten im Kollektor oder in den Wärmetransportleitungen im Gegensatz zu Wasser kaum Schaden anrichten können. Dies macht gerade den Selbstbau solcher Luftkollektoren auf den ersten Blick attraktiv, zumal die Baukosten für Luftkollektoren in der Regel deutlich niedriger sind als bei den Flüssigkeitskollektoren und Korrosionsprobleme anders als bei Wasser kaum auftreten.

Andererseits sind die Anwendungsmöglichkeiten von Luftkollektoren in unseren bestehenden Gebäuden recht beschränkt (anders als in den USA, wo Luftheizungssysteme in Wohnhäusern Standard sind): es ist material- und kostenaufwendig und zudem mit deutlichen Wirkungsgradverlusten verbunden, die Wärme aus der Luft an Wasser, also z.B. an Brauchwasser oder Heizungswasser zu übertragen. Luftkollektoren sind daher für die Brauchwasserbereitung oder für die Integration in eine Warmwasserheizung wenig geeignet.

In Verbindung mit Luftheizungssystemen wie sie in den USA und einigen europäischen Ländern verbreitet sind, können Luftkollektoren zusammen mit einem richtig dimensionierten Steinspeicher jedoch auch in unseren Breiten einen wirksamen Beitrag zur Energieeinsparung leisten.

Ein weiteres, interessantes Anwendungsgebiet für Luftkollektoren ist der gewerbliche und landwirtschaftliche Bereich. Bei der Trocknung von technischen Produkten z.B. in Lackiereien und holzverarbeitenden Betrieben sowie bei der Trocknung landwirtschaftlicher Produkte aller Art (Kräuter, Früchte, Tabak, Heu, Getreide, usw.) bringen Luftkollektoren in den Sommermonaten erhebliche Energieeinsparungen und können dadurch heute schon wirtschaftlich lohnend sein.

Funktion und Aufbau der Luftkollektoren sind ähnlich wie beim Standard-Flachkollektor. Die am Absorber erzeugte Wärme wird hier jedoch an die oberhalb und/oder unterhalb des Absorbers vorbeistreichende Luft abgegeben. Wasserdichtigkeit und Druckbeständigkeit ist für die Wärmeträger-Kanäle am Absorber nicht gefordert, so daß für den Absorber preiswerte, handelsübliche Halbzeuge (Bleche, Profile, etc.) verwendet werden können.

Da Luft eine ca. 3000 mal geringere Wärmekapazität als Wasser hat (bezogen auf gleiche Volumina), müssen Luftkollektoren so gebaut sein, daß recht große Luftmengen für den Abtransport der Wärme durch den Kollektor geblasen werden können (Richtwert 50-300 m^3/h pro m^2 Kollektorfläche). Für den Transport so großer Luftmengen müssen die Strömungsquerschnitte im Kollektor entsprechend bemessen werden: sie sollen so groß sein, daß sich bei dem o.a. Richtwert für den Luftdurchsatz keine größeren Luftgeschwindigkeiten als 2-3 m/s im Kollektor ergeben. Natürlich muß der Kollektor bei dem für den Wärmetransport nötigen Unterdruck (in der Regel saugt der Ventilator die Warmluft aus dem Kollektor) mechanisch stabil und hinreichend dicht sein.

Wie beim wassergekühlten Flachkollektor ist es neben dem Kauf von industriell produzierten, handlichen Luftkollektoren auch möglich, Luftkollektoren aus Einzelteilen (Absorber, Verglasungssystem) vor Ort, z.B. im Dach eines Hauses zusammenzubauen. Abb. 42 zeigt die Skizze eines industriell hergestellten Luftkollektors (schwedisches Fabrikat) mit 1,5 m^2 Kollektorfläche pro Modul, Abb. 43 zeigt den Aufbau eines Luftkollektors, wie er im Selbstbau oder vom Handwerker vor Ort zusammengebaut werden kann.

Für den Absorber werden vorzugsweise gewellte Bleche (aus verzinktem Stahl oder Alu) oder Bleche mit Trapezprofil verwandt, die sich bei Druckänderungen im Luftkanal weniger verformen (durchbiegen und damit den Rahmen belasten) als glatte Bleche. Sie bieten darüber

Bausteine: Flachkollektoren

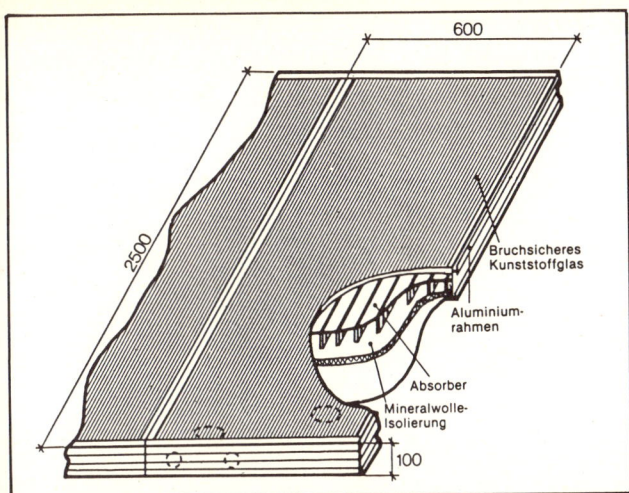

Abb. 42: Industriell hergestellter Luftkollektor

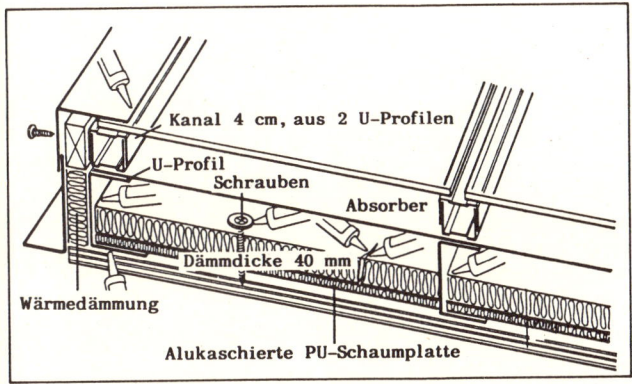

Abb. 43: Aufbau eines Selbstbau - Luftkollektors

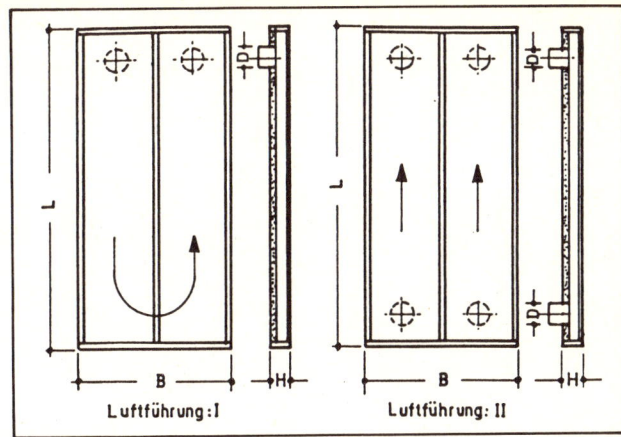

Abb. 44: Möglichkeiten der Luftführung

hinaus den Vorteil, daß die Wärmeabgabe an die vorbeiströmende Luft durch die Verwirbelung der Luft und die vergrößerte Oberfläche deutlich besser ist als bei glatten Absorberblechen. Die Sonnenseite des Absorbers kann entweder schwarz gestrichen (temperaturbeständiger Solarlack) oder noch besser mit einer selektiven Beschichtung (vgl. Kap. 3.1.2) versehen werden. Als selektive Beschichtung eignet sich auch hier die bereits erwähnte "Maxorb"-Folie zum Aufkleben.

Wird wie der Absorber von beiden Seiten von der umgewälzten Luft angeströmt, so empfiehlt sich eine doppelte Abdeckung, wobei wegen des Unterdrucks im Kollektor hier eine Glasplatte als innere Abdeckung gewählt werden sollte, die luftdicht in den ebenfalls luftdichten Kollektorrahmen eingesetzt wird. Zur Abdichtung sollten Vorlegebänder aus wärme- und lichtbeständigem EPDM-Schaum, Moosgummi o.ä. zusammen mit Silikon-Dichtmasse verwendet werden. Wird der Absorber nur von unten angeströmt, so ist bei selektiv beschichtetem Absorber in der Regel eine einfache Abdeckung ausreichend, die mit einem witterungsbeständigen und regendichten Verglasungsprofil montiert wird. Im übrigen gilt für die Materialauswahl das beim Standard-Flachkollektor Gesagte.

Die Luftzu- und -abführung zum und vom Kollektor erfolgt über entsprechend der Kollektorfläche dimensionierte Sammelkanäle unterhalb der Kollektorfläche. Günstig ist eine Strömung im Kollektor von unten nach oben, da sie so vom natürlichen Auftrieb (warme Luft ist leichter als kalte und steigt auf) unterstützt wird. Um die beiden Sammelkanäle unterhalb der Kollektoren nebeneinander verlegen zu können, sind auch Abweichungen von dieser Regel möglich (Abb. 44).

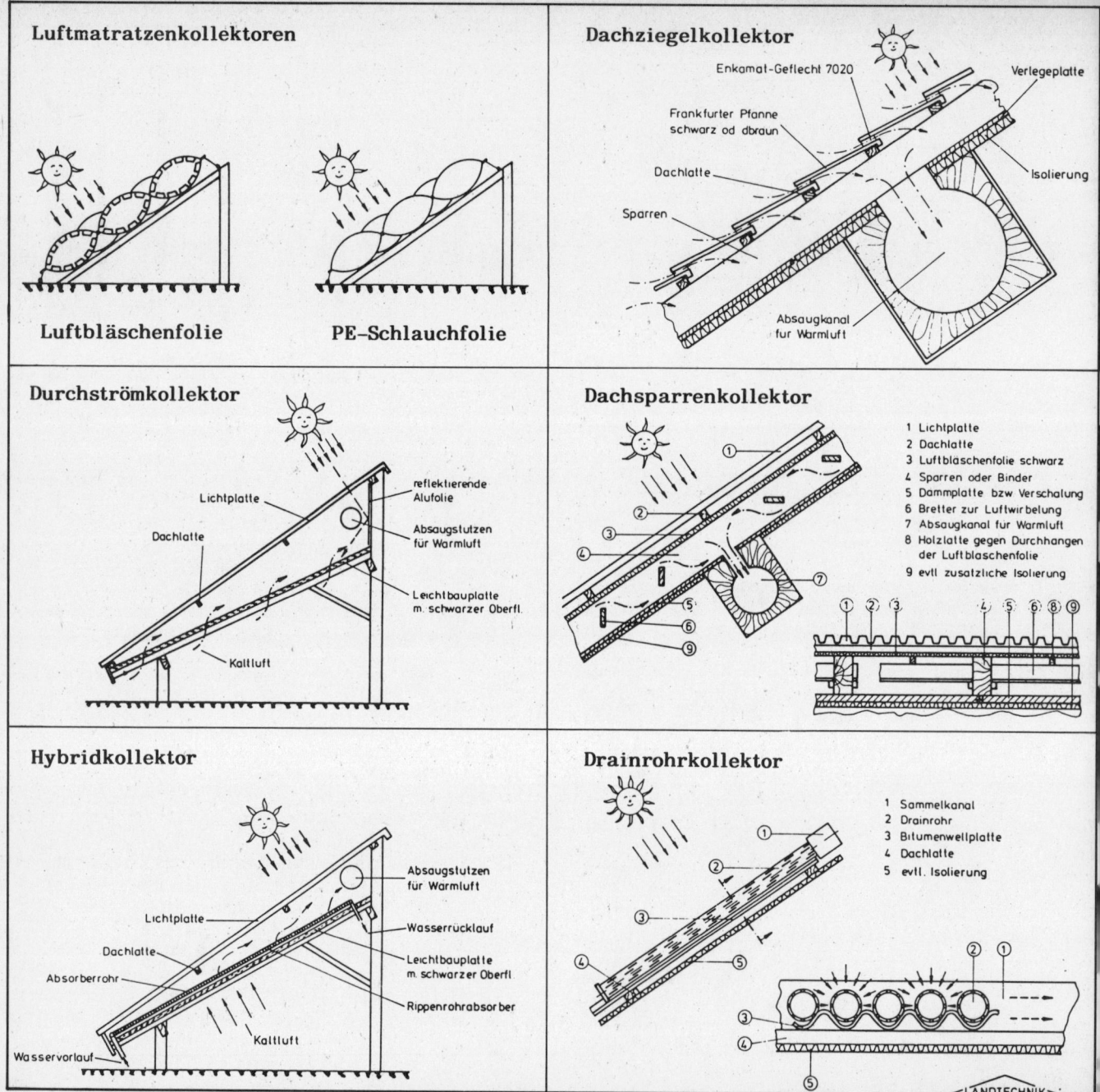

Abb. 45: Einfache Luftkollektoren für die Landwirtschaft

Bausteine: Flachkollektoren

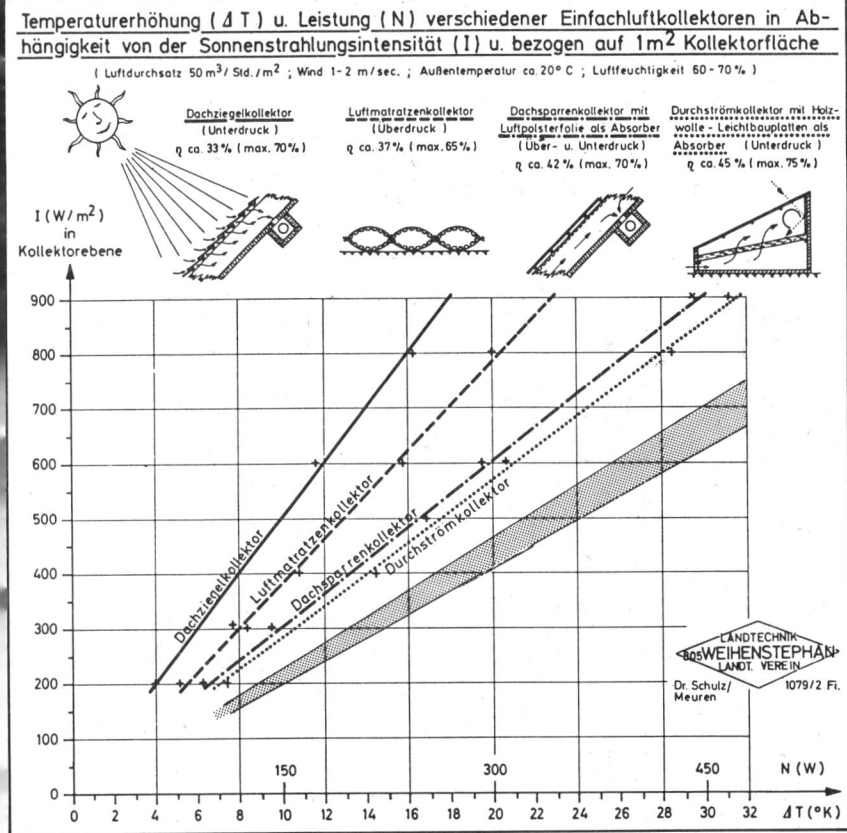

Abb. 46
Temperaturerhöhung und Leistung verschiedener Einfach-Luftkollektoren.
Bei einem Luftdurchsatz von 50 m³ je m² Kollektorfläche und Stunde erreichen die Kollektoren schon bei bedecktem Himmel mit nur 200 W/m² Solarstrahlung eine Erhöhung der Lufttemperatur um 6-8°C. Bei vollem Sonnenschein mit 900 W/m² schaffen sie sogar Temperaturerhöhungen zwischen 18 und 32°C je nach System.
Durch Erhöhung des Luftdurchsatzes auf das Doppelte bis 3fache werden nicht so hohe Temperaturen erreicht, dafür steigt der Wirkungsgrad von ca. 30-45% auf 65-75%.
Industrielle Luftkollektoren erreichen im Vergleich zu den besseren Einfach-Kollektoren etwas höhere Temperaturen und Wirkungsgrade.

Besonders für Anwendungen in der Landwirtschaft zur Trocknung von Heu, Getreide, Kräutern, etc. wurden von der Landtechnischen Hochschule Weihenstephan in Freising eine Reihe von einfachen und preiswerten Luftkollektorkonstruktionen entwickelt, die sich im landwirtschaftlichen Betrieb selbst herstellen lassen. Durch die Verwendung von preiswerten Baumaterialien (Holz, wenig umweltbelastende Kuststoffe, u.ä.) gelingt es, solche Kollektoren im Selbstbau so billig herzustellen, daß sich ihr Einsatz auch bei den kurzen Nutzungszeiten in der Landwirtschaft (meist 1-2 mal im Jahr für einige Tage bis Wochen) finanziell lohnt.

Während bei den Kollektoren für Luftheizungssysteme die Luft in einem geschlossenen Kreislauf umgewälzt wird, wird für reine Trocknungszwecke Außenluft angesaugt und im Kollektor erwärmt der Nutzung zugeführt (Belüftungstrocknung ohne Wärmespeicher).

In Abb. 45 wird eine kurze Beschreibung der Kollektoraufbauten gegeben, für den besonders leistungsfähigen Durchströmkollektor liegt eine ausführliche Bauanleitung mit Detailzeichnungen, Materialliste und Lieferhinweisen vor (siehe Literaturverzeichnis).
Abb. 46 gibt einen Überblick über die Leistungsfähigkeit dieser "Billigkollektoren". Der

Vergleich mit der Kennlinie eines industriellen Kollektors zeigt, daß sich besonders mit dem Durchströmkollektor recht beachtliche Resultate erzielen lassen. Aus den Betriebserfahrungen von zahlreichen Selbstbauanlagen (vor allem im bayrischen Raum) wird jedoch auch deutlich, daß die transparenten Abdeckungen aus Polyesterwellplatten oder Palram-Platten (PVC) in der Praxis keine lange Lebensdauer aufweisen, sondern durch Wärme- und Lichteinwirkung innerhalb weniger Jahre ihre ursprünglich gute Lichtdurchlässigkeit verlieren.

Abdeckungen aus Glas haben sich dagegen bis heute bestens bewährt und können in Verbindung mit einem geeigneten Verglasungssystem schnell und einfach verlegt und ggf. (z.B. bei Hagelschäden) auch ausgewechselt werden.

3.1.5 Geometrie und Zusammenschaltung von Kollektoren

Für einen guten Energieertrag ist es wünschenswert, wenn das Wärmeträgermedium die gesamte Absorberfläche möglichst gleichmäßig kühlt und dadurch große Unterschiede in der Absorbertemperatur vermieden werden. Um eine möglichst gleichmäßige Strömung durch die gesamte Absorberfläche der Anlage zu erreichen, muß man der Geometrie des Absorbers bzw. deren Zusammenschaltung einige Beachtung schenken.

Industriell hergestellte Absorber sind im allgemeinen so konstruiert, daß die ganze Absorberfläche einigermaßen gleichmäßig durchströmt wird; lediglich die Ecken sind häufig schlechter durchströmt und werden dadurch im praktischen Betrieb heißer. Auf jeden Fall ist es günstig, Zu- und Ablauf an gegenüberliegenden Ecken anzuordnen. Bei Röhrenabsorbern sollte für die Sammelrohre ein deutlich größerer Rohrdurchmesser gewählt werden als für die Steigrohre, damit die Strömung gleichmäßig auf alle parallelen Steigrohre verteilt wird und der Strömungswiderstand der Sammelrohre möglichst wenig ins Gewicht fällt.

Sind für eine bestimmte Kollektorfläche mehrere Absorber erforderlich, so bietet sich bei kleinen und mittleren Anlagen die Parallelschaltung an: alle Absorber sind so an die untere und obere Sammelleitung angeschlossen, daß die Fließwege durch das Kollektorfeld für alle Absorber gleich lang sind (System Tichelmann). Auch hier sollten die beiden Sammelleitungen einen ausreichenden Rohrdurchmesser (z.B. bei 10m^2 Kollektorfläche 22-28 mm Ø) aufweisen, um eine gleichmäßige Aufteilung der Flüssigkeitsströme zu erreichen.

Bei mittleren und größeren Anlagen wird es in vielen Fällen sinnvoll sein (z.B. um den Kollektor zu verlängern), je 2 Absorber hintereinander zu schalten; diese "Serien-Parallel-Schaltung"(Abb. 49) gewährleistet bei größeren Kollektorflächen eine gleichmäßigere Durchströmung aller Absorber als die reine

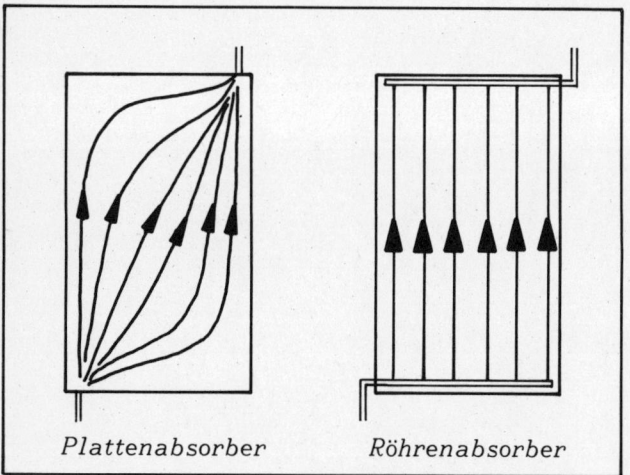

Abb. 47: Strömungsverhältnisse in Platten- und Röhrenkollektoren

Parallelschaltung. Eine reine Serienschaltung von mehr als 2 Absorbern ist im allgemeinen nicht günstig, da sonst der Strömungswiderstand des Kollektorkreises übermäßig hoch wird oder der Wirkungsgrad durch zu hohe Kollektortemperaturen sinkt.

Bei selbst hergestellten Röhrenabsorbern z.B. nach dem System SUNSTRIP aber auch bei Schwimmbadabsorbern aus Rippenrohr hat es sich als arbeits- und kostensparend herausgestellt, die Länge des Absorbers möglichst groß zu wählen, um die Zahl der Abgänge von den beiden Sammelrohren zu verringern. Absorberlängen bis zu 6 m sind dabei durchaus praktikabel, ohne daß der Durchflußwiderstand zu groß wird (vgl. z.B. Abb. 27). Sind bei vertikaler Strömung in den Steigrohren Absorberlängen von weniger als 2-3 m zu verlegen (ist die Kollektor also sehr viel breiter als hoch), kann man in Anlagen mit Umwälzpumpe den Absorber auch waagerecht durchströmen lassen; man kommt dadurch mit kürzeren Sammelrohren aus und muß weniger Abgänge vom Sammelrohr verlöten (vgl."Selbstbauanlage Jäger in Kap. 6.2).

Abb. 50 zeigt an durchgerechneten Beispielen, welche Strömungsverhältnisse in Röhrenabsorbern unterschiedlicher Geometrie auftreten können: lange parallele Steigrohre und große Rohrdurchmesser für die Sammelleitungen begünstigen eine gleichmäßge Durchströmung aller Röhren, bei vielen parallelgeschalteten, kurzen Steigrohren und zu kleinem Rohrdurchmesser der Sammelrohre treten erhebliche Unterschiede in der Durchflußmenge auf.

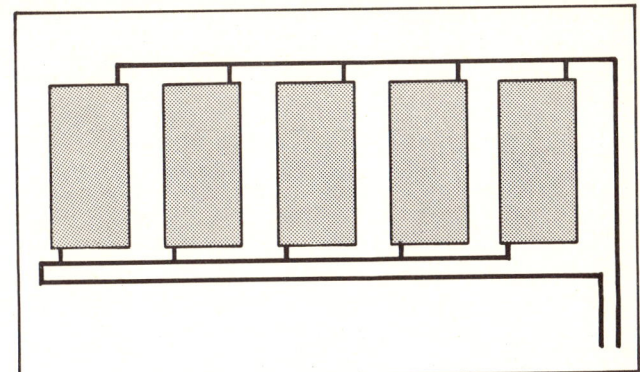

Abb. 48: Parallelschaltung von Kollektoren

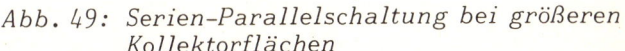

Abb. 49: Serien-Parallelschaltung bei größeren Kollektorflächen

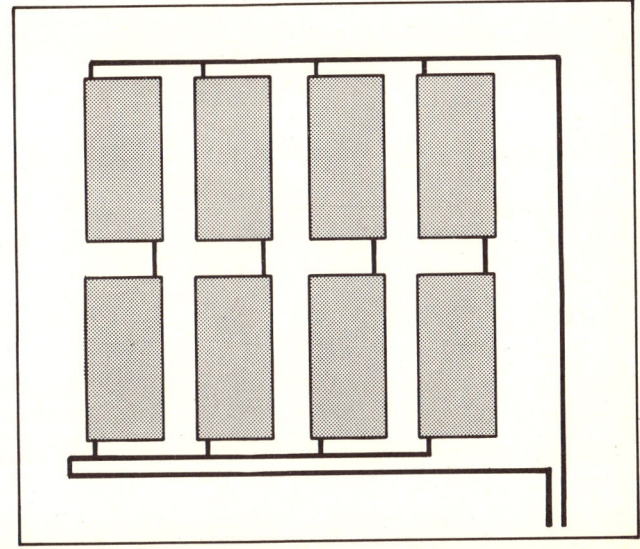

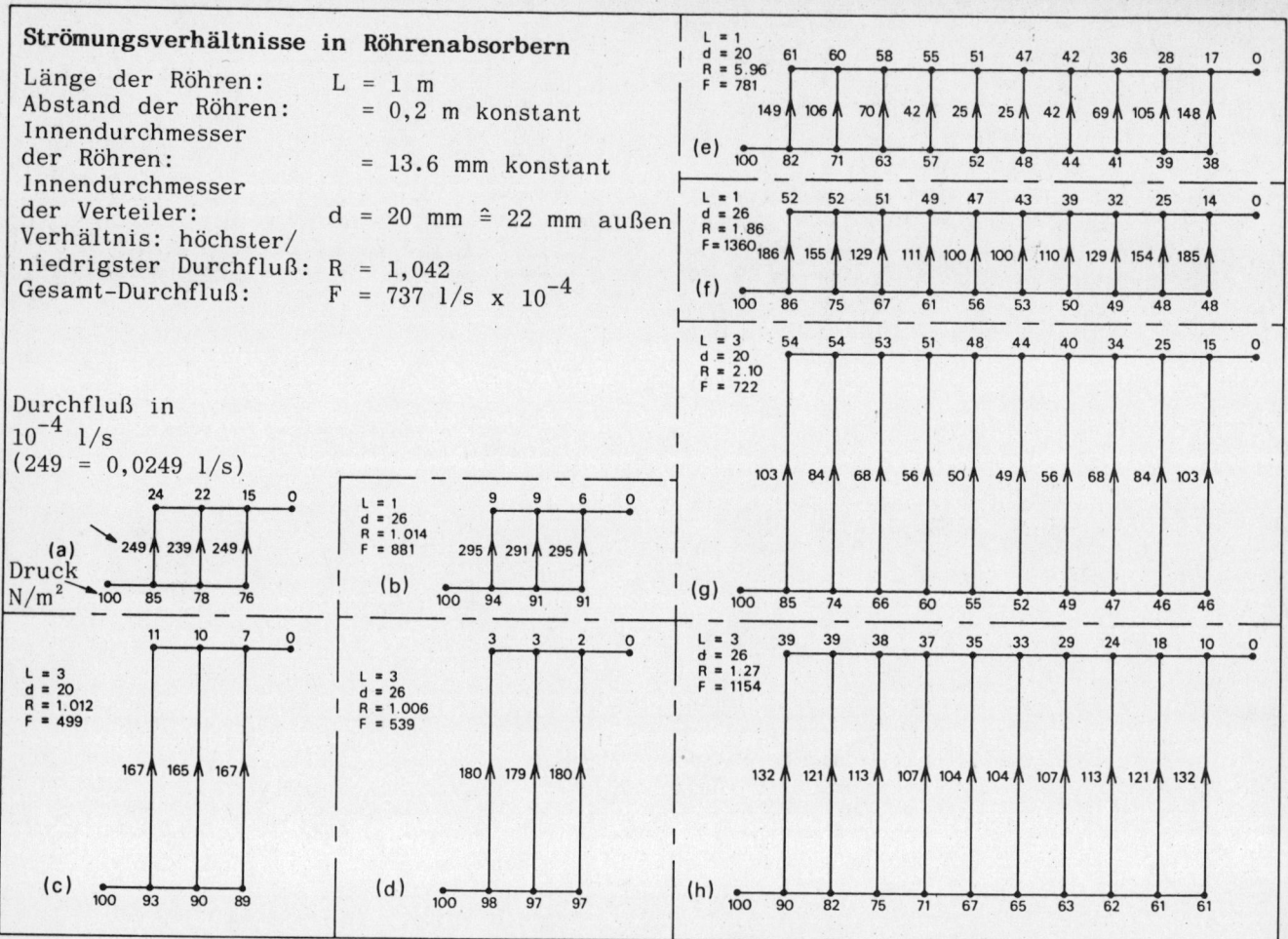

Abb. 50: Strömungsverhältnisse in Röhrenabsorbern

3.1.6 Wirkungsgrad und Anwendungsbereich von Sonnenkollektoren

In Verkaufsgesprächen für Sonnenkollektoren ist zumeist eines der ersten Argumente, die der Verkäufer für sein Produkt ins Feld führt, der exellente Wirkungsgrad seines Kollektors. In Bezug auf die Qualität einer Solaranlage ist dieses Argument wenig aussagekräftig, vielmehr sind die Haltbarkeit der Anlage, der effektive Energieertrag bei der vorgesehenen Anwendung und die Kosten hierfür in der Praxis die weitaus wichtigeren Gesichtspunkte. Trotzdem soll im folgenden näher auf den Wirkungsgrad von Kollektoren eingegangen werden, um verständlich zu machen, wie sich die Kollektorbauart und den Wirkungsgrad auswirkt und wie sich aus dem Verlauf der Wirkungsgradkurve der günstigste Einsatzbereich eines Kollektors bestimmen läßt.

Der Kollektorwirkungsgrad ist definiert als Verhältnis von Nutzenergie zu Sonneneinstrahlung. Für eine gegebene Konstruktion hängt er im wesentlichen von 3 äußeren Faktoren ab, und zwar von
- der Sonneneinstrahlung,
- der Außentemperatur in der Nähe des Kollektors,
- der mittleren Temperatur des Absorbers, die meist als Mittelwert der Temperaturen im Vor- und Rücklauf des Kollektors angenommen wird.

Der Verlauf der Wirkungsgradkurve in Abhängigkeit von diesen Faktoren ist charakteristisch für die jeweilige Kollektorbauart und wird daher auch als Kollektorkennlinie bezeichnet. Eine einfache mathematische Ableitung für die Form der Kollektorkennlinie (= Kollektorgleichung) wird im nebenstehenden Kasten gegeben. Um bei der Darstellung der Kennlinie im Diagramm die genannten 3 Faktoren gleichzeitig berücksichtigen zu können, werden sie gemäß der Kollektorgleichung zu einem "Kennwert für die Betriebsbedingungen" (Fachausdruck: reduzierter Parameter) zusammengefaßt.

Dieser Kennwert x wird aus den Betriebsbedingungen berechnet gemäß:

$$x = \frac{\text{mittl. Kollektortemp.} - \text{Außentemp.}}{\text{Sonneneinstrahlung}} = \frac{T_k - T_a}{S}$$

wobei $x = 0$ wird, wenn $T_k = T_a$
und $x = \infty$ wird, wenn $S = 0$ ist.

Mit zunehmendem x werden die Betriebsbedingungen für die Energiegewinnung mit Kollektoren schlechter. Wird der Kollektorwirkungsgrad in Abhängigkeit von x aufgetragen, ergibt sich in 1. Näherung eine Gerade.
Kollektorkennlinien können im allgemeinen nicht berechnet werden, sondern müssen für jeden Typ auf einem Prüfstand oder in fertigen Anlagen durch Messung der Kollektorleistung in Abhängigkeit von den oben genannten äußeren Faktoren ermittelt werden.

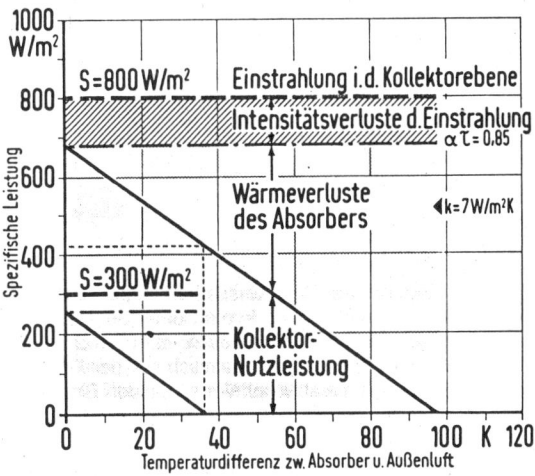

Abb. 51: Optische und thermische Verluste eines Flachkollektors

Wie die Abb. 51 zeigt, wird der Wirkungsgrad eines Kollektors durch 2 Arten von Energieverlusten bestimmt:
- die **optischen Verluste** mindern die Intensität der Einstrahlung, die dann im Absorber in Wärme umgesetzt werden können; die optischen Verluste entstehen an der transparenten Abdeckung und durch nicht 100%ige

Die Kollektorgleichung

Definition des Wirkungsgrades

(1) $\eta = \dfrac{N}{S}$ mit η = Wirkungsgrad
N = Nutzleistung
S = Sonneneinstrahlung

Die Nutzleistung N eines Kollektors läßt sich in 1.Näherung mathematisch beschreiben durch die Gleichung:

(2) $N = S \cdot \tau \cdot \alpha - k\,(T_k - T_a) =$
= Gewinn - Verluste =
= (Einstrahlung x Transmission der transparenten Abdeckung x Absorption des Absorbers) -
- (spez. Wärmeverlustwert x Temperaturdifferenz zwischen Absorber und Umgebung)

mit S = Sonneneinstrahlung (W/m²)
τ = Transmissionskoeffizient der Abdeckung; typ. Werte: 0,6 - 0,95
α = Absorptionskoeffizient des Absorbers; typ. Werte: 0,85 - 0,98
k = spez. Wärmeverlustkoeffizient des Kollektors (W/m²°C); typ. Werte: 1,2 - 10 W/m²°C
T_k = mittlere Absorbertemperatur (°C)
T_a = Außentemperatur in der Umgebung des Kollektors (°C)

Setzt man nun den Ausdruck für die Nutzleistung (2) in (1) ein, so erhält man die Kollektorgleichung für den Wirkungsgrad:

(3) $\eta = \tau \cdot \alpha - k\,(T_k - T_a)/S$

Die Werte τ, α und k sind Kennzahlen, die den Kollektor, seine Bauart und seine Leistungsfähigkeit beschreiben. Sie müssen durch Messungen im Labor oder in der Praxis ermittelt werden.

Zum Vergleich der Leistungsfähigkeit verschiedener Kollektoren wird der Wirkungsgrad gemäß Gleichung (3) als Kennlinie (Gerade) dargestellt, wobei als Variable der reduzierte Parameter $(T_k - T_a)/S$ aufgetragen wird.

Absorption am Absorber; sie sind unabhängig von der Einstrahlung und den Temperaturen.
- die **Wärmeverluste** des Kollektors mindern darüber hinaus die am Absorber umgesetzte Wärme, wodurch der Anteil der nutzbaren Energie weiter zurückgeht. Die Wärmeverluste steigen mit zunehmender Temperaturdifferenz zwischen Absorber und Umgebung. Werden sie so groß wie die Sonneneinstrahlung, kann keine nutzbare Wärme mehr entnommen werden, der Wirkungsgrad ist 0% (Leerlauffall).

Abb. 52 zeigt nun typische Kollektorkennlinien für verschiedene Bauformen von Kollektoren, wie sie in den vorangegangenen Kapiteln behandelt wurden.

* Bei hohen Außentemperaturen und Einstrahlungen im Sommer, also für sehr kleine Werte von x, erreicht der Schwimmbadkollektor den höchsten Wirkungsgrad, da kaum optische Verluste auftreten (keine transparente Abdeckung) und die Wärmeverluste wegen der geringen Temperaturunterschiede zwischen Schwimmbad und Umgebung gering sind. Für große Werte von x (hohe Temperaturdifferenzen, geringe Einstrahlung) sinkt der Wirkungsgrad schnell ab.
* Für die Brauchwassererwärmung im Sommerhalbjahr müssen höhere Temperaturdifferenzen zwischen Absorber und Umgebung erzeugt werden (T = 20-50°C); um auch bei mittleren Einstrahlungen (z.B. 400W) noch Energie ernten zu können, sind einfach oder doppelt verglaste Flachkollektoren erforderlich. Die Kennlinien zeigen, daß die zweifache Abdeckung zwar die Wärmeverluste des Kollektors mindert, dafür aber auch die optischen Verluste erhöht. Durch Einsatz eines selektiv beschichteten Absorbers mit Einfachverglasung entstehen etwa dieselben Wärmeverluste wie beim schwarzen Absorber mit Doppelverglasung.
* Geringe Einstrahlungen und hohe Temperaturdifferenzen sind die Betriebsbedingungen für die Raumheizung im Winter. Durch

Bausteine: Flachkollektoren

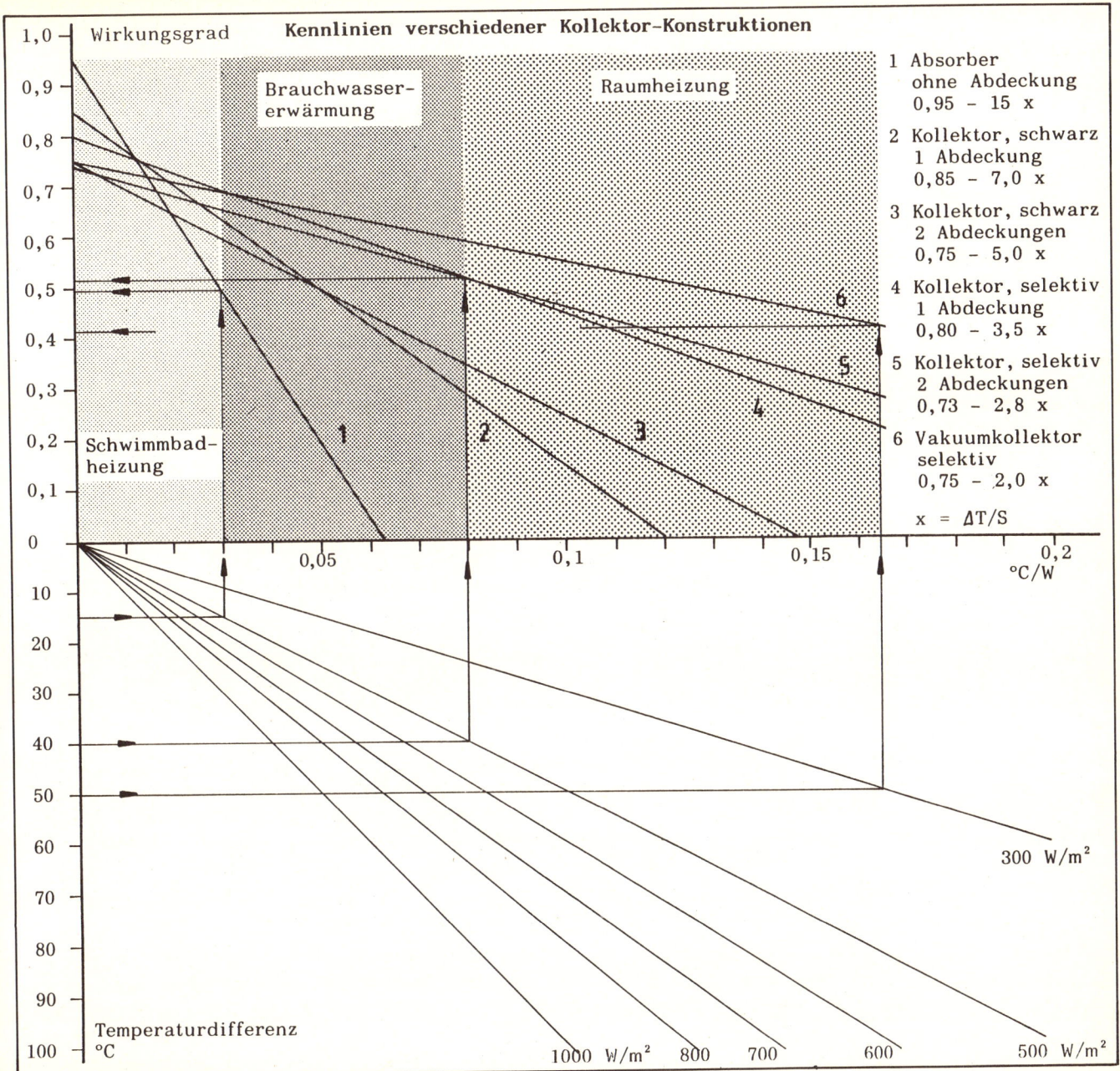

Abb. 52: Wirkungsgradkennlinien verschiedener Kollektorkonstruktionen

die sehr viel bessere Wärmedämmung des Vakuumkollektors gegenüber Flachkollektoren bei etwa gleichen optischen Verlusten kann der Vakuumkollektor noch unter Bedingungen Wärme liefern, unter denen Flachkollektoren dies nicht mehr schaffen. Allerdings ist der nutzbare Energiegewinn unter diesen Bedingungen meist auch nicht mehr allzu groß (bei 300 W/m² Einstrahlung und 50°C Temperaturdifferenz werden noch etwa 120 W/m² Nutzenergie gewonnen).

* Die Kennlinien zeigen, daß ein optimaler Kollektor geringste optische Verluste mit minimalen Wärmeverlusten vereinigen sollte. Da die Optimierung der einen Verlustart stets mit Kompromissen bei der anderen verbunden ist und die Erfüllung der genannten Forderungen ihren Preis hat, ist es, wie die Kennlinien auch zeigen, durchaus sinnvoll, bei weniger hoch gesteckten Forderungen die einfachere und preiswertere Konstruktion zu wählen.

3.2 Wärmeträger

Der Wärmeträger soll die Wärme mit möglichst geringen Verlusten vom Kollektor zum Speicher oder direkt zum Verbraucher führen. Aus dieser Aufgabe lassen sich folgende Anforderungen an den Wärmeträger ableiten:

* möglichst große spezifische Wärmekapazität,
* gute Wärmeleitfähigkeit,
* niedrige Viskosität, d.h. möglichst dünnfüssiges Medium,
* nicht giftig und biologisch abbaubar,
* nicht brennbar,
* nicht korrosiv und verträglich mit den gängigen Dichtungs- und Verbindungsmaterialien,
* frostbeständig und möglichst hoher Siedepunkt,
* chemische Langzeitstabilität auch bei hohen und tiefen Temperaturen,
* preiswert,

Für Kollektoren mit flüssigem Wärmeträger werden überwiegend **Wasser** und Gemische aus **Wasser und Frostschutzmitteln** eingesetzt.

Normales Trinkwasser erfüllt die meisten der oben genannten Anforderungen in idealer Weise, ist jedoch leider nicht frostbeständig und kommt daher nur für Anlagen in südlichen Ländern oder in unserem Klima in solchen Anlagen infrage, die im Winter entleert werden. Wegen der im Trinkwasser enthaltenen Ionen (Chlorid, Carbonat, u.ä.) ist es außerdem korrosiv, so daß in solchen Systemen nur korrosionsbeständige Materialien (Kupfer, Edelstahl, Kunststoff) verwendet werden dürfen.

Wärmeträger		PKL300	Antifrogen N	Antifrogen N + 40%Was.	Wasser	Luft
Aussehen		farblos	gelbgrün	gelbgrün	farblos	-
Siedepunkt	°C	105°C	165°C	110°C	100°C	-
Dichte bei 20°C	g/cm³	1,05	1,13	1,09	0,998	0,00129
Wassergehalt	Vol.%	50	2	41	100	-
Stockpunkt	°C	- 48	- 45	- 50	0	- 190
Toxizität		-	toxisch	toxisch	-	-
spez.Wärme(20°	Wh/kg°C	1,03	0,64	0,82	1,17	0,28
Alkalireserve	ml	10	15	10	-	-

Tabelle 8 Eigenschaften gebräuchlicher Wärmeträger in Solaranlagen

Bausteine: Flachkollektoren

Ähnliches gilt für Schwimmbadwasser, dessen Aggressivität wegen der üblichen Chlorzugabe noch größer ist als die von Trinkwasser.

Solaranlagen für die Brauchwasserbereitung arbeiten in unserem Klima in der Regel mit einem abgeschlossenen Kollektorkreislauf, der ein Gemisch von destilliertem Wasser und einem Frost- und Korrosionsschutzmittel enthält. Dadurch ist der Wärmeträger im Kreislauf bis zu Temperaturen von −25 − −30°C gegen Einfrieren sowie gegen Korrosion bei Mischinstallationen (z.B. Eisen und Kupfer) geschützt. **Äthylenglykol**, eines der gebräuchlichsten Frostschutzmittel (z.B. im Auto), ist in Mischung mit Wasser (45% Äthylenglykol, 55% Wasser) bis −30°C frostbeständig, andere Mischungsverhältnisse bringen andere Erstarrungstemperaturen (vgl. Abb. 53). Der Siedepunkt liegt bei ca. 105°C bei Normaldruck. Für den Einsatz in Solaranlagen wird es unter Handelsnamen wie PKL 100, Antifrogen N, Tyfocor mit (für die verwendeten Werkstoffe geeigneten) Korrosionsschutzmitteln versetzt von verschiedenen Firmen angeboten. Auf die antikorrosiven Zusätze sollte nicht verzichtet werden, da Mischungen aus reinem Äthylenglykol und Wasser korrosiver wirken als Wasser selbst. Die korrosive Wirkung wird noch verstärkt, wenn Luft in den Wärmeträgerkreislauf gelangt. Daher eignen sich auch die mit Korrosionsschutzmitteln versehenen, fertigen Mischungen nach Angaben der Hersteller nicht für offene Systeme (vgl. Kap. 3.3), bei denen der Wärmeträger mit Luft in Verbindung kommt.

Äthylenglykol ist giftig (Nierengift), ebenso wie die meisten Korrosionsschutzmittel; die kritische Dosis liegt bei ca. 100g Monoäthylenglykol pro 75 kg Körpergewicht. Die biologische Abbaubarkeit ist jedoch relativ gut. Um Vergiftungen über das Trinkwasser (z.B. durch undicht gewordene Wärmetauscher) vorzubeugen, sollte in Solaranlagen das toxikologisch unbedenklichere **Propylenglykol** (ebenfalls mit Zusätzen von ungiftigen Korrosionsschutzmitteln) eingesetzt werden, das sich mit Wasser mischen läßt. Ein Mischungsverhältnis von 40 − 50% Propylenglykol mit 50 − 60% Was-

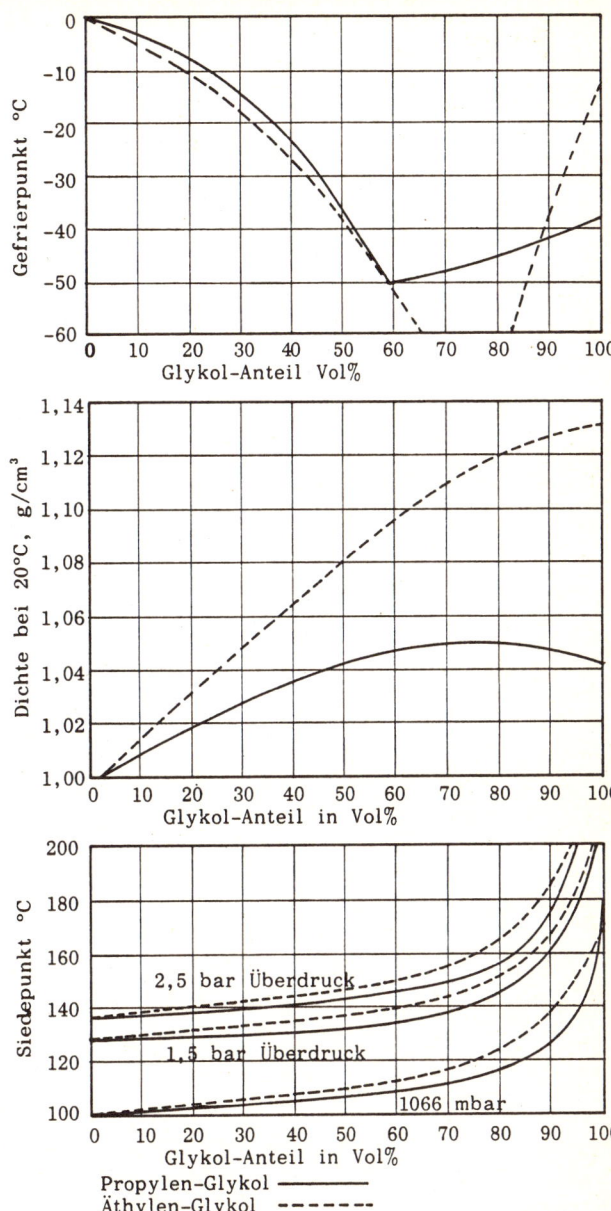

Abb. 53: Eigenschaften von Wasser-Glykol-Gemischen

ser ist empfehlenswert (sofern das Produkt nicht schon fertig eingestellt ist wie bei PKL 300) und gewährleistet Frostschutz bis -40 °C. Der Gehalt an Frostschutzmittel in einer Mischung kann mittels eines Ärometers über die Dichte der Flüssigkeit bestimmt werden.
Bei Atmosphärendruck (1bar) liegt der Siedepunkt der o.a. Mischung bei ca. 105°C, in geschlossenen Anlagen mit 2 bar Überdruck bei 155°C.

Darüber hinaus sind organische Wärmeträgeröle im Handel, die kein Wasser enthalten und optimalen Korrosionsschutz gewährleisten (Gilotherm, Marlotherm, Silikonöl, u.ä.). Sie sind nicht nur wesentlich teurer als die Glykole, sondern greifen auch die gängigen Dichtungs- und Verbindungsmaterialien in Pumpen und Armaturen an, so daß teure Spezialausführungen erforderlich werden. Ihr Einsatz bleibt daher Spezialanwendungen vorbehalten. Wer auf die korrosionsanfälligen Aluminium-Absorber im Kollektor verzichtet, wird mit den genannten Frostschutzmitteln auf Glykolbasis bestens zurechtkommen. Tabelle 8 gibt eine Übersicht über die Eigenschaften der gebräuchlichen Wärmeträgermedien.

Da Mischungen aus Wasser und Frostschutzmittel gegenüber Wasser eine geänderte spezifische Wärme und Viskosität (=Zähigkeit, die die Fließeigenschaft charakterisiert) hat, muß dies bei der Auslegung des Wärmetransportsystems (Pumpe, Rohrleitungen) entsprechend berücksichtigt werden.

Luft hat als Wärmeträger mit einer Ausnahme ideale Eigenschaften als Wärmeträger. Luft ist:
- überall vorhanden und kostenlos,
- nicht giftig,
- friert und kocht nicht,
- wirkt nicht korrosiv und
- richtet bei Undichtigkeiten im System kaum Schaden an.

Der Hauptnachteil liegt in der gegenüber Wasser etwa 3000 mal niedrigeren spezifischen Wärmekapazität. Für den Transport einer Einheit Wärme muß daher im Vergleich zu Wasser das 3000fache Volumen an Luft bewegt werden. Das erfordert nicht nur große Strömungskanäle (Rohrquerschnitte), sondern auch mehr Antriebsenergie (Leistung für den elektrischen Ventilator). Dieser Nachteil mit seinen weitreichenden Konsequenzen hat dazu geführt, daß sich Solaranlagen mit flüssigen Wärmeträgern in Mitteleuropa weitgehend durchgesetzt haben.

3.3 Wärmetransport

3.3.1 Systeme

Je nach Art des Wärmetransports zwischen Kollektor und Speicher bzw. Verbraucher können 3 Systeme unterschieden werden:

* Systeme ohne Umlauf: der Kollektor ist gleichzeitig Wärmespeicher, die Wärmeträgerflüssigkeit (hier in der Regel Brauchwasser) speichert die Wärme und wird nach Bedarf vom Speicherkollektor zum Verbraucher geführt;
* Systeme mit Schwerkraft-Umlauf (Thermo-Syphon-Prinzip): der aufgeheizte Wärmeträger strömt durch natürlichen Auftrieb vom Kollektor zum Speicher, kalter Wärmeträger fließt dafür im Kreislauf zum Kollektor zurück;
* Systeme mit Pumpen-Umlauf (Zwangsumlauf): der Wärmeträger wird durch eine Pumpe (bei Luft durch einen Ventilator) im Kreislauf zwischen Kollektor und Speicher immer dann umgewälzt, wenn der Kollektor Energie liefert.

Systeme ohne Umlauf

Der einfachste Speicherkollektor ist ein schwarzer Gartenschlauch, der an der Hauswand, an einer Grundstücksmauer oder auf Schräg- oder Flachdächern montiert wird, die nach Süden ausgerichtet sind, und am Ende ein Absperrventil hat. Zur Erhöhung des Wirkungsgrades

Bausteine: Wärmetransport

kann der Schlauch auch mit einem zweiten transparenten Kunststoffschlauch ummantelt werden. Der Speicherkollektor kann z.B. als zylindrischer Behälter oder als Kasten (wasserdichte Holz-, Metall- oder Kunststoffkiste) mit sonnenseitiger transparenter Abdeckung ausgebildet sein. Auch alte Radiatoren und Wassertanks sind geeignet. Wichtig ist, daß die der Sonne zugewandte Seite dunkel gestrichen ist, um die Strahlung absorbieren zu können.

Den Vorteilen der Speicherkollektoren: robust, preiswert, einfache Technologie, stehen einige gravierende Nachteile gegenüber, die die Anwendung auf sonnige Tage bzw. Gegenden beschränken:
- schlechter Wirkungsgrad,
- nur bei hoher Sonneneinstrahlung werden die für Brauchwasser nötigen Temperaturen erreicht,
- große Wärmeverluste des Speichers, daher nur kurze Speicherzeiten,
- nicht frostbeständig,
- evtl. kurze Lebensdauer (Gartenschlauch).

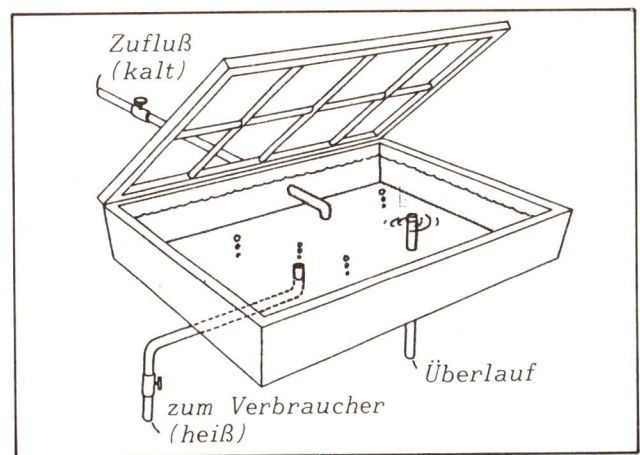

Abb. 54: Einfacher Speicherkollektor

Systeme mit Schwerkraftumlauf

Das Prinzip des Schwerkraftumlaufs ist einfach und von alten Heizungssystemen allgemein bekannt: es funktioniert mit flüssigen Wärmeträgern ebenso wie mit Luft und soll hier für Wasser erklärt werden. Da warmes Wasser ein geringeres spezifisches Gewicht hat als kaltes, steigt es bei Erwärmung im Kollektor und Leitungssystem auf (Konvektion) und fließt zum höhergelegenen Speicher, wobei kälteres Wasser vom Speicher zum Kollektor zurückfließt. Der Umlauf kommt nur zustande, wenn das Wasser im Kollektor wärmer ist als im Speicher, und zwar um so stärker, je höher die Sonneneinstrahlung und damit die Temperaturdifferenz zwischen Kollektor und Speicher ist. Der Umlauf steuert sich in nahezu idealer Weise selbst, ist aber im Vergleich zum Pumpenumlauf recht langsam und reagiert nur träge auf wechselnde Sonneneinstrahlung.

Abb. 55: System Schwerkraftumlauf

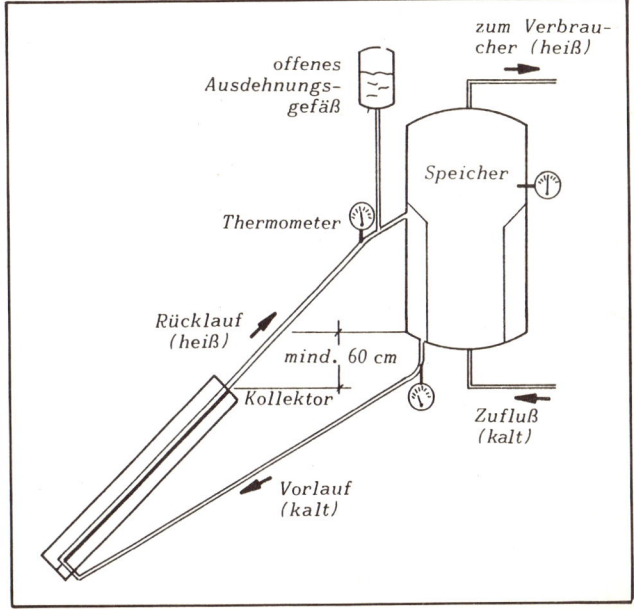

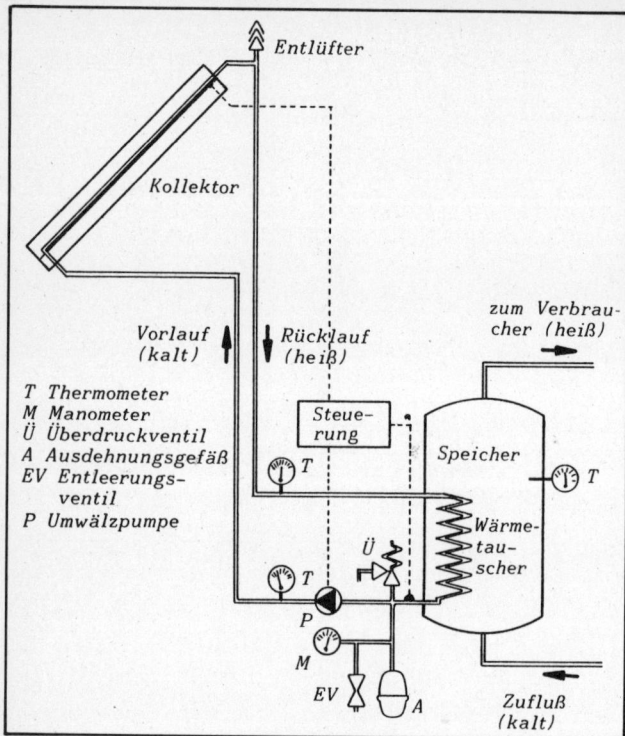

Abb. 56: System Zwangsumlauf

Für das Funktionieren des Schwerkraftumlaufs muß der Speicher oberhalb der Kollektoren aufgestellt sein, alle Leitungen müssen mit Steigung verlegt und horizontale Leitungen oder gar Säcke in der Leitungsführung vermieden werden. Der Selbstbauer muß besonders bei der Rohrverlegung sehr sorgfältig arbeiten, da das System sonst nicht funktioniert. Kollektoren und Speicher sollten möglichst nahe beieinander angeordnet sein, um die Verbindungsleitungen kurz zu halten. Andererseits muß der Speicher muß der Speicher 60 - 100cm über dem Kollektor liegen, um den Umlauf in Gang zu bringen und eine unerwünschte Umkehr des Umlaufs zu vermeiden (z.B. in der Nacht, wenn der Speicher wärmer ist als der Kollektor).

Aufgrund dieser Voraussetzungen kommt das System hauptsächlich für kleine Sonnenkollektoranlagen ($\leq 10\,m^2$) zur Brauchwassererwärmung infrage.

Systeme mit Zwangsumlauf

Da die Nutzung der natürlichen Konvektion wie beim Schwerkraftumlauf aufgrund der räumlichen Gegebenheiten (Kollektor auf dem Dach, Speicher im Keller) häufig nicht möglich ist und bei größeren Anlagen sowieso auf praktische Grenzen stößt, arbeiten die meisten Solaranlagen mit Zwangsumlauf. Der Wärmeträger wird dabei mittels Pumpe (oder Ventilator) im geschlossenen Kreislauf erheblich schneller umgewälzt als bei der Schwerkraftanlage, so daß sich der Wärmeträger bei jedem Umlauf nur um einige °C erwärmt. Durch die Auswahl und Einstellung der Pumpe (bzw. des Ventilators) kann die richtige Fließgeschwindigkeit eingestellt werden.

Um den Umlauf nur dann in Gang zu bringen, wenn tatsächlich Energiegewinne vom Kollektor zu erwarten sind, wird ein kleines elektronisches Steuergerät (ein sogenannter Differenz-Temperatur-Schalter) gebraucht: je ein Temperaturfühler mißt die Temperatur am Kollektor und am Speicher; sobald die Kollektortemperatur um einige Grad über der Speichertemperatur liegt, die Differenztemperatur also eine vorgegebene, einstellbare Schwelle überschreitet, wird die Pumpe eingeschaltet. Normale Thermostate sind dafür nicht geeignet. Die Standorte von Speicher und Kollektoren sind bei diesem System nicht festgelegt und können daher den örtlichen Platzverhältnissen angepaßt werden. Da lange Rohrleitungen auch Wärmeverluste mit sich bringen und Geld kosten, sollte man bei der Planung darauf achten, daß die Entfernungen zwischen Kollektor, Speicher und Verbraucher möglichst klein sind.

Bausteine: Wärmetransport

Neben der Antriebsart für den Wärmeträgerumlauf sind weitere Varianten bei der Ausbildung des Wärmetransportsystems möglich.

* Bei der **Art des Kreislaufs** werden unterschieden:
- der **offene Kreislauf**, bei dem Kollektorkreis und Verbraucherkreis miteinander in Verbindung stehen; der Wärmeträger im Verbraucherkreis (Trinkwasser, Heizungswasser, Schwimmbadwasser, Luft) strömt auch durch den Kollektorkreis.
- der **geschlossene Kreislauf**, bei dem Kollektorkreis und Verbraucherkreis durch Wärmetauscher getrennt sind, so daß ohne Rücksicht auf den Wärmeträger im Verbraucherkreis im Kollektorkreis eine frostgeschützte Flüssigkeit eingesetzt werden kann.

* Bei der **Ausführung der sicherheitstechnischen Einrichtungen** werden unterschieden:
- das **offene System**, bei dem ein offenes Ausdehnungsgefäß am höchsten Punkt des Kreislaufs vorgesehen wird; das Ausdehnungsgefäß gleicht die Änderungen des Flüssigkeitsvolumens bei Temperaturänderungen aus. Der Leitungsdruck in offenen Systemen ist allein durch die Höhe der Wassersäule bestimmt.
- das **geschlossene System**, bei dem der Kollektorkreis nach außen vollkommen abgedichtet ist; der Kreislauf steht unter Überdruck, ein geschlossenes Membranausdehnungsgefäß gleicht Änderungen des Flüssigkeitsvolumens aus, ein Überdruckventil begrenzt den Systemdruck auf ungefährliche Werte.

Die Eigenschaften, Vor- und Nachteile dieser Varianten sind in Tabelle 9 zusammengestellt. Da sich die Varianten auch miteinander kombinieren lassen, ergeben sich prinzipiell eine ganze Reihe möglicher Systeme für den Kollektorkreislauf, die jedoch nicht alle sinnvoll bzw. gebräuchlich sind.

Systeme mit offenem **Kreislauf** sind bei ganzjähriger Nutzung nur in südlichen Ländern sinnvoll, in denen keine Fröste auftreten und wo die Anlage daher nicht entleert werden

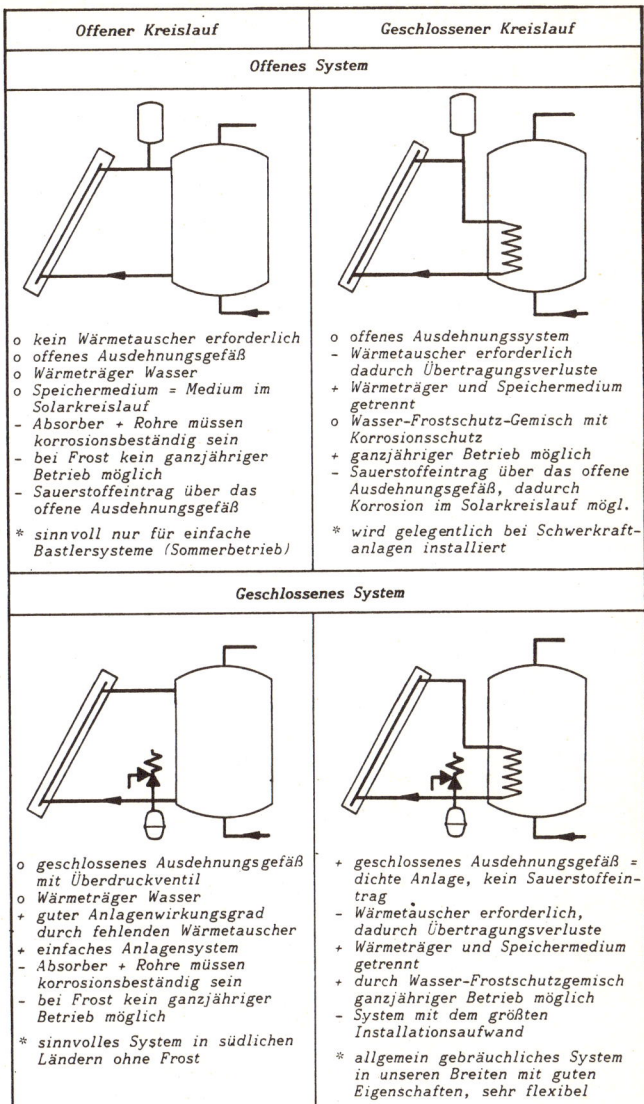

Tabelle 9: Eigenschaften verschiedener Wärmetransportsysteme

muß. Wegen ihrer Vorzüge sind sie dort weit verbreitet, ebenso wie bei uns in den saisonal genutzten Schwimmbadanlagen. Für solare Brauchwasseranlagen in Mitteleuropa gehören dagegen Anlagen mit geschlossenem Kreislauf zum Standard.

Ebenso werden offene **Systeme** heute kaum noch installiert, da sie durch Sauerstoffeintrag über das offene Ausdehnungsgefäß korrosionsgefährdeter sind als geschlossene Systeme. Außerdem muß hier häufiger Wärmeträgerflüssigkeit nachgefüllt werden. Für kleine Anlagen mit Schwerkraftumlauf können sie jedoch sinnvoll sein, da der Installationsaufwand in Verbindung mit Schwerkraftumlauf sehr gering und damit kostengünstig ist.

Für solare Brauchwasser- und Heizungsanlagen im mitteleuropäischen Klima sind also **geschlossene Systeme** (mit Membranausdehnungsgefäß und Überdruckventil) mit **geschlossenem Kreislauf** (mit Wärmetauscher) gebräuchlich, die bei größeren Anlagen durchweg mit **Zwangsumlauf** (mit Umwälzpumpe und Steuerung) ausgeführt werden. Anlagen mit Schwerkraftumlauf sind wegen ihrer Selbststeuerung im Aufbau einfacher (aber nicht unbedingt im Bau einfacher) als gepumpte Anlagen und funktionieren auch ohne Strom. Sie sind daher bei Selbstbauern sehr beliebt, lassen sich jedoch nur bei kleinen Anlagen (- 10m² Kollektorfläche) mit vernünftigem Aufwand realisieren und reagieren träger auf schwankende Sonneneinstrahlung. Bei größeren Schwerkraftanlagen werden die erforderlichen Leitungsquerschnitte so groß und das Installationsmaterial dadurch so teuer, daß es sich lohnt, für kleinere Leitungsquerschnitte Pumpe und Steuerung einzubauen. Da der Speicher außerdem oberhalb und in der Nähe des Kollektors aufgestellt werden muß, werden größere Schwerkraftanlagen im allgemeinen auch vom Platz und vom Gewicht her (statische Belastung der Decke durch den Speichertank) nicht realisierbar sein.

3.3.2 Wärmetransportleitungen

Für den Wärmetransport zwischen Kollektor und Speicher sind Rohrleitungen (bzw. Kanäle bei Luft als Wärmeträger) erforderlich, deren Größe und Material dem jeweiligen Anwendungsfall angepaßt sein muß.

So wird der Durchmesser der Rohre wesentlich durch die Größe der Kollektorfläche und die spezifische Wärme des Wärmeträgers bestimmt. Je größer die Kollektorfläche und damit der Energieertrag, umso mehr Wärmeträgermedium muß umgewälzt werden und umso größer müssen natürlich auch die Rohre für den Wärmeträger sein. Die Berechnung von Richtwerten für die Dimensionierung wird im Kasten (Tabelle 10) hergeleitet.

Es ist empfehlenswert, den Rohrdurchmesser nicht größer als notwendig zu wählen, da mit zunehmendem Durchmesser das Installationsmaterial teurer und der Wärmeverlust der Rohre größer wird.

Zu kleine Rohrdurchmesser, bei denen die empfohlene Strömungsgeschwindigkeit überschritten wird, verbrauchen aufgrund zunehmender Rohrreibung erhöhte Antriebsenergie für die Förderung des Wärmeträgers (= größere Pumpen- bzw. Ventilatorleistung) und können darüber hinaus zu Geräuschbelästigungen (Strömungsgeräusche, Pfeifen) führen.

Der Strömungswiderstand der Wärmetransportleitung nimmt proportional zur Länge des Rohrsystems zu. Für kompliziertere Anlagen, bei denen die hier gegebenen Dimensionierungsempfehlungen nicht mehr zutreffen, muß dieser Strömungswiderstand unter Berücksichtigung von Winkeln, Verzweigungen, Armaturen, Wärmetauscher und Kollektor berechnet werden.

Die nötigen Formeln, Dimensionierungstafeln und eine Beispielrechnung finden sich im Anhang 2.

Bausteine: Wärmetransport

Dimensionierung der Wärmetransportleitungen

1. Wieviel Wärmeträger muß umgewälzt werden?

Der Wärmeträger fließt durch den Kollektor und wird dabei je nach Nutzleistung des Kollektors, Wärmekapazität und Fließgeschwindigkeit des Wärmeträgers erwärmt.

Die Nutzleistung des Kollektors $N = S \cdot \eta =$ = (Solareinstrahlung x Kollektorwirkungsgrad), entspricht also der durch den Wärmeträger abgeführten Leistung

$N = w \cdot V \cdot \Delta T$ = spez. Wärmekapazität x Durchflußmenge x Temperaturdifferenz zwischen Kollektorvor- und -rücklauf.

Beispiel

1 m² Kollektorfläche liefert bei 800 Watt Einstrahlung und 60% Kollektorwirkungsgrad 480 Watt Nutzleistung, die den Wärmeträger Wasser um 10°C erwärmen sollen. Gesucht wird die Durchflußmenge durch den Kollektor:

$V = N/w \cdot \Delta T = 480/1{,}16 \cdot 10$ kg/m²h =
 = 41,3 kg/m²h

Pro m² Kollektorfläche müssen also etwa 40 l Wasser in der Stunde umgewälzt werden. Werden mehr als 40 l/m²h umgewälzt, so beträgt die Temperaturerhöhung z.B. bei 80 l/m²h nur noch 5°C.

Der Durchfluß pro m² Kollektorfläche sollte je nach Anwendung (d.h. nach gewünschter Temperaturanhebung zwischen Vor- und Rücklauf) etwa 30 - 100 l/m² betragen (für den Wärmeträger Wasser), u.z.:

30 - 40 l/m²h in Schwerkraftanlagen für die Brauchwasserbereitung
40 - 60 l/m²h in gepumpten Anlagen für Brauchwasserbereitung & Heizung
70 - 100 l/m²h in Schwimmbadanlagen

Die genannten Werte gelten für reines Wasser als Wärmeträger, bei Wasser-Frostschutz-Gemischen sollten die Werte wegen der niedrigeren spez. Wärmekapazität um ca. 20% größer gewählt werden.

Für den Wärmeträger Luft gelten grundsätzlich dieselben Überlegungen, wenn man die sehr viel geringere spez. Wärmekapazität (1/3600 von Wasser bezogen auf gleiche Volumina) berücksichtigt. So beträgt der erforderliche Luftdurchsatz im obigen Beispiel:

$V = 480/0{,}322 \cdot 10$ m³ Luft/m²h = 150 m³ Luft/m²h

Gebräuchliche Werte für den Luftdurchsatz in Luftkollektoren sind 50 - 300 m³/h bezogen auf 1 m² Kollektorfläche, je nachdem, welche Temperaturerhöhung angestrebt wird.

Da der Kollektorwirkungsgrad und damit der Energieertrag mit steigender Absorber- und Wärmeträgertemperatur immer schlechter wird, sollten keine höheren Temperaturen erzeugt werden, als für die jeweilige Nutzung nötig ist.

2. Welche Rohrdurchmesser sind erforderlich?

Um Flüssigkeiten und Gase durch Rohrleitungen zu transportieren, muß eine Antriebskraft (= Druck) aufgewendet werden, die die Reibung des Mediums an den Rohrwänden sowie die "innere Reibung" (Turbulenzen) überwindet. Der Druck, der erforderlich ist, um ein Medium durch ein Rohr zu "pressen", hängt ab von:
- der Art und dem Zustand des Mediums: spez. Gewicht, Viskosität, Temperatur;
- der Strömungsgeschwindigkeit des Mediums;
- der Größe (Durchmesser) und Länge des Rohres und der Oberflächenbeschaffenheit der Rohrwandungen.

Um den Praktiker nicht unnötig mit den komplizierten Formeln der Strömungsmechanik zu belasten, kann man anstelle einer Rohrnetzberechnung bei einfachen Anlagen von folgenden Richtwerten ausgehen:

* Die Strömungsgeschwindigkeit v in Rohrleitungen sollte für Wasser und Wasser-Frostschutzgemische v = 0,5 - 1 m/s nicht überschreiten.

Tabelle 10

* Mit diesem Richtwert läßt sich bei gegebenem Fördervolumen V (das durch die Kollektorfläche bestimmt ist) der erforderliche Rohrquerschnitt F und -durchmesser d berechnen.

  $F = \eta \cdot d^2/4 = V/v$

  am Beispiel einer 10 m² Anlage:
  $F = (500 \ l/h)/(0{,}5 \ m/s) =$
  $= (500 \ dm^3/h)/(5 \ dm/s \cdot 3600 \ s/h) =$
  $= 0{,}0278 \ dm^2 = 278 \ mm^2$

  $d = \sqrt{4F/\pi} = \sqrt{1110 \ mm^2/3{,}14} = 19 \ mm$

  Da die Strömungsgeschwindigkeit mit 0,5 m/s recht niedrig angesetzt wurde, kann der gängige Rohrdurchmesser von 18 mm ⌀ verwendet werden.

* In größeren Anlagen mit ausgedehntem Rohrnetz kann es vorteilhaft sein, einen größeren Rohrdurchmesser zu wählen, um den Druckverlust im Leitungssystem nicht zu groß werden zu lassen (die erforderliche Pumpenleistung steigt mit dem Druckverlust). vgl. Berechnungsverfahren im Anhang!

* In Schwerkraftanlagen muß wegen der geringeren Antriebskräfte (nur thermischer Auftrieb) eine kleinere Strömungsgeschwindigkeit von 0,05 - 0,1 m/s gewählt werden, was zu größeren Rohrdurchmessern führt.

  Beispiel: 8 m² Solaranlage,
  Durchfluß 30 l/m²h ≙ 240 dm³/h =
  = 0,0667 dm³/s
  $F = (0{,}0667 \ dm^3/s)/(0{,}8 \ dm/s) = 0{,}0835 \ dm^2$
  $= 8{,}35 \ cm^2$
  $d = \sqrt{4 \cdot 8{,}35/3{,}14} = 3{,}26 \ cm ≙ 35 \ mm \ ⌀$

  Dieses Verfahren führt überschlägig zu brauchbaren Ergebnissen. Eine genaue Berechnung, die den verfügbaren Auftrieb berücksichtigt, findet sich im Anhang 2!

* In Luftheizungssystemen sollte die Strömungsgeschwindigkeit 3 m/s nicht übersteigen, da bei höheren Geschwindigkeiten Geräusche auftreten und die erforderliche Ventilatorleistung drastisch zunimmt. Die Rechnung für eine 10 m² Luftkollektoranlage zeigt, daß gegenüber Wasser etwa 30 mal größere Rohrdurchmesser benötigt werden.

Rohrmaterialien

Für die Auswahl des Rohrmaterials sind Gesichtspunkte wie
- Korrosionsbeständigkeit,
- Temperaturbeständigkeit,
- leichte Verarbeitung und günstiger Preis

ausschlaggebend. Je nach Einsatzbereich kommen folgende Materialien zur Anwendung:

* Schwimmbadanlagen:
  Rohre aus Polyäthylen (PE) und PVC, bei Anlagen mit geschlossenem Kollektorkreislauf auch Kupfer oder Stahl;
* Solaranlagen zur Brauchwasserbereitung und Heizung:
  in der Regel Kupfer, ggf. auch Stahl;
* Luftkollektoranlagen:
  recheckige Kanäle aus verzinktem Stahlblech, Mauerwerk, u.ä., Wickelfalzrohre aus verzinktem Stahl- und Alublech.

Stahlrohr

Für Installationen im Kollektorkreislauf werden gelegentlich (bei großen Anlagen wegen des Preises für Rohre mit großem Durchmesser) noch Stahlrohre verwendet, wie sie auch im Heizungsbau gebräuchlich sind (nicht verzinktes Stahlrohr). Sie müssen geschweißt werden und eignen sich daher nicht für den Selbstbau. Um Korrosion durch verschiedene Metalle im Kreislauf zu vermeiden, sollten Stahlrohre nur mit Solarabsorbern aus Stahl kombiniert werden.

Bemessungstabelle

Rohrdurchmesser für Solaranlagen mit Wasser und Wasser/Frostschutz als Wärmeträger und nicht zu langen Leitungen (≦ 30 m):

Kollektorfläche in m²	Rohrdurchmesser in mm gepumpte Anlage	Schwerkraft-Anlage
0 - 5	15	28
5 - 10	18	35
10 - 20	22	--
mehr als 20	28	--

Tabelle 10

Bausteine: Wärmetransport

Innen und außen verzinkte Stahlrohre sind (noch) ein verbreiteter Werkstoff für Trinkwasserleitungen. Sie dürfen nicht gebogen oder geschweißt werden. Alle Verbindungen werden durch Gewindeschneiden und passende Fittings hergestellt. Für Installationen im Kollektorkreislauf sind sie nicht geeignet, da verzinkte Oberflächen von den Frostschutzmitteln angegriffen werden.

Da die Arbeit mit Stahlrohren mühsam ist und besonderes Werkzeug (Schweißgerät, Gewindeschneidkluppe, u.ä.) gebraucht wird, gehen heute auch die Installationsfirmen zunehmend zu Installationen mit Kupferrohr über.

Kupferrohr

Kupferrohre sind in Stangen von 5 m Länge (Kupferrohr hart) oder in Ringen zu 25 oder 50 m (Kupferrohr weich, bis 22 mm ⌀) erhältlich. Das weiche Rohr läßt sich von Hand gut biegen und ohne teure Fittings in größeren Abschnitten auch um Ecken verlegen. Die Verlegung von hartem Kupferrohr (Stangen) geht jedoch auch recht schnell und sieht insgesamt sauberer aus.

Unlösbare Verbindungen und Abzweigungen können mit dem reichhaltigen Fittingsortiment durch Weichlöten hergestellt werden. Bei entsprechender Ausrüstung (einstellbarer Lötbrenner mit richtiger Brennerdüse und Propangasflasche) und einiger Übung gelingen Weichlötverbindungen auch im Selbstbau. Sie genügen bei sachgerechter Ausführung allen Anforderungen für Solaranlagen und häuslichen Warmwasserinstallationen. Hartgelötete Verbindungen halten größeren mechanischen Beanspruchungen stand als Weichlötverbindungen und sollten bei der Installation von großen Rohren (mit Rohrdurchmessern von 32 mm und mehr) angewendet werden. Für die Herstellung von Hartlötverbindungen ist ein Schweißgerät erforderlich (Azethylen + Sauerstoff oder Propan + Sauerstoff). Sie kommen daher für den Selbstbau weniger infrage, zumal einige Übung im Umgang mit Schweißgerät und Lot Voraussetzung für gute und dauerhaft dichte Verbindungen ist.

Stahlrohre (Gewinderohre)

	NW mm	Außen ⌀ mm	Innen ⌀ mm	Gewicht kg/m	Inhalt l/m
3/8"	10	17,2	12,5	0,85	0,12
1/2"	15	21,3	16,0	1,22	0,20
3/4"	20	26,9	21,6	1,58	0,36
1 "	25	33,7	27,2	2,44	0,58
1 1/4"	32	42,4	35,9	3,14	1,01
1 1/2"	40	48,3	41,8	3,61	1,37
2 "	50	60,3	53,0	5,10	2,20

Kupferrohre

	Außen ⌀ mm	Wandst. mm	Gewicht kg/m	Inhalt l/m
Cu-hart	6	1	0,16	0,013
	8	1	0,22	0,028
Cu-hart & weich	10	1	0,28	0,050
	12	1	0,33	0,079
	15	1	0,42	0,133
	18	1	0,51	0,201
nur Cu-hart	22	1	0,62	0,314
	28	1,5	1,18	0,491
	35	1,5	1,48	0,808
	42	1,5	1,77	1,20
	54	2	3,04	1,96

Tabelle 11: Daten handelsüblicher Stahl- und Kupferrohre

Abb. 57: Kupfer - Kapillarlötfittings

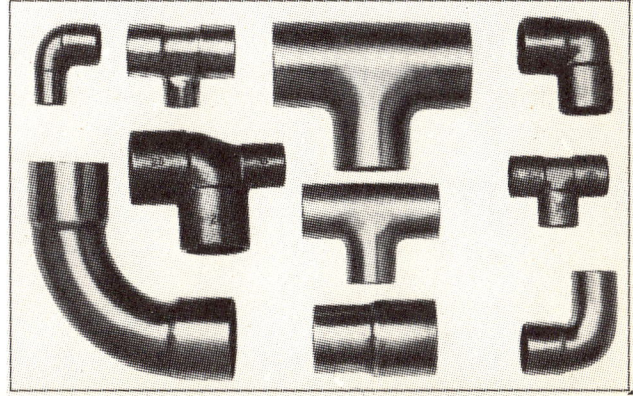

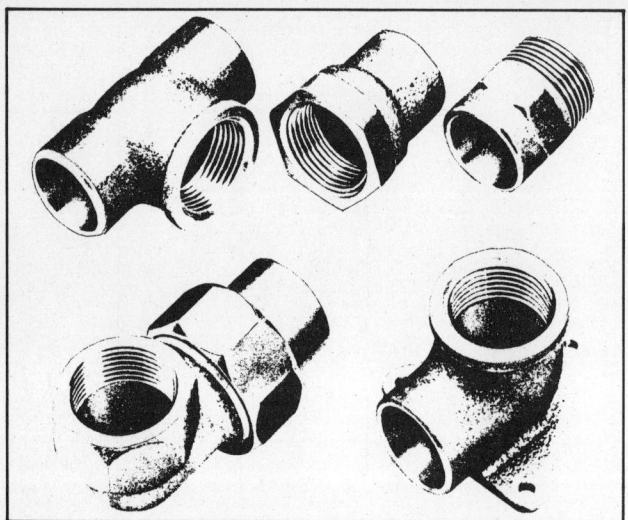

Abb. 58: Messing – Gewindefittings und -verschraubungen

Abb. 59: Klemmring – Verschraubungen (Fa. W. Hage, Rodgau)

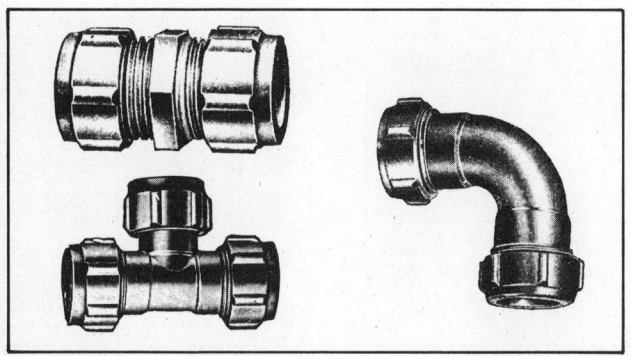

Anstelle von Lötverbindungen können dauerhaft dichte Verbindungen auch durch sogenannte Schneidringfittings hergestellt werden, die es in ähnlich vielseitigen Formen wie Lötfittings gibt. Sie sind zwar teurer als Lötfittings, können dafür aber allein mit einem passenden Schraubenschlüssel montiert werden, was z.B. in einem ausgebauten Dachgeschoß (Feuergefahr!) bei der Installation sehr vorteilhaft sein kann. Einmal festgeschraubte Verbindungen sind nicht ohne weiteres lösbar, weil sich der Schneidring in das Kupferrohr eindrückt.

Für lösbare Verbindungen und Übergänge zu Armaturen mit Gewindeanschluß stehen Verschraubungen und passende Übergangsstücke aus Messing (Rotguß) in allen gängigen Durchmessern und vielfältigen Ausführungen zur Verfügung.

Kunststoffrohre

Wo es die auftretenden Temperaturen erlauben (vorzugsweise in Schwimmbadanlagen) können auch Rohre aus PE und PVC für die Installation verwendet werden. Beide Materialien sind bis etwa 60°C dauerwärmebeständig. Kunststoffrohre sind korrosionsbeständig, nachteilig sind die geringe Temperaturbeständigkeit, die sie für solare Brauchwasseranlagen ungeeignet macht, und die große Wärmeausdehnung, die bei der Verlegung der Rohrleitungen besondere Umsicht verlangt.

PE-Rohre können durch Verschweißen (mit einem speziellen Schweißgerät oder mit Elektroschweißfittings) oder durch Schneidring-Verschraubungen miteinander verbunden werden. Für PVC-Rohre (hart) ist im Installationsbedarf ein ähnliches Fittingsortiment wie für Kupferrohre erhältlich; sie werden durch Verkleben mit Tangit (= Quellschweißen) miteinander verbunden, können also auch im Selbstbau leicht verarbeitet werden. Der Kleber ist bei der Verarbeitung gesundheitsschädlich, also Vorsicht im Umgang damit; unter dem Gesichtspunkt der Umweltbelastung sind die PE-Rohre den PVC-Rohren unbedingt vorzuziehen.

Hinweise zur Verarbeitung von Kupferrohr

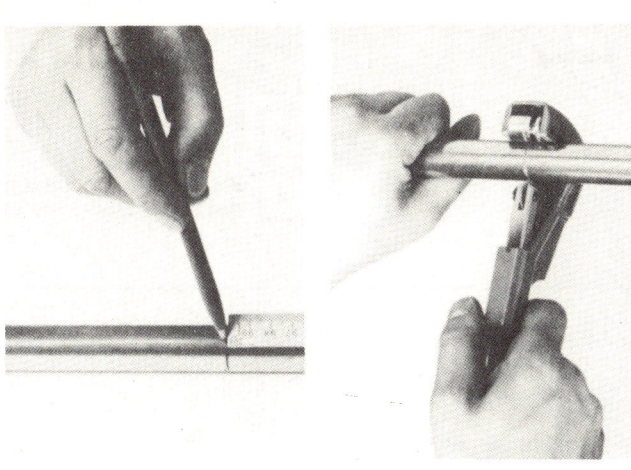

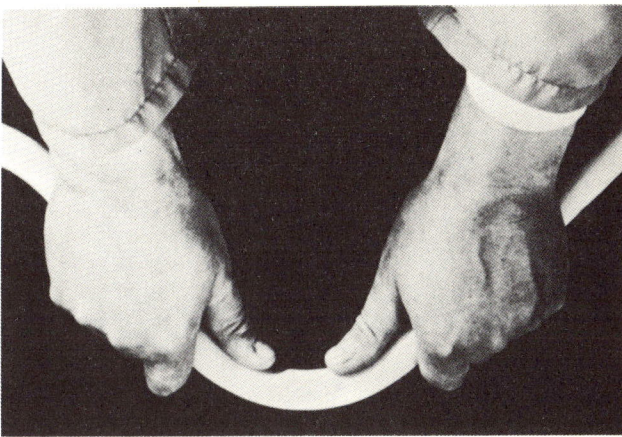

Trennen mit dem Rohrschneider

* Anreißen
* Rohrschneider ansetzen
* Rohrschneider drehen und nachstellen (je nach Wanddicke des Rohres 5-7 Umdrehungen)

Wichtig: Nicht zuviel auf einmal nachstellen, Gefahr für Material und Werkzeug! Besser öfter drehen und öfter nachstellen.

Nach dem Trennen mit dem Rohrschneider oder der Säge muß das Rohrende **entgratet** werden. Der durch den Rohrschneider entstehende Innengrat stört die Strömung, durch die Säge entsteht zusätzlich ein Außengrat, der beim Verbinden mit Lötfittings stört. Außerdem kann man sich schnell daran verletzen.

Biegen

Weiche Kupferrohre kann man von Hand biegen; Vorteil: Schnelligkeit und Möglichkeit des Nachrichtens; Nachteil: man kann den Biegeradius nur schätzen.
Je enger man biegen muß, desto schwerer geht es von der Hand. Der Grenzfall ist hier dargestellt:
Wenn der Biegeradius r kleiner als der 6fache Außendurchmesser des Rohres werden soll, darf man nicht mehr von Hand biegen, das Rohr könnte sonst einknicken.

Harte Kupferrohre können nicht ohne weiteres gebogen werden, diese Arbeit bleibt daher gelernten Handwerkern vorbehalten.

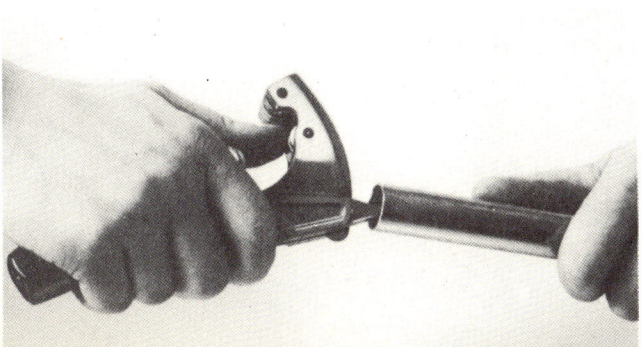

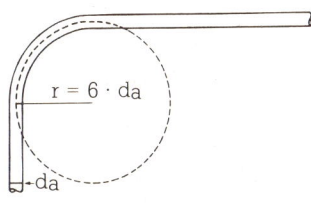

$r = 6 \cdot da$

Hinweise zur Verarbeitung von Kupferrohr

Die Arbeitsgänge beim Weichlöten

Rohrenden bei **weichen** Kupferrohren kalibrieren, damit sie wieder rund werden: Voraussetzung für den Kapillarlötspalt!

Rohrende außen und Fitting innen metallisch blank machen: mit Schmirgelleinen (Körnung 240 oder feiner), Rund- oder Ringbürsten, Stahlwolle.

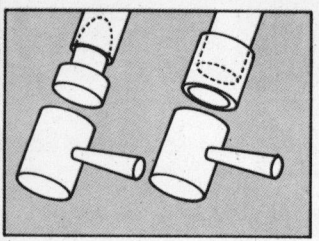 

Nur Rohrende mit Flußmittel oder Lötpaste bestreichen, dadurch gelangt kein unverbrauchtes Flußmittel ins Rohrinnere.
Rohrende bis zum Anschlag in den Fitting schieben und mit **weicher Flamme gleichmäßig** erwärmen.

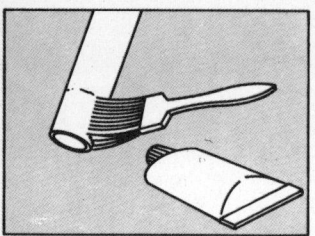 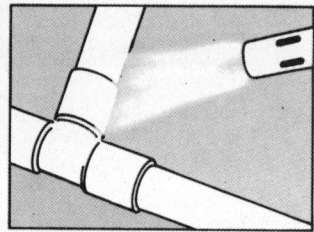

Bei **abgewendeter** Flamme Lot solange am Lötspalt schmelzen, bis Lötring sichtbar wird. Rohr mit einem Lappen säubern, d.h. Flußmittelreste entfernen, da Flußmittel beizende Wirkung hat.

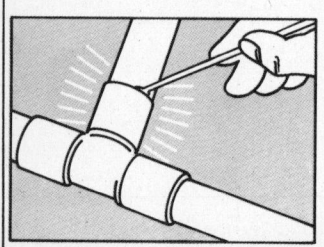 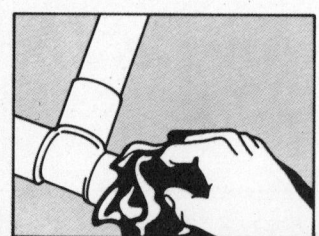

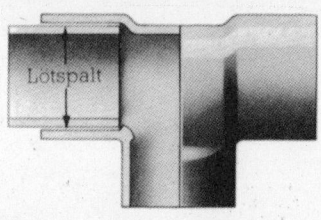

Kappilarlötfittings nach DIN 2856 sind so **maßhaltig**, daß der Lötspalt zwischen Rohr und Fitting je nach Fittinggröße 0,02 bis max. 0,3 mm breit ist.

Lot

Für die Weichlötverbindungen in Solaranlagen hat sich das Lot **L–SnCu3** (Zinn & Kupfer) bewährt; es wird immer in Verbindung mit einem Flußmittel, z.B. **F-SW21**, verarbeitet. Das Flußmittel dient dazu, daß oxydfreie Lötflächen erreicht und für die Dauer des Lötvorgangs erhalten bleiben. Dadurch kann das Lot bei der Arbeitstemperatur benetzen, fließen und mit dem Werkstoff binden. Anstelle des Flußmittels kann auch die **Lötpaste L–SnCu3** verwendet werden, die bereits ein Gemisch aus Flußmittel und fein verteiltem Lot ist und sich gut verarbeiten läßt.

Lötverbindungen bei Armaturen

Lötfittings sind dünnwandig, bei ihnen wird die Arbeitstemperatur recht schnell erreicht. Absperrarmaturen sind dickwandiger und werden langsamer warm. Trotzdem sollte man nicht mit einer überstarken Flamme arbeiten, da örtliche Überhitzungen zum Verbrennen des Flußmittels führen können, wodurch dann eine Benetzung der Lötflächen mit Lot nicht mehr möglich ist.

Quelle: "Die fachgerechte Kupferrohrinstallation", Deutsches Kupfer-Institut e.V., Berlin

Bausteine: Wärmetransport

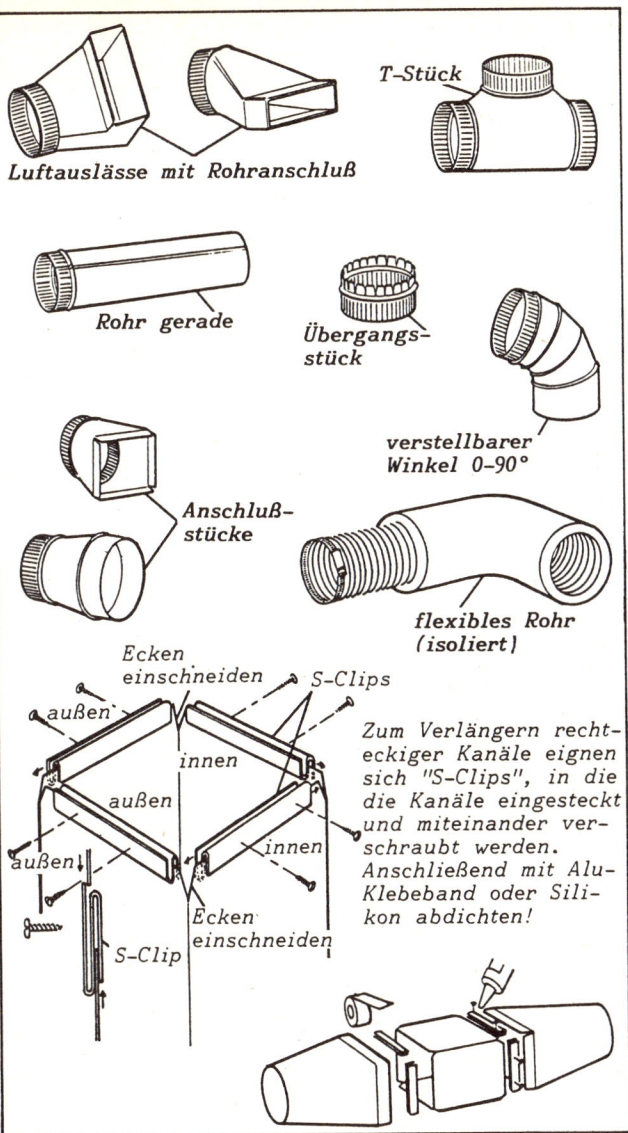

Abb. 60: *Installationsmaterial für den Wärmeträger Luft*

Rohre und Kanäle für den Wärmeträger Luft

Für den Wärmeträger Luft sind Transportleitungen mit recht großen Strömungsquerschnitten erforderlich. Im Luftheizungs- und Klimaanlagenbau werden dafür runde und rechteckige Kanäle aus verzinktem Stahlblech eingesetzt, die in verschiedenen Größen und Formen nebst Zubehör im Handel sind.

Die eigene Herstellung solcher Kanäle setzt gute Fertigkeiten in der Blechverarbeitung und entsprechendes Werkzeug (Kantbank, etc.) voraus. Wer die Installationsarbeiten selbst ausführen und das benötigte Material nicht von seinem Klimainstallateur beziehen will, sollte deshalb beim örtlichen Schlosser Rat und Hilfe suchen.

Es gibt inzwischen auch flexible, ausziehbare Lüftungsrohre aus Aluminium, die sich wegen ihrer leichten Verarbeitung für den Selbstbau geradezu anbieten. Wegen der gerippten Oberfläche dieser Rohre weisen sie jedoch einen 2 - 3 mal größeren Strömungswiderstand auf als glatte Rohre, was in Anlagen mit langen Verbindungsleitungen deutlich größere Ventilatorleistungen erfordert.

Auch wenn kleine Undichtigkeiten im Leitungssystem im Gegensatz zu flüssigen Wärmeträgern wenig Schaden anrichten können, erhöhen sie doch die Wärmeverluste und verschlechtern damit den Wirkungsgrad der Solaranlage. Daher ist auf luftdichte Verbindungen der Kanäle untereinander und an den Anschlüssen zu Kollektor, Speicher und Ventilator zu achten. Alle Verbindungsstellen sind bei der Montage mit Silikondichtungsmasse oder Aluminiumklebeband abzudichten.

Verlegung der Rohrleitungen

Die Verlegung der Rohre sollte so geplant werden, daß
- sich möglichst kurze Wege zwischen Kollektor, Speicher und Verbraucher ergeben,
- die Rohrleitungen möglichst weitgehend im Trockenen (im Haus oder unter'm Dach) geführt werden und über die ganze Länge ausreichend isoliert werden können,

Material	Längenäderung	bei ΔT
Kupfer	1,7 mm/m	100 °C
Aluminium	2,4 mm/m	100 °C
Stahl	1,2 mm/m	100 °C
Zink	1,35 mm/m	50 °C
Blei	1,4 mm/m	50 °C
Glas	0,45 mm/m	50 °C
Plexiglas	3,5 mm/m	50 °C
Polycarbonat	3,5 mm/m	50 °C
Polyäthylen	10,0 mm/m	50 °C
PVC	3,8 mm/m	50 °C

Bei den Absorbermaterialien (Metalle) treten Temperaturänderungen von bis zu 160°C (im Leerlauf) auf. Bei den Gehäusematerialien und den Kunststoffen liegen die Temperaturschwankungen bei 20°C ± 50°C.

Tabelle 12: Längenausdehnung verschiedener Kollektormaterialien

Rohrgröße Außendurchmesser		3/8" 16,7	1/2" 21,3	3/4" 26,8	1" 33,5	1 1/4" 48,0	Zoll mm
ohne Dämmung	T=20°C	11	13	17	21	26	W/m
	T=40°C	22	29	36	45	57	W/m
mit Dämmung,	= 0,035 W/m°C						
20 mm Dicke	T=20°C	3,1	3,6	4,1	4,8	--	W/m
	T=40°C	6,3	7,2	8,3	9,6	--	W/m
30 mm Dicke	T=20°C	2,7	3,0	3,4	3,9	4,5	W/m
	T=40°C	5,3	6,0	6,8	7,8	9,0	W/m
40 mm Dicke	T=20°C	2,4	2,6	3,0	3,4	3,8	W/m
	T=40°C	4,8	5,3	6,0	6,7	7,7	W/m

Tabelle 13: Wärmeverlust isolierter und nicht isolierter Rohre an die Umgebung

- die Lötarbeiten und die Befestigung der Rohre leicht möglich sind und auch nachträglich noch erforderliche Reparaturen (z.B. undichte Lötstellen) durchgeführt werden können.

Bei der Verlegung ist besonders darauf zu achten, daß sich alle Rohrmaterialien bei Temperaturerhöhung ausdehnen (Kupfer z.B. bei ΔT = 100°C um 1,7mm/m). Bei langen, geraden Leitungen sind daher alle 6-8 m U-Rohrbögen zur Kompensation der Längenausdehnung vorzusehen. In Rohrschellen (gut sind solche mit Gummieinlage) oder bei Durchführungen durch Decken und Wände muß sich das Rohr gleitend bewegen können. Nach Winkeln und Abzweigungen sollte die erste Rohrschelle erst nach einem Mindestabstand von 0,5 m gesetzt werden.

Nicht wärmegedämmte Rohre im Solarkreislauf geben erhebliche Wärmemengen an die Umgebung ab, die nutzlos verloren gehen und den Ertrag der Solaranlage schmälern. Alle Rohrleitungen sollten daher mit einer ausreichenden Wärmedämmung versehen werden. Tab. 13 gibt hierfür Richtwerte an. Da das Arbeiten mit Mineralwollmatten, Pappe und Gipsbinden bei der Rohrisolierung zwar preiswert, aber nicht jedermans Sache und zudem zeitaufwendig ist, wird man in der Regel auf fertige Rohrisolierungen zurückgreifen, die schnelles Arbeiten erlauben und sauber aussehen. Sie werden vielfach in Baumärkten angeboten, doch sind die größeren Isolierdicken (30-40 mm) dort leider nur schwer erhältlich. Im Außenbereich sollten witterungsbeständige, geschlossenzellige PU-Schaumisolierungen verwendet werden, die nur wenig Feuchtigkeit aufnehmen. Die preiswerten PE-Schaumisolierungen sind für Brauchwasseranlagen leider nicht genügend temperaturbeständig.

3.3.3 Betriebstechnische Einrichtungen

Zur Grundausstattung jeder Solaranlage mit flüssigem Wärmeträger gehören folgende Bauteile im Wärmetransportsystem:

- je ein Thermometer in der Vor- und Rücklaufleitung des Kollektorkreislaufs, die am besten in der Nähe des Speichers installiert werden, um den Betrieb überwachen zu können. Die Thermometer werden in passenden Tauchhülsen montiert, die in den Wasserstrom hineinragen sollen.
- ein automatisches Entlüftungsventil an der höchsten Stelle der Wärmetransportleitung, um beim Befüllen und während des Betriebs

Bausteine: Wärmetransport

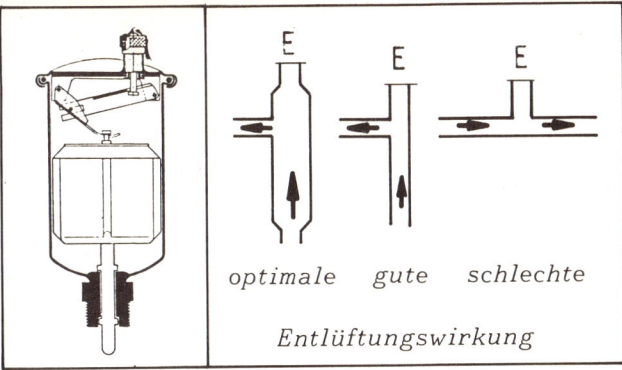

optimale gute schlechte
Entlüftungswirkung

Abb. 61: *Schnellentlüfter und Arten des Einbaus*

vorhandene Luft entweichen zu lassen. Bei Schwerkraftanlagen mit offenem System wird diese Funktion vom offenen Ausdehnungssystem übernommen.
- eine Rückschlagklappe (in Schwerkraftanlagen) oder ein Rückschlagventil (in gepumpten Anlagen), die bei Stillstand der Anlage verhindert, daß der Kreislauf rückwärts in Gang kommt (Wärme wird aus dem Speicher abgezogen).
- Eine Befüll- und Entleerungsarmatur, z.B. Absperrhahn mit Schlauchanschluß, an der tiefsten Stelle des Systems (evtl. mehrere, wenn es mehrere tiefe Stellen gibt).

In geschlossenen Systemen kommen noch einige weitere Bauteile hinzu, die die Funktion und Sicherheit dieses Systems gewährleisten:

- Ein Überdruckventil mit Manometer, das bei einem Leitungsdruck von 2,5 bar öffnet und Flüssigkeit aus dem Leitungssytem entweichen läßt. Die Flüssigkeit sollte in einem bereitstehenden Gefäß (Blechkanister, nicht verzinkt) aufgefangen werden, um sie wiederzuverwenden oder als Sondermüll zu entsorgen.
- Ein Membranausdehnungsgefäß, das den Betriebsdruck in der Anlage konstant hält (1-1,5 bar Überdruck) und Volumenänderungen der Flüssigkeit und der Rohrleitungen bei wechselnden Temperaturen ausgleicht. Das

Abb. 62: *Betriebs- und sicherheitstechnische Einrichtungen einer Solaranlage (das Überdruckventil am linken Rohrstrang ist abgeschraubt)*

Volumen des Ausdehnungsgefäßes sollte etwa 20-40% des Füllvolumens der Anlage haben.

Überdruckventil und Ausdehnungsgefäß dürfen zum Wärmeerzeuger (Sonnenkollektor) hin nicht absperrbar sein.

Bei Verwendung hochwertiger Kollektoren können Leerlauftemperaturen von 120-160°C ohne weiteres auftreten, wenn der Wärmeträgerumlauf (z.B. bei Stromausfall, Speichertemperaturbegrenzung, o.ä.) zum Stillstand kommt. Je nach Leitungsdruck im System und je nach verwendetem Wärmeträger kommt es dann zum Sieden des Wärmeträger im Kollektor. Ohne gut funktionierende Sicherheitseinrichtungen kann dieser Betriebszustand recht gefährlich werden und zu Schäden an der Anlage (Platzen des Leitungssystems) führen.

In Schwerkraftanlagen mit offenem Umlauf herrscht in der Nähe des Kollektors nahezu Normaldruck (1 bar). Der Wärmeträger siedet dann bei ca. 100 - 110°C, der entstehende Dampf kann über das hochliegende, offene Ausdehnungsgefäß entweichen.

In geschlossenen Anlagen sollte an der höchsten Stelle des Kreislaufs ein automatisches Entlüftungsventil eingebaut sein (temperaturbeständig bis 160°C), über das evtl. entstehender Dampf abgeblasen werden kann. Wegen des höheren Betriebsdrucks in geschlossenen Anlagen (meist ca. 1 bar Überdruck am Kollektor) siedet der Wärmeträger hier erst bei 130-140°C (je nach Zusammensetzung des Wärmeträgers). Kann der Dampf nicht abgeblasen werden, so steigt der Systemdruck, bis bei 2,5 bar das Überdruckventil anspricht und Flüssigkeit aus dem Leitungssystem entweichen läßt. Bei Wärmeträgern mit hohem Glykolgehalt (z.B. 60% Glykol) wird dieser Fall höchst selten auftreten, da der Siedepunkt bei 2 bar Überdruck dann bei ca. 150°C liegt.

Da Luftkollektoranlagen stets als offene Systeme ausgeführt werden und Luft keinen Siedepunkt hat, sind besondere sicherheitstechnische Einrichtungen hier nicht erforderlich.

3.3.4 Pumpen und Ventilatoren

Für Kollektoranlagen mit gepumptem Umlauf (geschlossener Kreislauf) werden heute durchweg **Heizungspumpen** eingesetzt (empfehlenswert: Ausführung mit vergossener Wicklung), die mit verschiedenen Leistungen und Kennlinien überall im Heizungsbedarf erhältlich sind. Praktisch und für die meisten Standard-Brauchwasseranlagen bis 15 m² Kollektorfläche ausreichend sind die leistungsumschaltbaren Pumpen mit einer max. Nennleistung von 70-100 Watt (z.B. Grundfos UPS 20-35, UPS 20-45 oder ähnliche Ausführungen von anderen Firmen).

Durch Umschalten der Leistung und ggf. zusätzliche hydraulische Regelung wird die Pumpe in der fertigen Anlage so eingestellt, daß sich bei voller Sonneneinstrahlung eine Temperaturdifferenz von 5-10°C zwischen Kollektorvor- und -rücklauf ergibt. Durch die einstellbare Pumpe erspart man sich so die aufwendige Rohrnetzberechnung.

Bei größeren Kollektorflächen sowie bei Verwendung von Bauteilen mit hohem Durchflußwiderstand (selbstgefertigte Wärmetauscher, elektrisch betätigte Ventile, u.ä.) sollte man auf die Rohrnetzberechnung jedoch nicht verzichten, um von vornherein den richtigen Pumpentyp aussuchen zu können.

Berechnungsverfahren und Diagramme für die Rohrnetzberechnung finden sich in den Berufsschulbüchern für Heizungstechniker sowie in dem Standardwerk "Recknagel-Sprenger: Taschenbuch für Heizung und Klimatechnik" (R. Oldenbourg Verlag, München). Für Wasser-Frostschutz-Gemische sind wegen der niedrigeren spez. Wärme und der erhöhten Viskosität die Durchflußmenge um 20% höher und der errechnete Fließwiderstand um 30% größer anzusetzen als für den Wärmeträger Wasser.

Pumpen werden stets mit je einem Absperrschieber vor und hinter der Pumpe eingebaut, um die Pumpe auswechseln zu können, ohne dafür das ganze System entleeren zu müssen. Beim Einbau ist darauf zu achten, daß die Pumpenwelle horizontal liegt, der Einbau mit senk-

Bausteine: Wärmetransport

rechter Welle führt zum vorzeitigen Verschleiß der Wellenlagerung.
Für die Umwälzung von Brauchwasser (z.B. in Anlagen mit Gegenstromwärmetauschern) sind Spezialausführungen der Heizungspumpen mit Edelstahlauskleidung oder Messinggehäuse lieferbar.

Schwimmbadpumpen

Sonnenkollektoranlagen für die Schwimmbadheizung werden anders als Brauchwasseranlagen häufig als offene Anlagen gebaut, bei denen Schwimmbadwasser durch den Sonnenkollektor gepumpt wird. Für diese Anwendung sind Pumpen erforderlich, die
- selbstansaugend und
- korrosionsbeständig gegen Schwimmbadwasser sind und
- das Wasser bis zum höchsten Punkt der Kollektoranlage fördern können.

Da gleichzeitig recht große Wassermengen umgewälzt werden müssen (ca. 100 l/h m^2 Kollektorfläche), kommen hier in der Regel selbstansaugende Kreiselpumpen (Schwimmbadpumpen, evtl. auch Gartenpumpen) zum Einsatz. Leider sind diese Pumpen nur mit recht großen Leistungen (400-1000 Watt) im Handel, so daß es sich lohnt, eine schon vorhandene Filterpumpe für die Solaranlage mit zu nutzen (vgl. Kap. 4.1).

Bastler experimentieren immer wieder gern mit Bohrmaschinenpumpen und Laugenpumpen aus Waschmaschinen. Während erstere nach mehrtägigen Versuchen meist ihren Geist aufgeben, können die Laugenpumpen in kleineren Versuchsanlagen für's erste durchaus zufriedenstellende Resultate erzielen. In Bezug auf Betriebssicherheit, Wirkungsgrad und Lebensdauer sind sie den Heizungspumpen bei weitem unterlegen und sollten in leistungsfähige Solaranlagen nicht eingebaut werden.

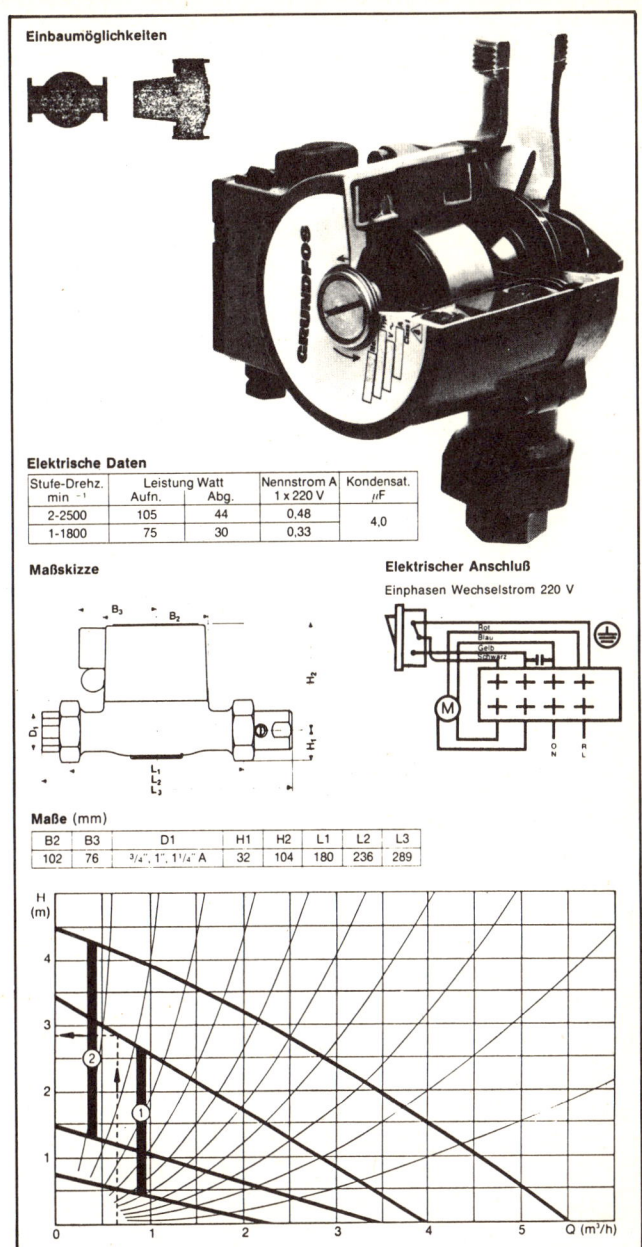

Abb. 63: Beispiel einer Heizungs-Umwälzpumpe (UPS 20-45, Fa. Grundfos)

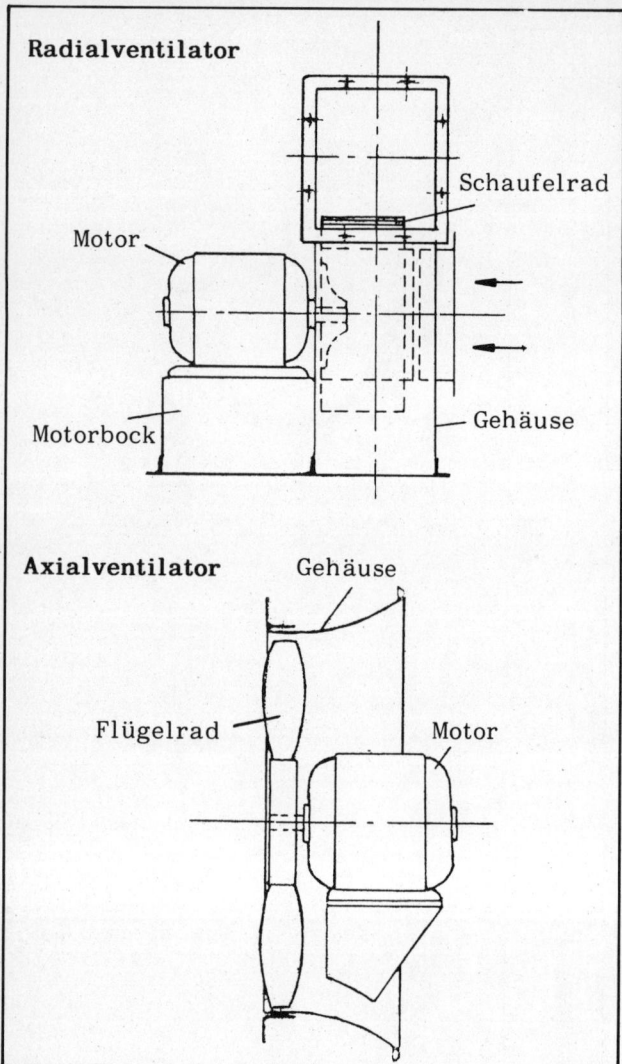

Abb. 64: Bauarten von Ventilatoren

Ventilatoren

Bei Luftkollektoranlagen ist es viel schwieriger, einfache Dimensionierungshinweise für den Ventilator zu geben, da die erforderliche Ventilatorleistung je nach Kollektorbauart und -größe, Länge und Querschnitt der Luftkanäle und der Speicherform stark variiert. Daher ist bei Luftkollektoranlagen eine Berechnung des Strömungswiderstands des Gesamtsystems unerläßlich. Wer diese Berechnung nicht einem fachkundigen Klimainstallateur überlassen will, findet im bereits genannten "Recknagel-Sprenger: Taschenbuch für Heizung und Klimatechnik" die erforderlichen Formeln und Berechnungshinweise. Die Berechnung ist eine Arbeit für Kenner!

Man unterscheidet Radialventilatoren, die die Luft axial ansaugen und radial fördern, und Axialventilatoren, die die Luft axial ansaugen und axial fördern. Für Luftkollektoranlagen sind die Radialventilatoren günstiger, da
- der Motor nicht im heißen Luftstrom liegt und daher besser gekühlt und weniger wartungsbedürftig ist;
- die Geräuschentwicklung geringer ist als bei den Axialventilatoren;
- höhere Drücke erzeugt werden können und
- die Luftleistung durch Ändern der Motordrehzahl, Ändern der Übersetzung (bei Riemenantrieb) oder Austausch des Motors leichter dem Bedarf angepaßt werden kann.

3.3.5 Wärmetauscher

Wärmetauscher dienen der Wärmeübertragung zwischen zwei verschiedenen Medien unterschiedlicher Temperatur bei gleichzeitiger Stofftrennung. Ein allen bekannter Wärmetauscher ist der Heizkörper der Zentralheizung, der Wärme vom Heizungswasser an die Raumluft überträgt.

In Solaranlagen werden Wärmetauscher benötigt, um Wärme aus dem Kollektorkreislauf an den Speicher oder Verbraucher zu übertragen, ohne daß sich der Wärmeträger im Solarkreislauf (Wasser-Frostschutz-Gemisch) mit dem Wärmeträger im Speicher oder Verbraucherkreis (Trinkwasser, Heizungswasser, o.ä.) vermischt.

Damit eine Wärmeübertragung stattfinden kann, ist stets eine Temperaturdifferenz zwischen dem heizenden Medium auf der einen Seite und dem zu erwärmenden Medium auf der anderen Seite erforderlich. Der Wärmestrom fließt durch die Trennwand vom warmen zum kalten Medium (Abb. 65).

Die Fähigkeit eines Wärmetauschers, Wärmemengen zu übertragen, d.h. seine Heizleistung, nimmt zu
- mit zunehmender Heizfläche, d.h. Oberfläche des Wärmetauschers,
- mit zunehmender Temperaturdifferenz zwischen der warmen und kalten Seite,
- wenn ein Medium oder beide schnell an der Heizfläche vorbeiströmen und dadurch ständig neue Wärme nachliefern bzw. abführen.

Als Material für Wärmetauscher kommen vorzugsweise die gut wärmeleitenden Metalle Kupfer und Stahl zum Einsatz, für einige Anwendungen können auch die schlechter leitenden Kunststoffe eingesetzt werden, wenn dies bei der Bemessung der Heizfläche berücksichtigt wird. Bauform und Größe müssen dem jeweiligen Anwendungsfall angepaßt und so bemessen sein, daß sie die maximal auftretenden Wärmeströme bei einer vorgegebenen Temperaturdifferenz übertragen können.

Als Richtlinie für die Dimensionierung von Wärmetauschern in Solaranlagen kann man sagen:

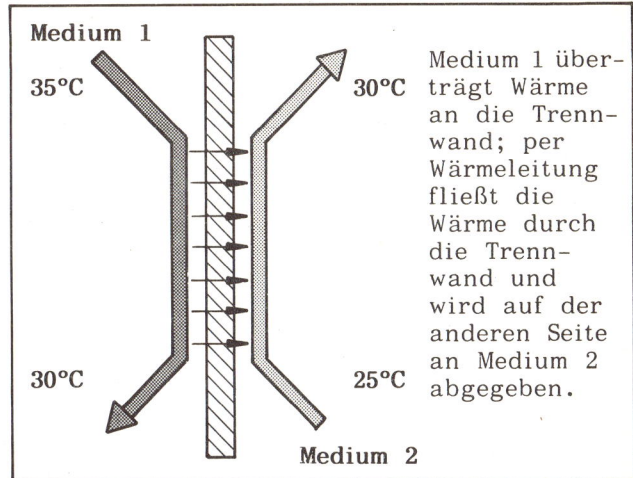

Abb. 65: Funktion des Wärmeaustausches

Der Wärmetauscher soll die zu übertragende Spitzenleistung (= Nutzleistung der Kollektoren bei voller Sonneneinstrahlung für Wärmetauscher im Kollektorkreis, = Leistung für die Brauchwasserentnahme oder Heizungsentnahme für Wärmetauscher auf der Brauchwasser-/Heizungsseite) bei einer Temperaturdifferenz von max. 5°C zwischen der warmen und kalten Seite übertragen können. Je nach System sind die auftretenden Spitzenleistungen zu ermitteln und die erforderliche Wärmetauscherfläche mit den Richtwerten in Tabelle 14 zu errechnen.

Abb. 66 zeigt schematisch die gebräuchlichen Formen von Wärmetauschern in Solaranlagen:

Glattrohr- + Rippenrohr-Wärmetauscher

Glattrohrwärmetauscher sind meist werksseitig fest im Speicher eingebaut, Rippenrohrwärmetauscher werden dagegen mit speziellen Flanschen eingesetzt und können zwecks Reinigung demontiert werden. Durch die Rohre zirkuliert die Wärmeträgerflüssigkeit, über die Rohroberfläche (die beim Rippenrohr durch die Metallrippen vergrößert ist) wird die Wärme an das ruhende Speicherwasser abgegeben. Das erwärmte Wasser im Speicher steigt auf (Konvektion) und erzeugt eine Wärmeschichtung im Speicher.

Rohr ⌀ mm	Oberfl./m Rohr m²/m	Rohrlänge/m² Koll.fl. m
12	0,038	6,6
15	0,047	5,3
18	0,057	4,4

Tabelle 15: Oberflächen und erforderliche Rohrlängen für Selbstbau-Solar-Wärmetauscher aus Kupferrohr

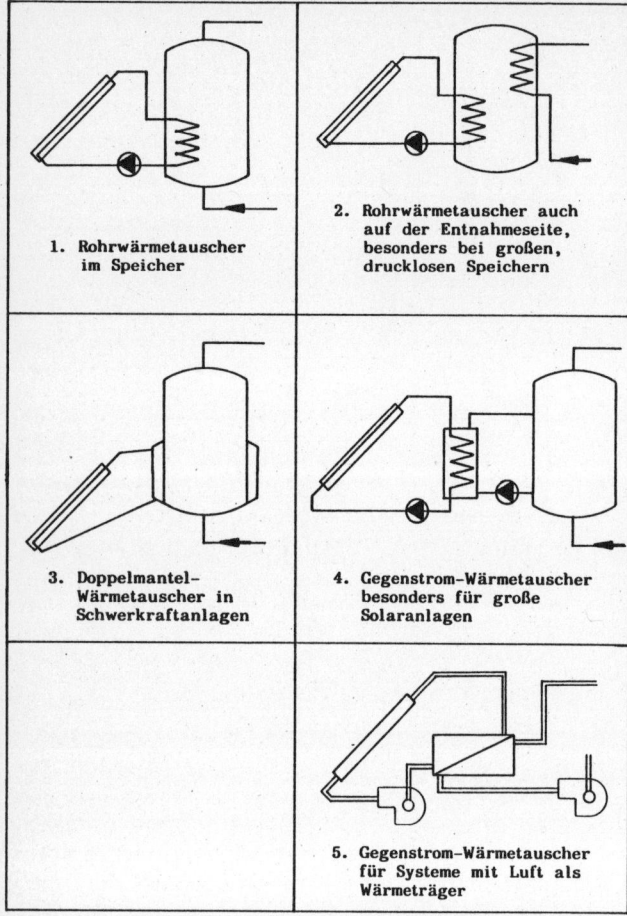

Abb. 66: Formen von Wärmetauschern in Solaranlagen

Die wärmetauschende Oberfläche (Heizfläche) sollte bei Solaranlagen etwa 0,2-0,3 m² pro m² Kollektorfläche betragen. Wer einen Glattrohrwärmetauscher aus weichem Kupferrohr selbst bauen will, findet in Tab.15 die notwendigen Angaben über Heizfläche und Rohrlängen. Schon für durchschnittliche Anlagen mit 8-10 m² Kollektorfläche werden recht große Rohrlängen benötigt, die sich nicht immer leicht im Speicher unterbringen lassen. Deswegen sind Rippenrohr-Wärmetauscher (für die Brauchwassererwärmung außen verzinnt) allgemein gebräuchlicher und werden in verschiedenen Größen angeboten. Bei sehr kalkhaltigem Wasser sind für die Brauchwassererwärmung jedoch Glattrohrwärmetauscher vorzuziehen, da sich ihre Leistung bei Kalkablagerungen weniger dramatisch verschlechtert. Rohrwärmetauscher haben häufig einen recht hohen Durchflußwiderstand, der bei der Bemessung der Pumpe für den Solarkreislauf berücksichtigt werden muß, vor allem bei selbstgefertigten Wärmetauschern mit großen Rohrlängen. Sie sind dann für Schwerkraftanlagen nicht geeignet.

Für Wärmetauscher auf der Verbraucherseite (Brauchwasser oder Heizung) gilt die oben genannte Faustregel nicht, da hier meist sehr große Leistungen von 20-30 kW übertragen werden müssen (ein elektrischer Durchlauferhitzer hat etwa 21 kW Leistungsaufnahme). Dies ist bei der Bemessung der Heizfläche zu

Art des Wärmetauschers	Übertragungsleistung in W/m²°C	ebenso bei ΔT = 5°C kW/m²
Glattrohre in ruhender Flüssigkeit	500- 900	2,5 - 4,5
Rippenrohre in ruhender Flüssigkeit	400- 600	2 - 3,0
Doppelmantel an ruhende Flüssigkeit	300- 400	1,5 - 2,0
Gegenstrom, beide Flüssigkeiten mit 0,5-1 m/s im Gegenstrom	1.000-2.000	5,0 - 10
Plattenwärmetauscher für Luft als Wärmeträger, im Gegenstrom	12 - 20	0,06-0,1
Rohre o. Isolierung an ruhende Luft	10	0,05

Tabelle 14: Wärmeübertragungsleistung verschiedener Wärmetauscher

berücksichtigen (Tab. 14); es können sowohl Glattrohr- als auch Rippenrohr-Wärmetauscher eingesetzt werden, aus Kostengründen wird hier jedoch meistens der Gegenstromwärmetauscher eingesetzt.

Doppelmantel-Wärmetauscher

Sie sind Bestandteil einer Sonderausführung von Druckspeichern für die Brauchwasserbereitung. Um den eigentlichen Speicher ist ein zweiter Mantel geschweißt, durch den die Wärmeträgerflüssigkeit zirkuliert. Heizfläche ist die innere Behälterwandung; ihre Größe ist durch die Behälterkonstruktion fest vorgegeben und in der Regel für eine Solaranlage durchschnittlicher Größe ausgelegt.
Wie Tab. 14 zeigt, ist die Leistungsfähigkeit der Doppelmantel-Wärmetauscher geringer als die anderer Wärmetauscher. Wegen ihres niedrigeren Durchflußwiderstandes werden sie vor allem für Schwerkraftanlagen eingesetzt.

Gegenstrom-Wärmetauscher

Sie werden vor allem in großen Solaranlagen eingesetzt, wo entsprechend große Rohrwärmetauscher aus Platzgründen schwer unterzubringen oder zu teuer sind.
Warmes und kälteres Medium strömen in entgegengesetzter Richtung an der wärmeübertragenden Wand vorbei, wodurch erheblich höhere Übertragungsleistungen pro m² Heizfläche erreicht werden als bei Rohrwärmetauschern. Der Wärmetauscher wird dadurch kleiner und weniger materialaufwendig, stattdessen wird aber für beide Medien je eine Umwälzpumpe gebraucht, die gemeinsam über die Solarsteuerung eingeschaltet werden.
Gegenstromwärmetauscher werden in verschiedenen Ausführungen und Leistungen auch für Solaranlagen im Handel angeboten, bringen für Solaranlagen kleiner und mittlerer Größe (bis 15 m² Kollektorfläche) jedoch keine finanziellen Vorteile gegenüber eingebauten Rohrwärmetauschern.

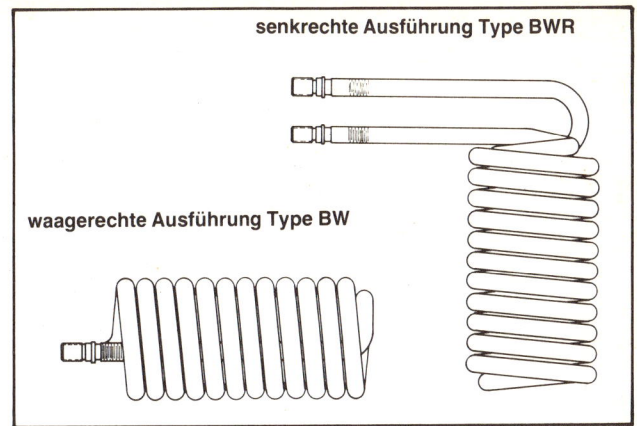

Abb. 67: Bauformen von Rippenrohr-Wärmetauschern

Plattenwärmetauscher für Luftkollektoren

Sie werden stets als Gegenstrom- oder Kreuzstrom-Wärmetauscher ausgeführt, d.h. die Luft ist auf beiden Seiten der wärmeübertragenden Fläche in Bewegung. Je nach Luftgeschwindigkeit können Wärmeströme von 5-20 W/m²°C übertragen werden, sehr wenig also im Vergleich zu den Wärmetauschern in Flüssigkeiten. Zur Übertragung nennenswerter Wärmemengen werden daher große Heizflächen benötigt, weshalb man in Luftkollektoranlagen Wärmetauscher möglichst ganz vermeiden wird. Das Haupteinsatzgebiet von Plattenwärmetauschern liegt in der Wärmerückgewinnung aus der Abluft in Gebäuden, die mit einer kontrollierten Be- und Entlüftung ausgestattet sind (Kaufhäuser, Bürogebäude, Schwimmbäder, Kuhställe, seltener Ein- und Zweifamilienhäuser).
Luft-Luft-Wärmetauscher werden in verschiedenen Ausführungen von Firmen der Lüftungs- und Klimabranche angeboten. Wer solche Wärmetauscher z.B. für den Einsatz in der Landwirtschaft selbst bauen will, findet in der Broschüre der Landtechnik Weihenstephan: "Einsatz, Bau und Leistungsdaten von Luft-Luft-Wärmetauschern" recht brauchbare Anleitungen und Hinweise.

Bausteine: Wärmetransport

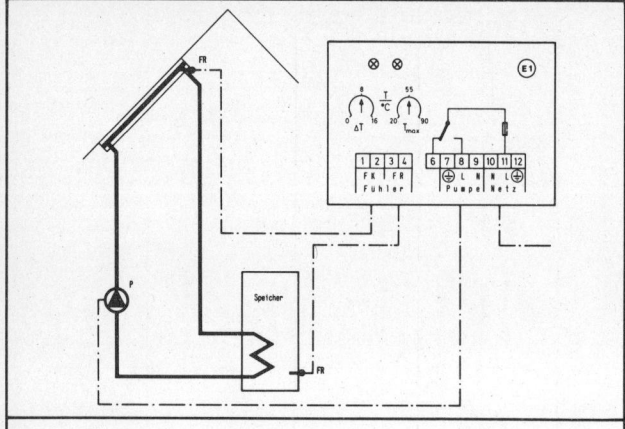

3.3.6 Steuerungen

Die Steuerung des Wärmetransports im Solarkreislauf sollte stets so erfolgen, daß möglichst viel von der im Kollektor gewonnenen Wärme zum Speicher bzw. Verbraucher gebracht wird. Bei Anlagen mit Schwerkraftumlauf steuert sich dieser Wärmetransport selbsttätig, bei Systemen mit gepumptem Umlauf muß dagegen die Pumpe (bzw. der Ventilator bei Luftkollektoren) immer dann eingeschaltet werden, wenn Wärmegewinne vom Kollektor zu erwarten sind. Im einfachsten Fall könnte dies über einen einfachen Schalter von Hand erfolgen, was jedoch eine ständig anwesende Bedienungsperson erfordert, die die Temperaturen in Kollektor und Speicher überwacht und die Pumpe stets dann einschaltet, wenn der Wärmeträger hinter dem Kollektor um einige Grad wärmer ist als im Speicher in der Umgebung des Wärmetauschers.

Diese Aufgabe kann einfacher und genauer von einer elektronischen Steuerung übernommen werden, die allgemein als **"Temparatur-Differenz-Steuerung"** bezeichnet wird. Zwei Temperaturfühler messen die Temperaturen am Kollektor und Speicher und wandeln sie in elektrische Signale um. Die Elektronik vergleicht diese beiden Signale (Niederspannung) und betätigt einen Umschaltkontakt (Relais), d.h. sie schaltet um, wenn die Temperatur am Kollektor um einige Grad (einstellbar) höher ist als am Speicher. Der Umschaltkontakt kann in der Regel mit Netzspannung (220 V) belastet werden und dient zum Ein- und Ausschalten der Umwälzpumpe oder anderer Steuereinrichtungen (z.B. elektrische Ventile, u.ä.). Eine Kontrollampe sollte den Schaltzustand der Steuerung anzeigen.

Da sich der Wärmeträger auf dem Weg vom Kollektor zum Speicher um einige Grad abkühlt (durch Wärmeverluste je nach Länge und Isolation der Rohre), wird der Umschaltpunkt

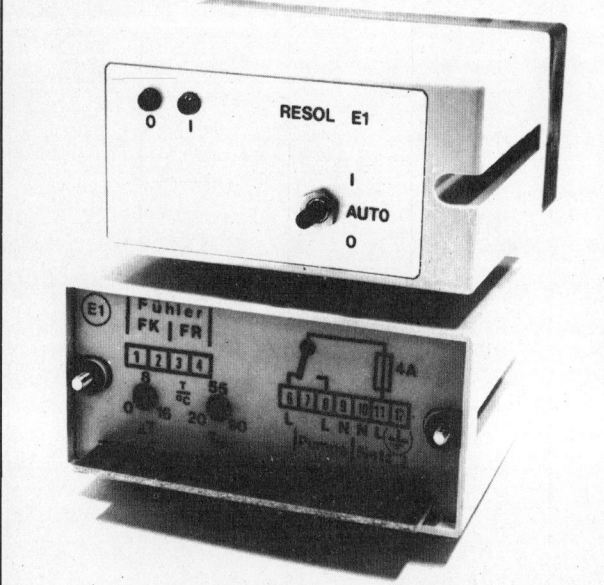

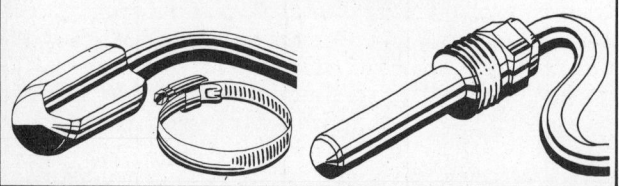

Abb. 68: Beispiel einer Solar-Steuerung mit Rohranlegefühler (am Kollektor) und Speicherfühler (Tauchhülse)

Bausteine: Wärmetransport

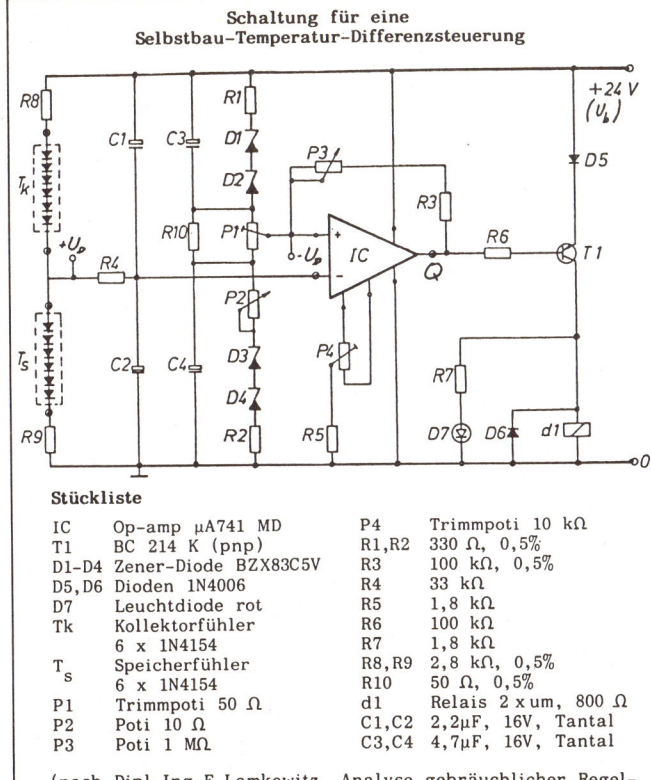

Abb. 69: Schaltung für eine Selbstbau-Temperatur-Differenzsteuerung

der Steuerung so eingestellt, daß die Temperatur am Kollektor um 5-10°C höher ist als am Speicher. Bei den meisten Steuerungen wird der entsprechende Einstellknopf einmalig bei der Montage eingestellt.
Einfache Temperaturdifferenzsteuerungen mit den beschriebenen Funktionen sind für etwa 100 - 180 DM einschließlich Temperaturfühler erhältlich. Geschickte Elektronik-Bastler können einen solchen Regler auch selbst bauen, Abb. 69 zeigt ein erprobtes Schaltbild. Bei der Wahl des Gehäuses und der Anschlußklemmen für die Netzspannung führenden Kabel sind die einschlägigen Sicherheitsnormen unbedingt zu beachten (**Netzspannung = Lebensgefahr!**). Im Zweifelsfall ist die Elektroinstallation für Steuerung und Pumpe einem erfahrenen Elektroinstallateur zu überlassen.

Montage der Temperaturfühler

Der **Speicherfühler** soll die Temperatur des Wassers in der Umgebung des Solar-Wärmetauschers messen. Dafür sind bei den gebräuchlichen Solarspeichern entsprechende Öffnungen (meist mit 1/2" Innengewinde) vorhanden, in die eine passende Tauchhülse geschraubt und mit Hanf eingedichtet wird. In diese Tauchhülse wird der Temperaturfühler mit Kabel soweit wie möglich eingeschoben und mit ei-

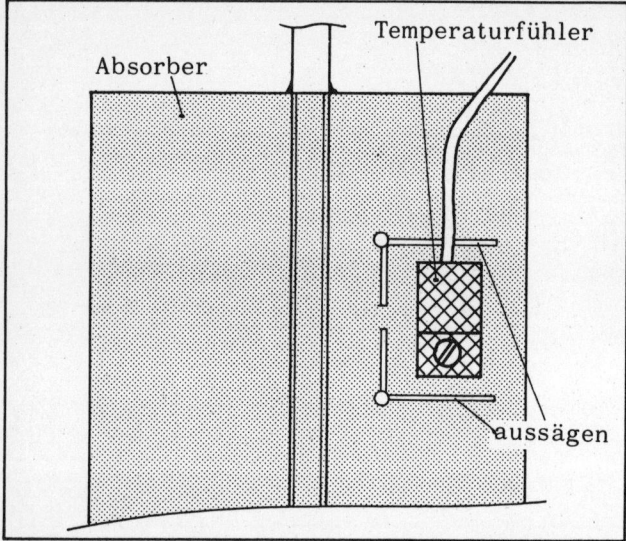

Abb. 70: Anbringung des Kollektorfühlers als Strahlungsfühler

ner Klemmschraube befestigt. Der Fühler sollte dicht in die Tauchhülse passen, um einen guten Wärmeübergang zu gewährleisten. Die Anschlußkabel (bei guten Fühlern wird ein kurzes Stück wärmebeständiges Silikonkabel verwendet) können im allgemeinen mit normalem, 2adrigen Elektrokabel nach Bedarf verlängert werden.

Der **Kollektorfühler** sollte am Sammelrohr auf der warmen Seite des Kollektors an einer Stelle montiert werden, die sich bei Sonneneinstrahlung schnell erwärmt. Kollektorfühler sind meistens als Rohranlegefühler konzipiert und werden dann mit einer Schlauchschelle außen am Sammelrohr befestigt. Damit die Temperatur des Wassers im Rohr und nicht die der umgebenden Luft gemessen wird, sollten Fühler und Rohr an dieser Stelle ggf. wärmegedämmt werden.

Die richtige Montage des Fühlers und die Einstellung der Steuerung haben großen Einfluß auf die Funktion und Leistungsfähigkeit der ganzen Solaranlage. Man sollte daher bei der Montage besonders sorgfältig sein und die Einstellung der Steuerung nach der Inbetriebnahme der Anlage bei verschiedenen Strahlungsbedingungen prüfen und ggf. korrigieren. Die Rohrleitungen sollten dann alle isoliert sein.

Bei dieser Art der Montage des Kollektorfühlers kann es in der Praxis schwierig sein, die optimale Reglereinstellung zu finden. Ein amerikanischer Ingenieur hat deshalb eine andere Art der Montage für den Kollektorfühler vorgeschlagen, die bei uns zwar noch wenig gebräuchlich ist, in einigen Selbstbauanlagen aber bereits mit gutem Erfolg erprobt wurde und daher hier zur Nachahmung empfohlen wird:

Der Vorschlag geht von der Überlegung aus, daß der Kollektor immer dann Wärme an den Speicher liefern kann, wenn die strahlungsabhängige Leerlauftemperatur des Absorbers (also ohne Kühlung durch den Wärmeträger) höher ist als die Speichertemperatur. Zur Messung der Leerlauftemperatur wird der Kollektorfühler nun nicht am Sammelrohr sondern gut wärmeleitend an einem Stück Absorbermaterial im Kollektorkasten befestigt, das thermisch nur wenig mit dem Wärmeträgerkreislauf in Verbindung steht. Beim Selbstbau des Kollektors kann dies wie in Abb. 70 durch Einschnitte in die Absorberplatte (bei Röhrenabsorbern) oder durch ein separates Stück Absorberplatte im Kollektorkasten erreicht werden. Bei fertigen Kollektoren läßt sich dieses Verfahren nicht ohne weiteres anwenden, da dazu der Kollektorkasten geöffnet werden muß.

Diese Montageart für den Kollektorfühler hat eine Reihe von Vorteilen:

- Die Einstellung des Umschaltpunktes der Steuerung ist weniger kritisch als bei der klassischen Installation (Einstellung z.B. + 10-20°C, evtl. sogar darüber).
- Die Ansprechzeit der Steuerung bei der morgentlichen Erwärmung oder bei wechselhaftem Wetter ist erheblich kürzer.
- Häufiges Ein- und Ausschalten der Pumpe ("Flattern"), wie es gelegentlich beim Anlaufen größerer Anlagen beobachtet wird, tritt nicht auf.

- Auf komplizierter Steuerungsanlagen (z.B. solche mit zusätzlichem Solarfühler, o.ä.) kann man verzichten.

Zusatzfunktionen

Neben der bisher beschriebenen Grundfunktion des Temperaturdifferenzschalters werden bei den industriellen Geräten vielfach mehr oder weniger nützliche Zusatzfunktionen angeboten:

- der **Pumpenschalter** erlaubt unabhängig vom Schaltzustand der Steuerung das Einschalten der Pumpe von Hand, was besonders bei der Inbetriebnahme der Anlage, für Funktionstests und beim Entlüften sehr praktisch ist; in der Urlaubszeit kann man die Anlage Tag und Nacht laufen lassen, um eine Überhitzung des Speichers in der Nacht zu vermeiden. Preiswert und empfehlenswert!
- einstellbare **Temperaturbegrenzung** für den Speicher: da bei kalkreichem Trinkwasser oberhalb von 60°C verstärkt Kalk ausfällt und sich am Wärmetauscher absetzt, ist es sinnvoll, die Speichertemperatur auf max. 60-70°C zu begrenzen. Wird diese Temperatur erreicht (sie kann an einem zusätzlichen Regler am Steuergerät eingestellt werden), wird die Umwälzpumpe einfach abgestellt. Dem Sonnenkollektor wird keine Wärme mehr entnommen, er heizt sich langsam bis auf die Leerlauftemperatur auf. Sinnvoll und empfehlenswert vor allem in Brauchwasser-Anlagen mit überdimensionierter Kollektorfläche!
- **Temperaturanzeige**: um die Funktion der Solarsteuerung leichter überwachen zu können, werden Steuerungen mit eingebauter Temperaturanzeige angeboten. Für kleine Brauchwasseranlagen in Ein- und Zweifamilienhäusern ergibt das wenig Sinn, da die Rohr- und Speicherthermometer für die Überwachung der Anlage ausreichen und die Anzeigen im Keller nur selten abgelesen würden. Bei größeren Anlagen mit 2 oder mehr Speichern oder komplizierten Regelungskonzepten haben sich **umschaltbare** Temperaturanzeigen bewährt, da die Funktion der Anlage rasch geprüft werden kann.
- **Betriebsstundenzähler**: Freunde des Messens können mit Hilfe eines eingebauten Betriebsstundenzählers die tägliche, wöchentliche oder monatliche Arbeitszeit ihrer Anlage bestimmen und daraus zusammen mit der mittleren Speichertemperatur grobe Rückschlüsse auf die Funktion und Laufzeit der Anlage ziehen. Genaue Leistungskontrollen oder gar Wirkungsgradmessungen sind mit diesem Gerät nicht möglich. Ein Einbau ist überhaupt nur sinnvoll, wenn die Zählerstände regelmäßig notiert und ausgewertet werden.

Aufwendigere Steuerungskonzepte

Motiv für die Entwicklung und Anwendung aufwendigerer Solarsteuerungen bis hin zum Solar-Computer ist der Wunsch, die mit teuren Kollektoren gewonnene Energie möglichst vollständig zu "ernten" und nicht auf dem Dach "verschmoren" zu lassen. Auch wenn ausgefuchste Steuerungen den Wirkungsgrad um ei-

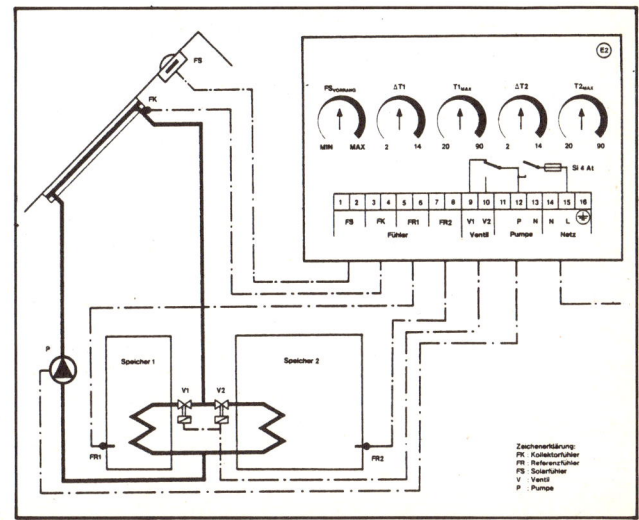

Abb. 71: Schema eine 2-Speicher-Steuerung

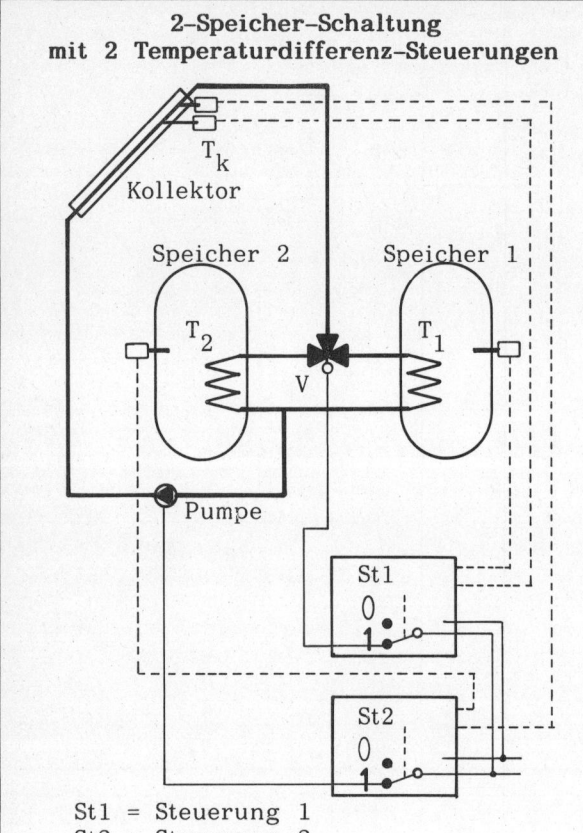

2-Speicher-Schaltung mit 2 Temperaturdifferenz-Steuerungen

St1 = Steuerung 1
St2 = Steuerung 2

* St2 schaltet die Pumpe ein, wenn $T_k > T_2$ ist; der ärmeträger fließt vom Kollektor durch das stromlose Ventil V zum Speicher 2.

* St1 schaltet das Ventil V um (unter Strom), wenn $T_k > T_1$ wird; der Wärmeträger fließt jetzt durch das umgeschaltete Ventil zu Speicher 1; die Pumpe bleibt eingeschaltet, da $T_k > T_1 > T_2$.

Abb. 72: *2-Speicher-Steurung mit 2 einfachen Temperaturdifferenz-Steuerungen*

nige Prozent verbessern können, darf nicht übersehen werden, daß die richtige **Nutzung** der gewonnenen Sonnenenergie den Nutzen einer Solaranlage ganz wesentlich bestimmt.

Da größere Anlagen mit komplizierten Steuerungen in der Regel von erfahrenen Fachleuten geplant und gebaut werden, soll hier nur noch die Steuerung für eine Solaranlage mit 2 Speichern behandelt werden:
Die Solaranlage heizt zwei Speicher mit unterschiedlichem Temperaturniveau auf; Speicher 1 ist wärmer als Speicher 2 und soll vorrangig geladen werden, sofern die Solaranlage hinreichend hohe Temperaturen erzeugen kann. Dieser Fall kommt in größeren Solaranlagen mit zwei hintereinander geschalteten Speichern sowie in kombinierten Brauchwasser-Schwimmbadanlagen vor.

Funktion: (vgl. Abb. 71/72) bei niedrigen Einstrahlungen, wenn der Kollektor die Temperatur von Speicher 1 (T_1) nicht erreicht, jedoch wärmer ist als Speicher 2 (T_2), soll der Wärmeträger zu Speicher 2 fließen und ihn aufladen. Nimmt die Einstrahlung im Laufe des Tages zu, so daß der Kollektor auch bei Temperaturen größer T_1 Wärme liefern kann, soll der Wärmeträger zu Speicher 1 fließen (Vorrangschaltung zur Nutzung des höheren Temperaturniveaus). Dazu muß die Fließrichtung durch 2 elektrisch gesteuerte Ventile (bzw. durch ein 3-Wege-Ventil) geändert werden. Abends, oder wenn Speicher 1 geladen ist ($T_1 \leq 60°C$), soll dieser Vorgang auch umgekehrt laufen. Sobald die Kollektortemperatur niedriger ist als die von Speicher 2, muß die Anlage abschalten.
Für diese Aufgabe werden spezielle Schaltgeräte (mit 2-Speicher-Vorrangschaltung) angeboten, die natürlich erheblich teurer sind als die einfachen Geräte. Ihre Funktion kann jedoch durch Kombination von zwei einfachen Differenzschaltern dargestellt werden, wenn die Solarfühler als Leerlauftemperaturfühler installiert werden (Abb. 72).

Bausteine: Wärmetransport

3.4 Wärmespeicher

Für die Auslegung von Wärmespeichern in Solaranlagen sind drei Fragen von besonderer Bedeutung:
- Bei welcher Temperatur muß die Wärme gespeichert werden?
- Wieviel Wärme muß gespeichert werden?
- Wielange muß die Wärme gespeichert werden?

In Tab. 16 sind die entsprechenden Angaben für die 3 Hauptanwendungen der Solartechnik im Haus zusammengestellt.
Die wichtigsten Speichermaterialien und ihre Eigenschaften sind in Tab. 2 (S.14) aufgeführt. Man sieht, daß unser Lebenselement Wasser die größte Speicherkapazität hat, d.h. pro °C Temperaturerhöhung nimmt es die meiste Wärme auf. Da es zudem für viele Anwendungen direkt genutzt werden kann, ist es das wichtigste Speichermaterial. Daneben haben Steinspeicher noch eine gewisse Bedeutung, die gegenüber Wasserspeichern bei gleicher Kapazität jedoch das 2-4 fache Volumen einnehmen.
Da jeder warme Körper über seine Oberfläche Wärme an die kältere Umgebung abgibt, geht auch ohne Wärmeentnahme mit der Zeit ein Teil der gespeicherten Energie verloren, der Speicher kühlt ab. Durch eine gute Wärmedämmung der gesammten Speicheroberfläche wird man daher versuchen, die Wärmeverluste so gering wie möglich zu halten. Trotzdem sind die erreichbaren Speicherzeiten begrenzt. Neben der spez. Wärmekapazität des Speichermaterials spielt die Größe des Speichers oder besser das Volumen-Oberflächen-Verhältnis eine entscheidene Rolle; da große Behälter im Verhälnis zu ihrem Volumen eine geringere Oberfläche haben als kleinere, können bei sonst gleichem Speichermaterial und gleicher Dämmstärke mit großen Speichern längere Speicherzeiten erreicht werden (vgl. Tab. 17).

Für die praktische Anwendung haben sich einige Speichertypen durchgesetzt, die im folgenden näher beschrieben werden:

	Nutz- temperatur °C	Speicher- dauer Tage	Energieverbrauch kWh	Speicher- medium
Schwimmbad- heizung	20 - 30	5 - 10	0,7 - 2/m² Oberfl.	Schwimm- badwasser
Brauchwasser- Erwärmung	40 - 60	2 - 3	2 - 2,5/Tag&Pers.	Trink- wasser
Raumheizung (Niedertemp.)	30 - 60	2 - 20	0,5 - 1/Tag & m² Wf.	Wasser, Stein, u.ä.

Tabelle 16: Auslegung von solaren Wärmespeichern

- **Druckspeicher** als Brauchwasserspeicher und kleinere Heizungsspeicher in Baugrößen von 200-1000 l.
- **drucklose Speicher** als Brauchwasser- und Heizungsspeicher mit 2.Wärmetauschern vor allem in Baugrößen von 2.000-30.000 l.
- **Großspeicher** als Jahreszeitenspeicher zur Gebäudeheizung mit Volumen von 1.000-100.000 m³ in verschiedenen Ausführungen.
- **Steinspeicher** als Heizungsspeicher (Kurzzeitspeicher) für Luftheizungen in Verbindung mit Luftkollektoren.

Tabelle 17: Zusammenhang zwischen Speichergröße und Speicherzeit

Speicher	Volumen m³	Oberfl. m²	V/O m	Speicherzeitkonstante Std.	Tage
250 l zyl. Stahltank 0,5 m Ø, 1,3 m hoch	0,25	2,4	0,104	400	16,5
500 l zyl.Stahltank 0,6 m Ø, 1,6 m hoch	0,50	4,4	0,113	435	18
1000 l zyl.Stahltank 0,8 m Ø, 2 m hoch	1,00	6,1	0,164	635	26
5 m³ kubischer Stahlt. 1,7 x 1,7 x 1,7 m	5,00	17,6	0,284	1100	46
20 m³ kub. Tank 2 x 2,5 x 4 m	20	46	0,435	1680	70
1000 m³ zyl. Tank 11 m Ø, 10 m hoch	1000	554	1,8	6950	290

Die Speicherzeitkonstante gibt die Zeit an, in der der Energieinhalt des Speichers ohne Wärmeentnahme auf 37% seines ursprünglichen Wertes abgefallen ist. Die genannten Werte ergeben sich aus einer theoretischen Betrachtung, die Praxiswerte liegen in der Regel ungünstiger.
Speicherzeitkonstante = Volumen · spez.Wärme/Oberfl.·k-Wert (Isol.)
spez.Wärme (Wasser) = 1,16 kWh/m³°C, k(Isolation) = 0,3 W/m² °C

3.4.1 Druckspeicher

Druckspeicher haben sich für die Brauchwassererwärmung mit Solaranlagen durchgesetzt, da sie die Speicherung des warmen Brauchwassers unter Leitungsdruck ermöglichen und sich leicht in bestehende, häusliche Warmwasserversorgungssysteme integrieren lassen. Sie sind in verschiedenen Größen von 150–1000 l Inhalt und in vielfältigen Ausführungen lieferbar. Hergestellt werden sie vorwiegend aus emailliertem Stahl oder aus Edelstahl, für besondere Anwendungen (z.B. Salzwasser) gibt es auch Tanks aus temperaturbeständigem, glasfaserverstärktem Kunststoff. Für die Anwendung in Heizungsanlagen sind darüber hinaus einfache, nicht emaillierte Druckspeicher aus Stahl im Handel (500–1000 l), die nicht für Trinkwasseranlagen eingesetzt werden können.

Edelstahlspeicher sind in der Regel teurer als solche aus emailliertem Stahl, sie haben dafür den Vorteil einer guten Korrosionsbeständigkeit. Doch haben sich auch die preiswerteren emaillierten Stahlspeicher gut bewährt, wenn die üblichen Korrosionsschutzmaßnahmen (Einbau einer Korrosionsschutz-Opferanode, elektrisch isolierter Anschluß des Kollektorkreislaufs) sorgfältig beachtet werden. Druckspeicher unterliegen den Sicherheitsbestimmungen des TÜV und können nicht selbst gebaut werden. Druckspeicher vom Schrott oder aus anderen Quellen mit zweifelhafter Qualität sollte man nicht einbauen, da sie ein Sicherheitsrisiko darstellen und großen Schaden anrichten können.

Während man in alten Heizungsanlagen die zylindrischen Behälter liegend montierte, hat sich in der Solartechnik die stehende Bauweise als vorteilhaft erwiesen. Im unteren Teil des Behälters wird die Solarenergie über einen Wärmetauscher an das zufließende, kalte Brauchwasser übertragen. Beim Aufladen des Speichers steigt das erwärmte Wasser im Speicher nach oben (therm. Auftrieb) und kann über den oberen Anschlußstutzen entnommen werden. Durch Strömungsleitbleche im Speicher wird verhindert, daß sich das zuströmende,

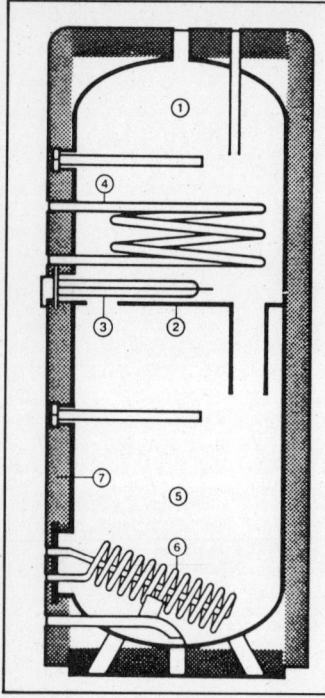

1 Bereitschaftsspeicher
2 Trennwand
3 Heizpatrone (Elektro)
4 Wärmetauscher Heizung
5 Solarspeicher
6 Wärmetauscher Solar
7 Isolierung

Abb. 73: Brauchwasser-Druckspeicher mit Einbauten (Fa. Vama, Hildesheim)
Abb. 74: Stabilität der Temperaturschichtung in Solar-wasserspeichern

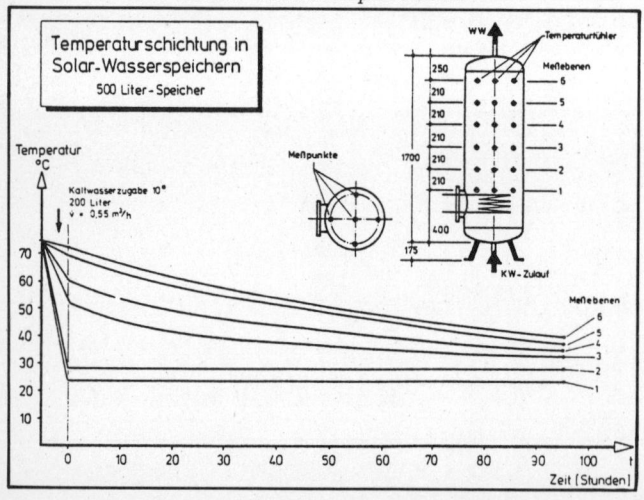

Bausteine: Wärmetransport

kalte Wasser mit dem warmen Wasser weiter oben im Speicher vermischt. Stehende, hohe Speicher erreichen dadurch eine gute Temperaturschichtung, die über längere Zeit hinweg stabil bleibt (Abb. 74).
Da der Solarwärmetauscher im kältesten Teil des Speichers liegt, kann die Kollektoranlage schon bei niedrigen Arbeitstemperaturen Wärmegewinne liefern und so mit gutem Wirkungsgrad arbeiten. Reicht das Energieangebot von der Sonne nicht aus, den aktuellen Wärmebedarf zu decken (z.B. im Winter) kann über einen zweiten Wärmetauscher im oberen Teil des Speichers, der an die Hausheizung angeschlossen ist, nachgeheizt werden. Manche Firmen liefern für die Nachheizung von Solarspeichern auch Elektroheizpatronen als Einschub, die über einen Thermostaten die Temperatur im oberen Teil des Speichers konstant halten. Elektrisches Nachheizen ist allerdings, wenn überhaupt, nur im Sommer sinnvoll, wenn nur wenig Energie zum Nachheizen gebraucht wird. Denn elektrischer Strom ist teuer und das heizen mit Strom eine Verschwendung dieser hochwertigen Energieform, die unter hohem Primärenergieeinsatz und großen Umweltbelastungen hergestellt wurde. (Zum Thema "Nachheizen" vgl. Kap.4.2.3)
Neben den Öffnungen für die Montage der Wärmetauscher (sofern sie nicht fest eingebaut sind), der Anschlußleitungen und der elektrischen Heizpatrone haben Druckspeicher meistens noch weitere Öffnungen (mit Innen- oder Außengewinde), in die z.B. Thermometer oder Temperaturfühler für die Solar- und Heizungssteuerung mittels Tauchhülse eingeschraubt werden können. Alle Gewindeanschlüsse sowie Blindstopfen sind mit Hanf und Dichtungsfett abzudichten.
In der Praxis hat es sich bewährt, alle Anschlüsse am Speicher mit Verschraubungen herzustellen, um bei Änderungen und Reparaturen die Leitungen ohne Lötarbeit entfernen zu können.

Korrosionsschutz

In emaillierten Speichern ist für den Korrosionsschutz ein dicker Magnesiumstab als

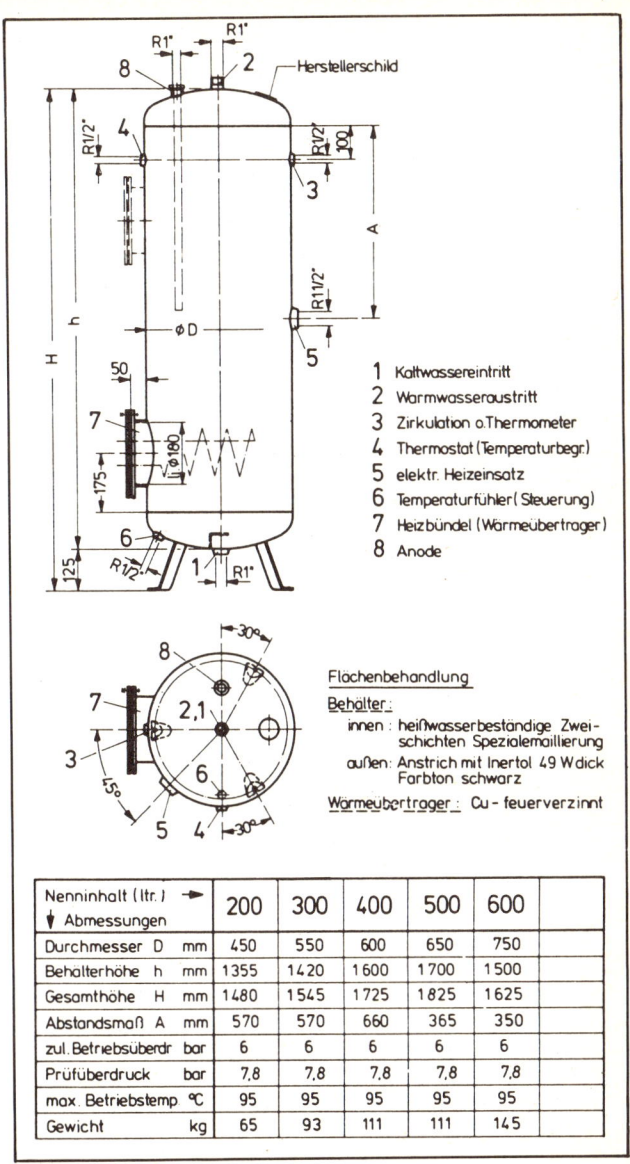

Abb. 75: Anschlüsse und Daten von Druckspeichern (Fa. Thyssen)

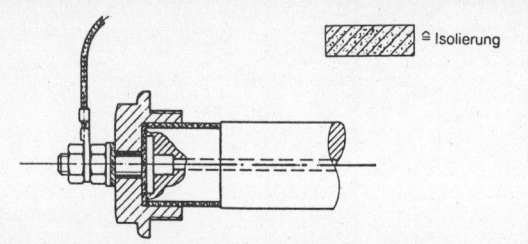

Durch den elektrisch isolierten Einbau der Opferanode läßt sich mit einem Milliamperemeter kontrollieren, ob die Anode verbraucht ist: der Schutzstrom zwischen Anode und Behälter, dessen Höhe von der Größe der Fehlstellen in der Emaillierung und der Wärmetauscherfläche abhängt, geht bei verbrauchter Anode zurück. Im Betrieb ist das Anschlußkabel der Anode elektrisch gut leitend mit dem Behälter zu verbinden.

Kupfer-Wärmetauscher sollten ebenfalls elektrisch isoliert eingebaut werden, um einen optimalen Korrosionsschutz zu gewährleisten: Montage des Wärmetauschers mittels wärmebeständiger Kunststoffbuchsen an der Flanschplatte, Anschluß der Rohrleitungen über Kunststoff-Isolierverschraubungen.

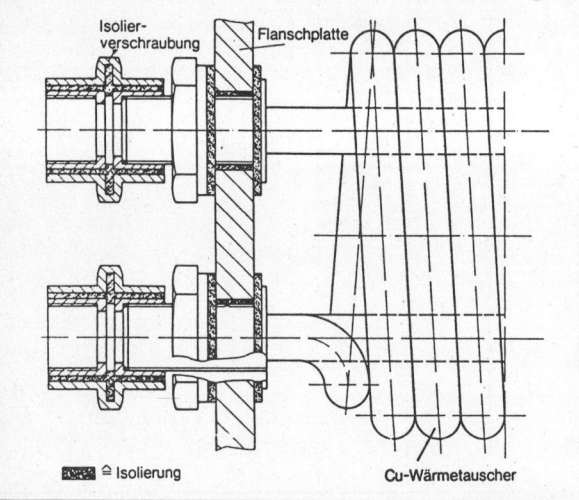

Abb. 76: Korrosionsschutzmaßnahmen für emaillierte Stahlspeicher (Druckspeicher)

"Opferanode" eingeschraubt, die sich mit der Zeit verbraucht. Ohne die Anode besteht die Gefahr, daß sich Kupferionen und -teilchen (z.B. vom Wärmetauscher) an Fehlstellen in der Emaillierung absetzen und durch Kontaktkorrosion an diesen Stellen Löcher in die Behälterwand fressen. Durch den Magnesiumstab, der elektrisch leitend mit dem Behälter verbunden sein muß, wird dies verhindert, da Magnesiumionen schneller in Lösung gehen und solche Fehlstellen mit Magnesium füllen. Nach 3-5 Jahren (2 Jahren bei Einbau von großflächigen Kupfer-Wärmetauschern) sollte die Anode kontrolliert werden. Leider ist bei einer ganzen Reihe von Speichern diese Anode von oben eingeschraubt, so daß in niedrigen Kellerräumen zum Auswechseln alle Anschlüsse gelöst und der Speicher gekippt werden muß. Hier empfiehlt sich der Einbau einer sogenannten "Fremdstromanode mit Potentiostat": statt von der Opferanode wird der Schutzstrom für den Behälter über ein kleines Steuergerät (den Potentiostaten) aus der Netzspannung erzeugt. Der Stromverbrauch dafür ist gering (ca. 1 DM/Jahr), und man erreicht ohne weitere Wartung einen zuverlässigen Korrosionsschutz für viele Jahre. Der Anschaffungspreis für das Gerät mit Platinelektrode liegt bei etwa 220 DM.
Für den Anschluß der Wärmetransportleitungen an die eingebauten Wärmetauscher sollten zur Verbesserung des Korrosionsschutzes passende Kunststoffübergangsstücke verwendet werden, die die Leitungen des Kollektorkreislaufes vom Speicher elektrisch isolieren. Speicher und Wärmetransportleitungen sind mit getrennten Leitungen an einem gemeinsamen Massepunkt zu erden.

Wärmedämmung

Nach der Fertigstellung der Anlage und der Dichtigkeitskontrolle an allen Anschlüssen ist der Behälter gegen Wärmeverluste zu isolieren: ein nicht gedämmter 300-500 l Speicher gibt bei 50°C Wasser- und 15°C Kellertemperatur etwa 700-1000 Watt an die Umgebung ab! Durch eine 10cm starke Dämmschicht (z.B. Mineralwolle) läßt sich der Wärmeverlust auf

35-50 Watt reduzieren, 15cm Dämmschicht verringern die Wärmeabgabe auf 26-37 Watt.
Als Zubehör für die Speicher werden im Handel maßgeschneiderte Wärmedämmhüllen (8-10 cm Dämmstärke) im farbenfrohen Plastiklook angeboten, die wenig Arbeit machen, aber nicht ganz billig sind. Preiswerter geht's nach dem alten Verfahren: Behälter mit Mineralwolle dämmen - Papierkaschierung außen ist günstig - und mit Draht oder Schnur festbinden; darauf kommt eine Lage Wellpappe, die ebenfalls verschnürt wird; um die Dämmschicht durch eine strapazierfähige Haut zu schützen, wird das ganze dann mit gipsgetränkten Jutelappen (alte Säcke) überzogen und nach dem Erhärten ein ca. 1cm starker Gipsputz aufgetragen (am besten geht's mit der Hand), wobei die notwendigen Öffnungen (Rohrabgänge, Thermometer, u.ä.) durch Pappstreifen geschützt und schön herausgearbeitet werden. Gips kann mit Wandfarben nach Belieben bemalt werden.

Noch bessere Wärmedämmwerte können mit sogenannten "Vakuum-Wärmespeichern" erreicht werden: das sind Druckspeicher aus Edelstahl, die mit einem 2. Stahlmantel umgeben sind, wobei der Zwischenraum wie bei der Thermoskanne luftleer gemacht worden ist (Hochvakuum). Durch die Vakuumisolierung kann der Wärmeverlust eines Speichers unter den oben genannten Bedingungen auf ca. 15 Watt reduziert werden, so daß ohne Wärmeentnahme Speicherzeiten von 1-2 Wochen durchaus möglich sind. Die Installation solcher Speicher kommt zur Zeit für den Selbstbauer kaum infrage.

Hinweis:
Im Anhang 3 (Seite 144) beschreibt H.J.Olfs den Selbstbau eines korrosionsbeständigen, drucklosen Speichers aus Kupferblech!

3.4.2 Drucklose Speicher

Drucklose Wasserspeicher haben gegenüber Druckspeichern den Vorteil, daß sie erheblich einfacher und billiger zu fertigen sind, da die Druckbeanspruchung und die Forderungen der TÜV-Normen entfallen. Sie werden daher bevorzugt dort eingesetzt, wo große Speichervolumina (- 1000-2000 l, z.B. Speicher in Heizungs- und großen Brauchwasseranlagen) erforderlich sind. Kleinere drucklose Speicher mit 100-1000 l sind zwar auch billiger als Druckspeicher dieser Größe, wegen des zumeist zusätzlich erforderlichen 2. Wärmetauschers auf der Entnahmeseite ist der Kostenvorteil insgesamt jedoch gering. Der 2.Wärmetauscher verschlechtert aber den Wirkungsgrad der Solaranlage, so daß sich für kleinere Anlagen am Ende kein Vorteil ergibt.

Es gibt eine Fülle von Behältern, die als drucklose Wärmespeicher genutzt werden können. Sie müssen lediglich ausreichend temperaturbeständig (bis 90°C) und korrosionsbeständig sein:
- Batterietanks aus Stahl oder wärmebeständigem Kunststoff, wie sie u.a. für die Heizöllagerung verwendet werden;
- kellergeschweißte, kubische Stahltanks, ggf. mit einer korrosionsbeständigen Beschichtung auf der Innenseite;
- zylindrische Stahltanks, z.B. Heizöltanks, Behälter aus der Getränkeindustrie, Wasser- und Gülletanks aus der Landwirtschaft, die sich jedoch in der Regel kaum nachträglich ins Haus schaffen lassen.

Auch bei den drucklosen Speichern sind hohe, schlanke Behälter vorteilhaft, um die günstige Wärmeschichtung im Speicher zu erhalten. Speichermedium ist in der Regel reines Wasser, der Zusatz von Frostschutzmitteln (um den Speicher ohne Wärmetauscher in den Solatkreislauf zu integrieren) erscheint bei den erforderlichen Mengen aus finanzieller und ökologischer Sicht nicht sinnvoll.

Um drucklose Speicher in ein Brauchwasser- oder Heizungssystem zu integrieren, wird in der Regel auch für die Wärmeentnahme ein

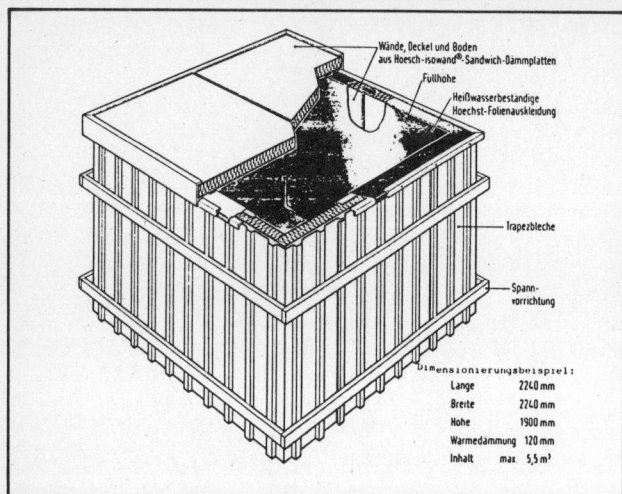

Abb. 77: Beispiel für einen drucklosen Speicher

Wärmetauscher nötig, wodurch zusätzliche Temperatur- und Wirkungsgradverluste in der Anlage entstehen. Während die maximal zu übertragende Leistung im Kollektorkreis durch die Kollektorfläche begrenzt und vergleichsweise niedrig ist, werden auf der Entnahmeseite, d.h. vom Verbraucher, recht hohe Spitzenleistungen gefordert, die der Wärmetauscher übertragen muß. Schon um eine Badewanne mit 10 l Wasser/min zu füllen, ist eine Leistung von 20 kW erforderlich, in Gebäuden mit vielen Zapfstellen (z.B. Hotels) können noch sehr viel höhere Leistungsspitzen auftreten.

Für die Dimensionierung der Heizfläche des Wärmetauschers muß die Spitzenleistung auf der Verbraucherseite zugrunde gelegt werden. Wegen der hohen Übertragungsleistungen werden Entnahme-Wärmetauscher in der Praxis meist als Gegenstrom-Wärmetauscher ausgeführt (vor allem für die Ankoppelung der Heizung) oder kleinere Druckspeicher als Brauchwasserspeicher nachgeschaltet.

Während Druckspeicher im allgemeinen nur für eine Speicherdauer von 1-3 Tagen ausgelegt werden, können mit größeren drucklosen Speichern Speicherzeiten bis zu mehreren Wochen erreicht werden. Solche großen Speichervolumen (5-30 m^3) können sinnvoll sein für die Koppelung einer Solaranlage mit der Heizung (insbesondere bei Holzheizkesseln), um in der Übergangszeit mit Solarenergie zu heizen. Bei der Kombination Holzkessel und Heizungsspeicher ergeben sich dabei besondere Bedienungsvorteile, da "auf Vorrat" geheizt und der Holzkessel mit optimaler Verbrennung gefahren werden kann.

Wie beim Druckspeicher kommt es auch hier auf eine gute Wärmedämmung der gesamten Speicheroberfläche an. Bei Wochenspeichern sind Dämmstärken von 15-25 cm sinnvoll. Die Wärmedämmung in solchen Stärken kann man einfach und preiswert ausführen, indem man um den Speicher herum einen Kasten (aus Gipsfaser- oder Spanplatten) baut und den Zwischenraum mit einem preiswerten Schüttdämmstoff, z.B. Korkschrot, Zellulosedämmstoff o.ä. ausfüllt. Natürlich muß man sich vorher vergewissern, daß alle Anschlüsse und der Speicher absolut dicht sind! Bei Speichern, die großflächig auf dem Boden stehen, müssen für die Dämmung von unten druckbeständige Hartschaumplatten oder Korkplatten verwendet werden (auf die Statik achten!).

3.4.3 Großspeicher

Da mit steigendem Speichervolumen das Verhältnis von Volumen zu Oberfläche immer günstiger wird, hat es nicht an Versuchen gefehlt, durch sehr große Speichervolumina die Sommer-Winter-Speicherung zu realisieren, um stärker als bisher möglich die Sonnenenergie auch für die Heizung unserer Häuser zu nutzen. Im Rahmen von Forschungsprojekten sind eine Reihe von Vorschlägen entstanden, wie solche Großwärmespeicher gebaut werden können:

- **drucklose Tankspeicher**: oberirdische Stahltanks mit Wasser als Speichermedium;
- **künstlicher Speichersee**: künstlich angelegte und allseitig wärmegedämmte Wasserflächen mit schwimmender Wärmedämmung;

- **Fels-Kavernenspeicher**: künstlich im Fels geschaffene Hohlräume als drucklose Wasserspeicher ohne weitere Wärmedämmung;
- **Aquifer-Speicher**: Verwendung natürlicher oder künstlicher Grundwasserbecken als Wärmespeicher ohne weitere Wärmedämmung (Speichermaterialien: Wasser und Erde/Stein)
- **Erd- und Felsspeicher**: natürliche Erd- und Felsformationen dienen als Wärmespeicher.

Die Eigenschaften der verschiedenen Speicherkonzepte sind in Tab. 18 zusammengestellt, Abb. 78 zeigt die voraussichtlichen Kosten in Abhängigkeit von der Speichergröße. Neben Versuchen zu den genannten Speichertypen gibt es in Schweden bereits funktionierende Groß-Solaranlagen mit Stahltank- und Fels-Kavernenspeichern, die über kleine "Fernwärme"-Netze viele Wohneinheiten mit Heizwäre versorgen. In Gronigen, Holland wird z.Zt. ein 23.000m³ Erdspeicher gebaut, der in Verbindung mit 2.400m² Kollektorfläche 96 Reihenhäuser mit solarer Heizwärme versorgen soll (solarer Heizungsanteil 65%).

Diese Projekte zeigen, daß eine Nutzung der Sonnenenergie für die Hausheizung im großen Maßstab durchaus möglich und unter günstigen Bedingungen schon heute wirtschaftlich ist. Über die ökologischen Auswirkungen solcher Großprojekte weiß man aus ersten Untersuchungen in den USA, daß es nur zu geringfügigen, lokalen Temperaturerhöhungen im Winter kommt.

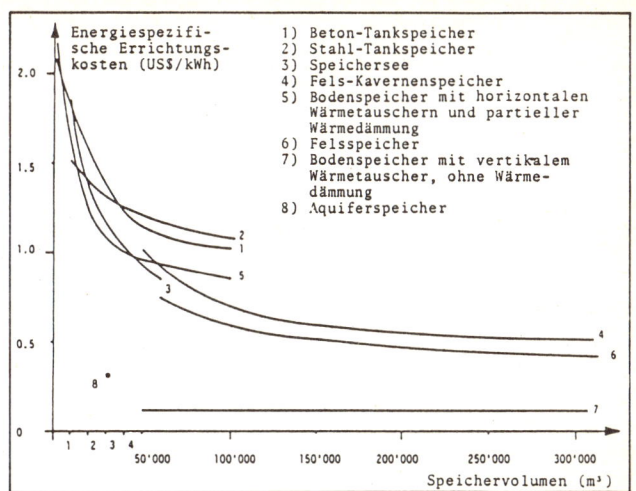

Abb. 78: *Kostenentwicklung verschiedener Großspeicher-Konzepte*

Abb. 79: *Beispiel für einen großen Wärmespeicher*

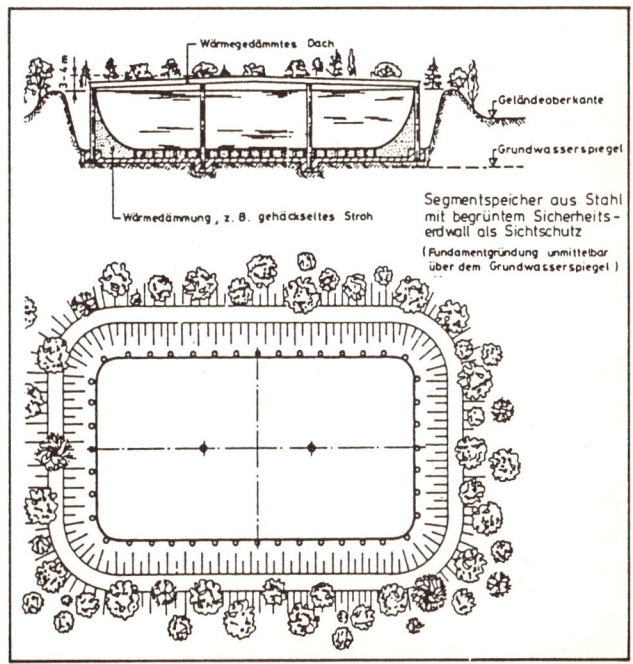

Tabelle 18

Speichertyp	Volumen in 1.000 m³	Energiedichte kWh/m³	Speicherwirkungsgrad %	Speichertemperatur °C max.
Stahltank	bis 10	40-50	bis 90	- 90
Künstlicher Speichersee	bis 100	40-50	bis 90	- 90
Fels-Kaverne	100-1.000	40-50	bis 90 nach Jah.	- 90
Aquifer	100-1.000	10-20	60-90	- 80
Erdspeicher	10-100	15-30	40-60	- 70
Felsspeicher	10-1000	15-25	60-80	bis 140

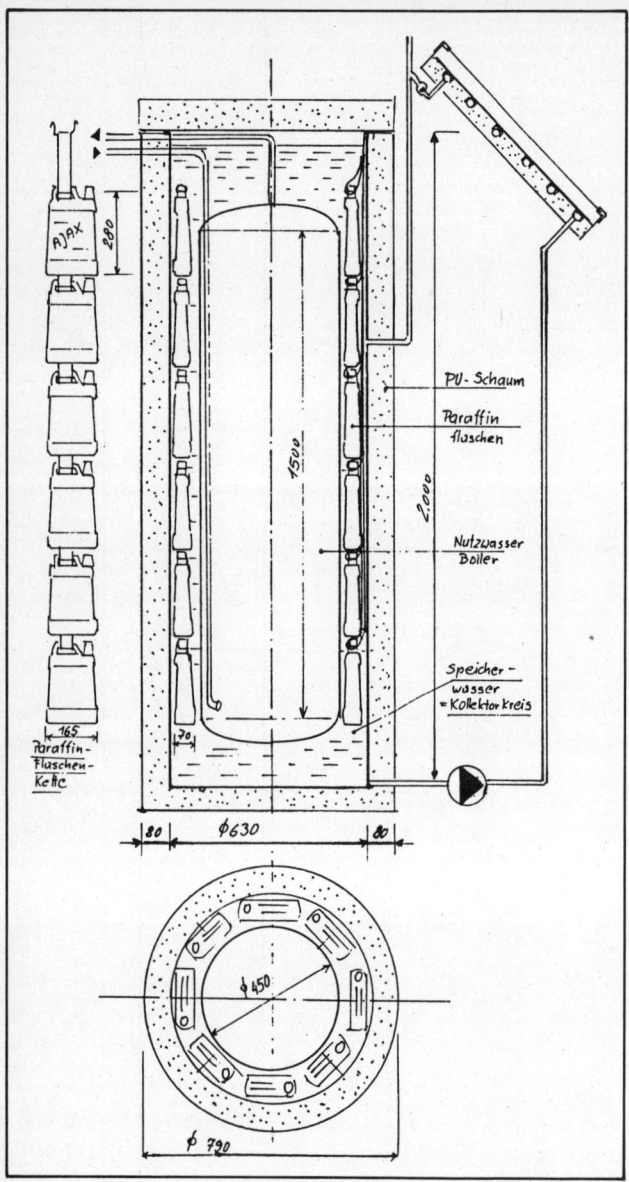

Abb. 80: Selbstbau-Latentwärmespeicher mit 100 kg Paraffin

3.4.4 Latentwärmespeicher

Die bisher behandelten Wasserspeicher und auch die Steinspeicher speichern "fühlbare" Wärme, d.h. der Speicher wird beim Aufladen fühlbar wärmer, der Energieinhalt steigt proportional zur Temperatur. Daneben sind in den letzten Jahren sogenannte "Latentwärmespeicher" entwickelt worden, die Wärme durch Änderung des Aggregatzustands (fest-flüssig) speichern. So ist auch Wasser bzw. Eis bei 0°C ein Latentwärmespeicher: um einen Eisblock von 0°C zu schmelzen und in Wasser von 0°C umzuwandeln, wird ebensoviel Energie benötigt, wie man braucht um Wasser von 0°C auf 80°C zu erwärmen. Umgekehrt wird beim Entladen des Speichers, d.h. beim Vereisen, diese Energie auch wieder frei. Leider läßt sich die Wärme bei 0°C nicht direkt für die Hausheizung oder Brauchwassererwärmung nutzen. Eis-Latentwärmespeicher können daher nur in Verbindung mit Wärmepumpen für die Wärmeversorgung genutzt werden.

Für die Solartechnik geeignete Latentwärme-Speichermaterialien sollten eine Umwandlungstemperatur möglichst im Bereich von 40-60°C besitzen, da die Wärme auf diesem Temperaturniveau direkt genutzt werden kann. In den letzten Jahren sind eine ganze Reihe von potentiell geeigneten Speichermaterialien untersucht und günstige Speicherkonstruktionen ersonnen worden, wobei besonders einige Paraffine und Fettsäure vielversprechende Eigenschaften zeigen. Sie können in einem kleinen Temperaturbereich (z.B. zwischen 46-48°C) soviel Energie speichern, wie Wasser bei einer Temperaturerhöhung um ca. 30°C aufnimmt. Leider hat man einige technische Probleme solcher Speicher bis heute nicht soweit zufriedenstellend lösen können, daß akzeptable Produkte angeboten werden könnten:

- unterhalb der Umwandlungstemperatur liegt das Speichermaterial in fester Form vor, was die Wärmezufuhr und -entnahme erschwert;
- beim Erstarren nimmt das Volumen der Materialien ab, was bei der Konstruktion der Behälter berücksichtigt werden muß;

Bausteine: Wärmetransport

- zu den Behälterkosten kommen die nicht unerheblichen Kosten für das Speichermaterial hinzu.

Es bleibt daher abzuwarten, wann technisch ausgereifte Latentwärmespeicher am Markt erhältlich sind.

Einen einfachen Latentwärmespeicher hat Ing. Günter Nöttling, Wels/Österreich gebaut und nutzt ihn für seine solare Brauchwasserbereitung. Wie Abb. 80 zeigt, ist es eine Kombination aus einem 250 l wassergefüllten Druckspeicher, um den herum ca. 100 kg Paraffin in 2 l Plastikkanistern angeordnet sind. Der Schmelzpunkt des Paraffins liegt bei 52–54°C. Da es im festen Zustand eine schlechte Wärmeleitfähigkeit hat, wirkt sich das Abfüllen in Behälter mit kleinem Volumen und großer Oberfläche günstig auf die Wärmeaufnahme und -abgabe aus. Der Paraffinspeicher nimmt zwischen 40 und 60°C etwa 3mal soviel Wärme wie die gleiche Menge Wasser auf.

Die Flaschen mit Paraffin und der Druckspeicher stehen im Wasserbad in einem drucklosen Behälter, das den Wärmeaustausch zwischen Latentwärmespeicher und Druckspeicher besorgt und in das auch die Sonnenenergie vom Kollektor eingekoppelt wird (mit einem Wärmetauscher oder wie im Beispiel im offenen Umlauf). Da Wachs leichter ist als Wasser, wurde jede Flasche mit einem Belastungsgewicht (550 g Stahl) versehen und dann mit geschmolzenem Wachs vollgefüllt. Der gefüllte Behälter wiegt dann 2,5 kg und treibt auch in 70°C heißem Wasser nicht auf. Das Paraffin (Erdölprodukt) konnte im Fachhandel für Seifenkosmetik & Kerzenherstellung zum Preis von 2 DM/kg besorgt werden.

3.4.5 Steinspeicher

Steinspeicher werden in Verbindung mit Luftkollektoren fast ausschließlich für die Raumheizung eingesetzt und fordern auf der Verbraucherseite ebenfalls ein Luftheizungssystem das mit konventionellen Wärmeerzeugern (Gas, Kachelofen, etc.) kombiniert werden kann. Da sie keinen druckbeständigen und wasserdichten Behälter erfordern, erscheinen sie im Aufbau zunächst einfach und besser für den Selbstbau geeignet als die Wasserspeicher.

In der Praxis zeigen Steinspeicher jedoch einige Nachteile und Probleme: so kann nur etwa 1/3–1/4 der Wärmemenge gespeichert werden, die ein gleichgroßer Wasserspeicher enthält, so daß auch die möglichen Speicherzeiten entsprechend geringer sind. Dies kann nur zum Teil durch Vergrößerung des Speichervolumens ausgeglichen werden. Außerdem schränkt die erforderliche Luftheizung das Anwendungsgebiet hierzulande erheblich ein, da eine Koppelung mit unseren Warmwasser-Heizungen nicht möglich ist.

Steinspeicher werden so ausgelegt, daß sie den Energiegewinn des Sonnenkollektors von 1–2 sonnigen Tagen speichern können und dabei um ca. 30–40°C aufgeheizt werden (Kurzzeitspeicher). Bei einem durchschnittlichen Energiegewinn des Kollektors von 1–2 kWh/m^2 in den Herbst- und Frühjahrsmonaten und einer spez. Wärmekapazität von 0,4 kWh/m^3°C (für Kies) müssen also 0,2–0,3 m^3 Speichervolumen pro m^2 Kollektorfläche vorgesehen werden. Bei einer Kollektorfläche von 30–40 % der beheizten Wohnfläche ergibt sich für ein 100 m^2 Wohnhaus ein Speichervolumen von 6–12 m^3, das an geeigneter Stelle im Haus Platz finden muß.

Als Aufstellungsort kommen Kellerräume oder bei nicht unterkellerten Gebäuden auch ein möglichst zentral in der Wohnung gelegener Speicherraum infrage, von dem aus die Wohnräume auf kürzestem Weg versorgt werden können. Als Speichermaterial hat sich grober Kies bewährt, schwere Ziegelsteine und Ziegelsplitt können ebenfalls verwendet werden.

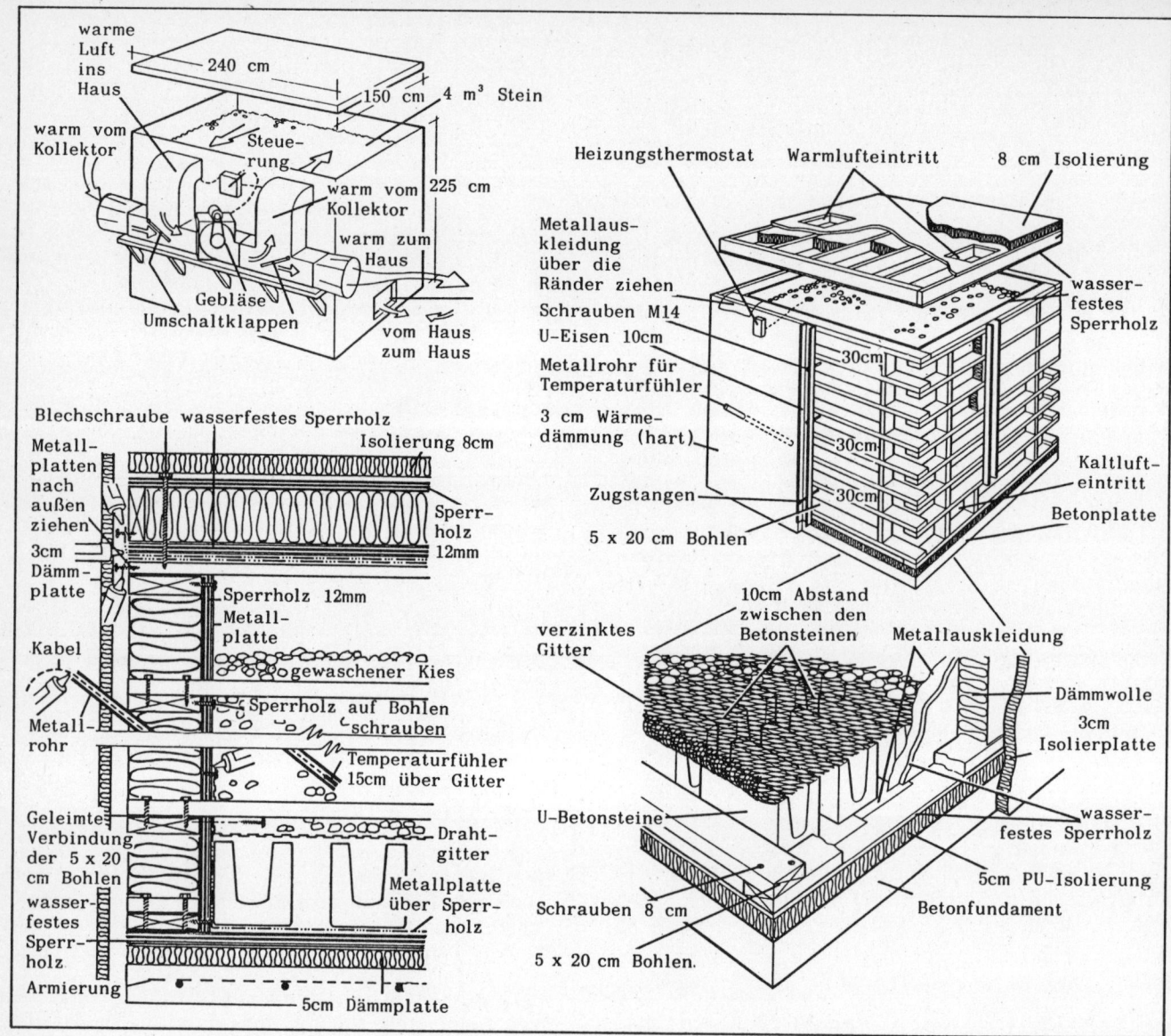

Abb. 81: Konstruktion eines Steinspeichers

Bausteine: Wärmetransport

Nach einem erprobten, amerikanischen Bauvorschlag kann der Behälter für den Kiesspeicher aus Holz gebaut werden (Abb. 81):
Eine stabile Holzrahmenkonstruktion wird zunächst auf der Innenseite mit Sperrholz beplankt, das dann mit dünnem Blech (Aluminium, verzinktes Stahlblech) verkleidet wird. Beim Bau kommt es darauf an, daß alle Verbindungsstellen im Innenraum einschließlich Deckel möglichst luftdicht gemacht werden und der Kasten stabil genug ist, um auch bei Temperaturen von 80-90°C dem Druck der Steinschüttung und dem Gebläsedruck standzuhalten. Deshalb sind alle Verbindungsstellen vor allem am Boden und später am Deckel sorgfältig mit Silikon abzudichten. 4 U-Eisen in der Mitte der Seitenflächen sind zur Sicherheit angebracht und durch 10 - 15 mm Stahlstangen (mit Gewinde an den Enden) mit der gegenüberliegenden Seite verschraubt. Nach der Fertigstellung des Innenteils und der erforlichen Öffnungen wird der Raum zwischen den Kanthölzern von außen mit Dämmstoff gefüllt und mit Plattenmaterial verkleidet.
Die warme Luft vom Kollektor wird beim Aufladen des Speichers von oben nach unten durch die Steinschüttung geblasen, bei der Wärmeentnahme zum Heizen des Hauses in umgekehrter Richtung. Dadurch entsteht ähnlich wie bei Wasserspeichern eine Temperaturschichtung, die den Wirkungsgrad der Solaranlage günstig beeinflußt. Die Abmessungen des Behälters und die Korngröße vom Kies müssen auf den Luftdurchsatz vom Kollektor abgestimmt sein, damit der Strömungswiderstand im Speicher nicht zu groß wird. An einem Beispiel soll dies gezeigt werden:

* Für eine 30 m^2 Luftkollektoranlage soll ein 8 m^3 Steinspeicher gebaut werden.
* Bei einem Luftdurchsatz von 100 m^3/h und m^2 Kollektorfläche müssen stündlich 30 x 100 m^3 = 3000 m^3 Luft durch den Speicher geblasen werden. 3000 m^3/h $\hat{=}$ 0,8 m^3/s
* Die Strömungsgeschwindigkeit im Speicher sollte etwa 0,1 - 0,2 m/s (hier 0,15 m/s) betragen, um eine gute Wärmeübertragung zu erreichen. Damit läßt sich der erforderliche Strömungsquerschnitt im Speicher berechnen: $F_S = (0,8 m^3/s)/(0,15 m/s) = 5,3 m^2$ also z.B. 2,3 x 2,3 m Seitenlänge
* Für 8 m^3 Speichervolumen wird bei 5,3 m^2 Grundfläche eine Schütthöhe von ca. 1,5 m benötigt.
* Die Körnung der Kiesmischung wird nun so ausgesucht (nach Tab. 19), daß sich im Speicher ein Druckverlust von 4-6 mmWs einstellt, bei 1,5 m Strömungslänge also ein spez. Strömungswiderstand von 2,5-4 mmWs/m (mmWs = mm Wassersäule).
* Nach der Tabelle wird die Korngröße 25 mm benötigt. In der Praxis wird man Kies der Sieblinie 16-32 mm bestellen.

Luftge-schwin-digkeit	Druckverlust in der Steinschüttung in mmWs/m für Steindurchmesser d =						
	12 mm	18 mm	25 mm	36 mm	50 mm	75 mm	100 mm
0,05 m/s	1,60	0,85	0,50	0,30	0,19	0,12	0,09
0,08 m/s	2,30	1,5	0,95	0,55	0,35	0,25	0,18
0,10 m/s	4,10	3,00	2,00	1,00	0,60	0,40	0,30
0,15 m/s	7,50	6,00	3,50	2,00	1,25	0,80	0,60
0,20 m/s	12,00	10,00	6,50	3,50	2,25	1,45	1,10
0,25 m/s	17,50	14,00	10,50	6,00	3,60	2,25	1,65
0,30 m/s	25,00	19,00	13,00	8,00	5,20	3,20	2,30

Tabelle 19: Druckverlust in Kiesspeichern in Abhängigkeit vom Steindurchmesser und der Strömungsgeschwindigkeit im Speicher

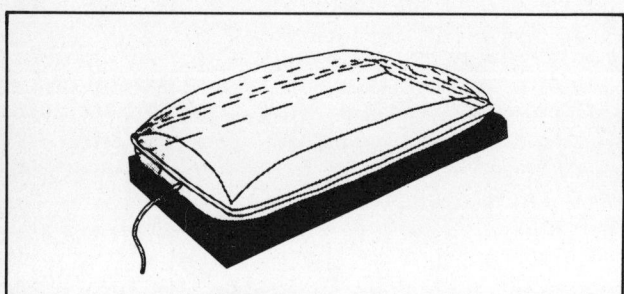

Abb. 82: Japanischer Kissenkollektor

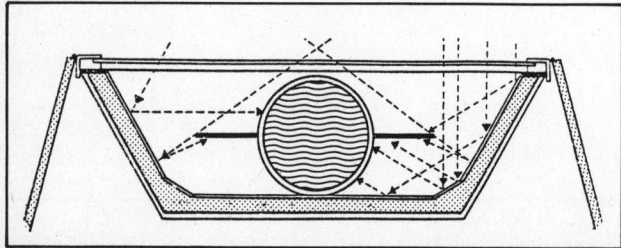

Abb. 83: Moderner Speicherkollektor (Fa. Solar Diamant)

4.0 Solarsysteme
4.1 Vom Sonnenkollektor zur Solaranlage

Nachdem im vorangegangenen Kapitel die Bausteine von Sonnenkollektoranlagen im einzelnen behandelt wurden, sollen nun die verschiedenen gebräuchlichen Solarsysteme, ihre Funktion und Dimensionierung dargestellt werden. Dabei bestimmen die Anforderungen an die Leistungsfähigkeit der Solaranlage ganz wesentlich den Aufbau der Systeme und den technischen Aufwand für seine Komponenten.

4.2 Speicherkollektoren

Das einfachste Solarsystem ist der "Speicherkollektor", bei dem die Funktionen des Kollektors und des Speichers in einem Bauteil vereinigt sind.
Speicherkollektoren finden überwiegend in sonnenreichen Ländern Anwendung, in denen kein Frost auftritt, die Wärmeverluste des Speichers in der Nacht nicht zu groß sind und wo mit einer gleichmäßig hohen, täglichen Sonneneinstrahlung gerechnet werden kann. Auch in unseren Breiten können sie für einige Anwendungen (Campingplätze, Stranddusche) im Hochsommer ganz nützlich sein.
Ein gutes Beispiel für einen einfachen Speicherkollektor ist der Kissenkollektor (Abb. 82), der auf Hausdächern, Caravans u.ä. in der Sonne ausgelegt wird. Das Kissen ist aus einer schwarzen PVC-Folie unten und einer transparenten Folie oben zusammengeschweißt und kann bei 1 m^2 Fläche etwa 100-200 l Wasser fassen. Der Kollektor wird morgens aus der Kaltwasserleitung gefüllt und erwärmt sich im Laufe des Tages je nach Einstrahlung. Nachteilig ist, daß nachts und an bedeckten Tagen die gespeicherte Wärme sehr schnell wieder verloren geht.
Eine optimierte Variante des Speicherkollektors ist der sogenannte "Bread-Box"-Kollektor, der schon vor 10 Jahren von einem amerikanischen Solar-Pionier entwickelt wurde und heute auch von einer deutschen Firma vor-

Systeme: Schwimmbadheizung

nehmlich für den Export industriell hergestellt wird. Der Kollektor besteht aus 3 Teilen: einem druckbeständigen Wassertank (es lassen sich auch mehrere hintereinanderschalten) mit selektiver Beschichtung, einer transparenten Abdeckung und einer isolierten Kiste, die mit Alufolie ausgelegt ist. Tagsüber werden zwei klappbare Seitenwände so geöffnet, daß das einfallende Sonnenlicht durch die Alufolie auf den Speichertank reflektiert wird. Abends und bei strahlungsarmem Wetter werden die Seitenteile geschlossen, die Alufolie reflektiert dann die Wärmestrahlung auf den Tank zurück.
Durch die Verwendung druckbeständiger Tanks kann der Bread-Box-Kollektor direkt in häusliche Druckwassersysteme integriert werden. Im Winter muß der Tank bei Frostgefahr entleert werden.

4.3 Solarsysteme für die Schwimmbadheizung

Bei der solaren Schwimmbadheizung ist das Schwimmbecken der Wärmeverbraucher und gleichzeitig Wärmespeicher. Um die "Speicherverluste" niedrig zu halten, ist eine gute Wärmedämmung des Beckens vor allem an der Oberfläche Voraussetzung für optimale Sonnenenergienutzung. Daher ist es auf jeden Fall lohnend, vor dem Einbau einer Solaranlage eine Abdeckung der Wasseroberfläche vorzusehen (z.B. Matten aus Luftpolsterfolie o.ä.). Wegen des zeitlichen Zusammentreffens von Sonnenenergieangebot und Energiebedarf in der Badesaison (Mai-September = 5 Monate) ist die solare Schwimmbadheizung nicht nur für die wenigen, gutgestellten Besitzer eines eigenen Schwimmbads sinnvoll und sogar finanziell lohnend, sondern auch für öffentliche Bäder, die heute vielfach noch mit Öl oder sogar Strom attraktive Wassertemperaturen schaffen müssen.

4.3.1 Offenes System mit Standard-Flachkollektoren

Da Wassertemperaturen von 22-24°C in den meisten Fällen völlig ausreichend sind, können für die Sonnenenergienutzung einfache und preiswerte Solarabsorber (Schwimmbadkollektoren, vgl. Kap.3.1.1) eingesetzt werden, die in diesem Temperaturbereich den aufwendigeren Standard-Flachkollektoren an Leistungsfähigkeit nicht nachstehen.
Abb. 85 zeigt den Aufbau eines preiswerten Schwimmbadkollektors aus Solarflex-Rippenrohr (Polyäthylen), der leicht auf einem Haus- oder Garagendach montiert werden kann. Andere Schwimmbadabsorber können ebenfalls eingesetzt werden, für den Einbau sind die Hinweise der Hersteller zu beachten.
Schwimmbadabsorber werden im allgemeinen als offenes System installiert: mittels Umwälzpumpe wird Schwimmbadwasser durch die Absorber gepumpt, das sich bei Sonneneinstrahlung um einige Grad erwärmt und im offenen Kreislauf ins Schwimmbad zurückfließt. Da

Abb. 84: Schaltung: Offener Schwimmbadkollektor

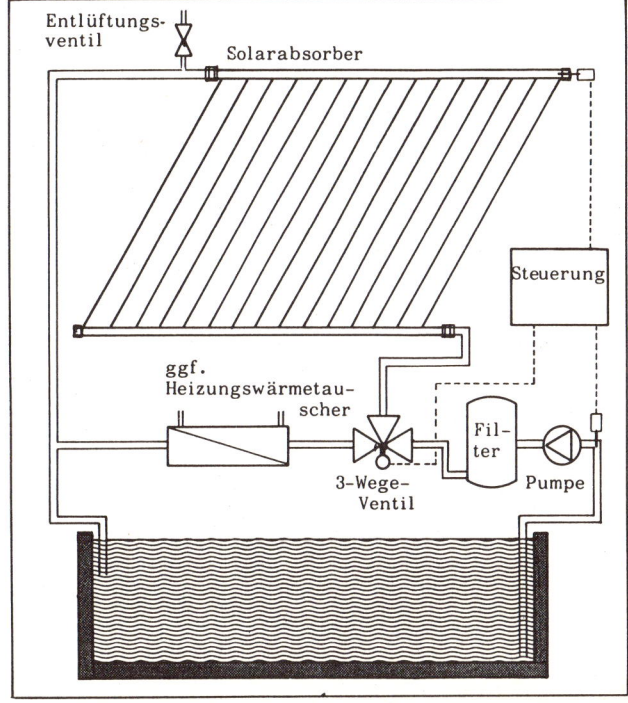

Selbstbau von Rippenrohr-Absorbern

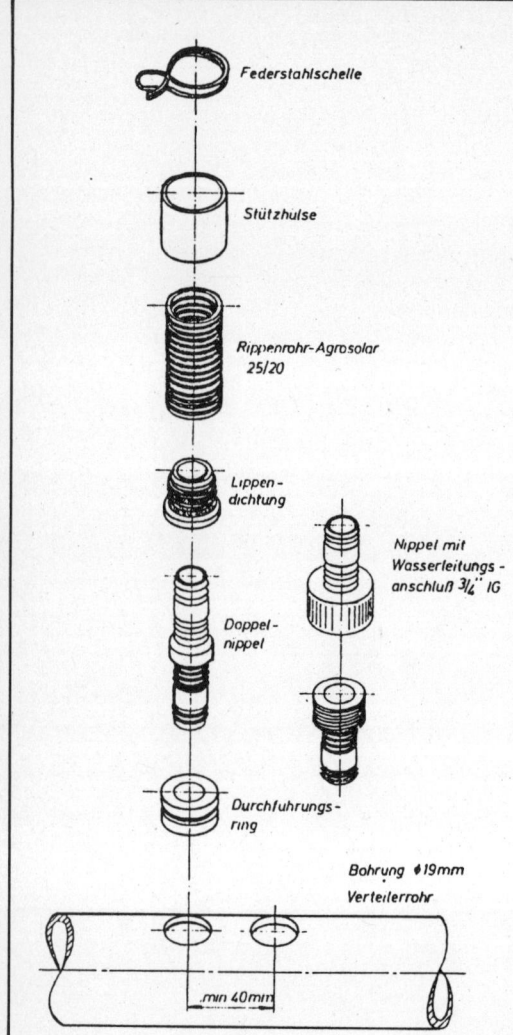

Als Material für den Absorber wird "Solarflex-Rippenrohr" (Polyäthylen) verwendet, das speziell für diesen Zweck entwickelt wurde und zu dem passende Verbindungselemente, Nippel, Lippendichtungen, etc. erhältlich sind. Das Rippenrohr hat einen Außendurchmesser von 25 mm.
Zunächst werden die beiden Verteilerrohre (Polyäthylen, 42 mm) gebohrt (19mm ∅), der Abstand der Bohrungen sollte etwa 40 mm betragen. Nach dem Entgraten können die Durchführungsringe eingesetzt und die Doppelnippel eingesteckt werden. Beim Zuschneiden der Rippenrohre auf Länge sollte man darauf achten, daß alle Rohre möglichst exakt gleich lang werden, sie liegen sonst später nicht sauber parallel. Der Absorber benötigt in Längsrichtung etwa 5% seiner Länge Platz für die Wärmeausdehnung!
Nun werden Stützhülse und Federklammer auf das Rohrende geschoben und die Lippendichtung eingesetzt. Die so vorbereiteten Rippenrohre können nun einfach auf die herausstehenden Nippel geschoben werden, wobei Nippel und Gummi durch in Wasser gelöste Schmierseife "gängig" machen kann. Sind alle Verbindungen zusammengesteckt, wird der Aborber noch am Boden auf Dichtigkeit geprüft und kann dann aufs Dach gezogen werden. Die "hängende" Befestigung am oberen Verteilerrohr hat sich als vorteilhaft erwiesen.
Im Winter kann der Absorber einfach durch Lösen der Anschlußverschraubungen entleert werden, verbleibende Wasserreste richten keinen Schaden an.
Für einen 20 m² großen Absorber entstanden Kosten von etwa 1200,-DM: 2 Verteilerrohre, 2,6 m lang, 120 Steckverbindungen und 500 m Rippenrohr à 1,30 DM/m.
Der Quadratmeterpreis liegt damit bei 60,-DM, bei kürzeren Absorberlängen sind die Kosten wegen der zusätzlichen Steckverbindungen ein wenig höher, längere Absorber werden entsprechend billiger im m²-Preis.

Abb. 85: Selbstbau von Rippenrohrabsorbern (Fa. R.Pfenning, Leutstetten)

Pumpen für Schwimmbadwasser nicht gerade billig sind, wird man die zumeist vorhandene Filterpumpe auch für den Solarkreislauf einsetzen; ein elektrisches Drei-Wege-Ventil, das über einen Differentialthermostaten (Kap. 3.3.6) gesteuert wird, läßt das Schwimmbadwasser entweder durch den Absorber oder über den "Bypass" ins Schwimmbad zurückfließen.
Ist keine Filterpumpe vorhanden, kann man auch eine gute Tauchpumpe verwenden (wegen der Lebensdauer sollte man nicht das billigste Modell kaufen), wenn die Förderhöhe der Pumpe größer ist als die Höhendifferenz zwi-

Systeme: Schwimmbadheizung

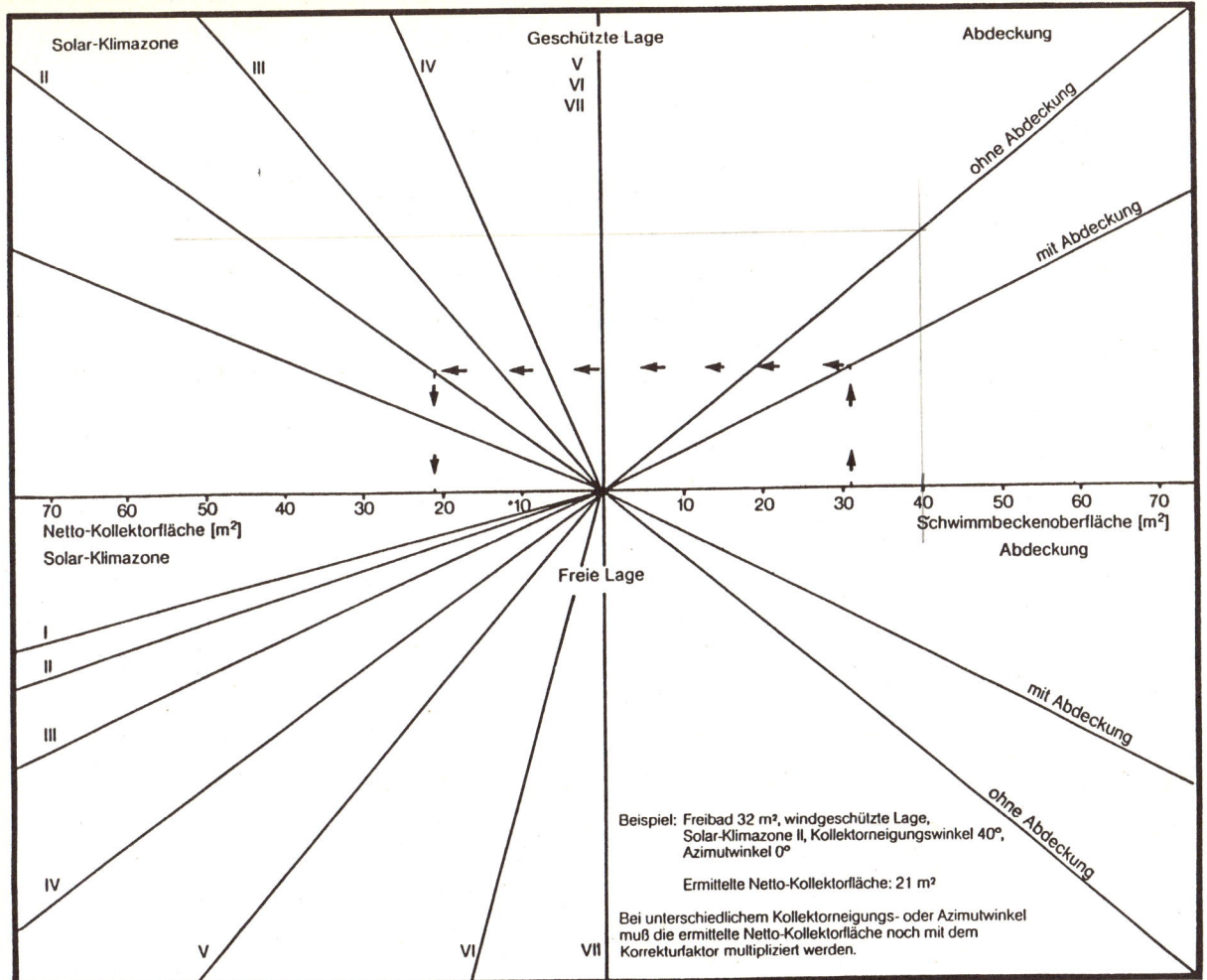

Solar-Klimazone	Sonnenschein-stunden h/Jahr	Globalstrahlung	
		kWh/m²/Tag	kWh/m²/Jahr
I	< 1500	ca. 2,5	ca. 920
II	1500 – 1700	ca. 2,8	ca. 1030
III	1700 – 1900	ca. 3,1	ca. 1150
IV	1900 – 2100	ca. 3,4	ca. 1230
V	2100 – 2300	ca. 3,7	ca. 1370
VI	2300 – 2500	ca. 4,1	ca. 1490
VII	> 2500	ca. 4,4	ca. 1610

Berechnungsdiagramm für Schwimmbadkollektoren

Das Diagramm liefert die erforderliche Kollektorfläche für Freibäder mit 24°C Wassertemperatur in der Badesaison (Mai–August). Kollektorneigungswinkel: 30–40°; die Korrekturfaktoren für andere Neigungswinkel und Abweichungen von der Südorientierung finden sich im Anhang 1.
(Quelle: Fa. Stiebel Eltron, Holzminden)

Abb. 86

schen Schwimmbad und dem höchsten Punkt des Absorbers. In diesem Fall wird die Stromzufuhr für die Tauchpumpe über den Differentialthermostaten gesteuert.

Dimensionierungsrichtlinien

Für Freischwimmbecken mit Abdeckung bei Nichtgebrauch sollten in Deutschland etwa 40-70% der Wasseroberfläche als Absorberfläche installiert werden. Damit werden je nach Sonneneinstrahlung und Lage Wassertemperaturen von 22-26°C in der Badesaison erreicht, was einem Nutzwärmeertrag von 200-350 kWh/m^2 entspricht. Anhand des Berechnungsdiagramms kann die erforderliche Absorberfläche (für einen Neigungswinkel von 30-40°) unter Berücksichtigung von Lage, Beckenabdeckung und Klimazone hinreichend genau ermittelt werden (für eine Wassertemperatur von 24°C in der Badesaison). Größere Absorberflächen führen zu höheren Wassertemperaturen; waagerecht verlegte Absorber erfordern einen Zuschlag von 20-30% auf die ermittelte Absorberfläche.

Das Wasser sollte beim Durchfließen des Kollektors bei voller Sonneneinstrahlung um max. 10°C erwärmt werden, wozu ein Mindestdurchfluß von 70 l/m^{2}h, besser 100 l/m^{2}h, erforderlich ist. Damit ergeben sich für die Installations- und Absorberverteilerrohre folgende Querschnitte:

Absorberfläche	Rohr-Ø	Wasserdurchfluß
5 - 10 m^2	22 - 28 mm	500 - 1000 l/h
10 - 20 m^2	28 - 35 mm	1000 - 2000 l/h
20 - 30 m^2	35 - 42 mm	2000 - 3000 l/h
30 - 40 m^2	42 - 54 mm	3000 - 4000 l/h

Die Pumpe muß die erforderliche Durchflußmenge gegen den Strömungswiderstand des Absorbers fördern können. Um die Anlage auch mit der Pumpe füllen zu können, muß die maximale Förderhöhe größer sein, als die zu überwindende Höhendifferenz.

Darüber hinaus sind die im Kapitel "Bausteine" genannten Forderungen und Hinweise zu berücksichtigen.

4.3.2 Geschlossenes System mit Standard-Flachkollektoren

Alternativ zum eben beschriebenen offenen System werden Schwimmbad-Solaranlagen häufig auch als geschlossenes System ausgeführt. Die im Kollektor gewonnene Wärme wird dabei durch einen frostgeschützten Wärmeträger zum Wärmetauscher geführt, der sie an das Schwimmbadwasser überträgt. Gegenüber dem offenen System entsteht durch den Wärmetauscher, die zusätzliche Pumpe und sonstige Bauteile ein Mehraufwand, der das System andererseits auch flexibler und für bestimmte Anwendungsfälle attraktiv macht:
- man ist frei in der Wahl des Kollektors; das Material muß nicht korrosionsbeständig gegen gechlortes Schwimmbadwasser sein;
- man ist frei in der Wahl des Wärmeträgermediums im Kollektorkreislauf: man wird im allgemeinen Wasser mit Frostschutzmittel einsetzen (wie bei Brauchwasseranlagen), so daß ein Entleeren des Kollektorkreislaufs im Winter entfällt;
- das System ist für andere Nutzungen erweiterbar, so daß z.B. die Brauchwasserbereitung mit angeschlossen werden kann;
- der Aufstellungsort für den Kollektor kann freier gewählt werden: da die Rohre des geschlossenen Kreislaufs im Winter nicht entleert werden müssen, kann die Rohrführung den örtlichen Bedingungen besser angepaßt werden, was vor allem bei Installationen im Haus bedeutsam sein kann.

Nachteile des geschlossenen Systems sind die mit dem Mehraufwand verbundenen höheren Anlagenkosten und der Wirkungsgradverlust bei der Wärmeübertragung im Wärmetauscher. Daher werden in geschlossenen Systemen in der Regel Standard-Flachkollektoren eingesetzt, die höhere Arbeitstemperaturen bringen. Diese Nachteile in Kauf zu nehmen, lohnt sich nur dann, wenn einer oder mehrere der genannten Vorteile wirklich zum Tragen kommen. Häufig ist die einfachere Anlage auch die bessere!

Systeme: Schwimmbadheizung

Der Aufbau des Kollektorkreislaufs wird im folgenden Kapitel noch ausführlich beschrieben und soll hier nicht weiter behandelt werden.

Auslegungshinweise

Die Größe der Kollektorfläche ist genauso zu ermitteln wie beim offenen System, der Energieertrag von Solarabsorbern und Standard-Flachkollektoren ist bei dieser Niedrigsttemperaturanwendung annähernd gleich.
Die Leistung der Umwälzpumpe im Kollektorkreislauf wird so eingestellt, daß sich bei voller Sonneneinstrahlung eine Temperaturdifferenz zwischen Kollektor und Beckenwasser von 10°C ergibt.
Besondere Beachtung sollte man der Auswahl des Wärmetauschers schenken, da von der richtigen Dimensionierung die Leistungsfähigkeit der Anlage wesentlich abhängt. Der Wärmetauscher soll die Spitzenleistung der Solaranlage (800 W x Absorberfläche) bei einer Temperaturdifferenz von 5°C (zwischen der warmen Seite im Kollektorkreis und der warmen Seite beim Schwimmbadwasser) übertragen können. Viele Heizungsfirmen bieten in ihrem Katalog Schwimmbadwärmetauscher mit Leistungsdaten an, die sich auf den Heizungsbetrieb beziehen (also z.B. 90°C Vorlauf/70°C Rücklauf auf der Heizungsseite und 20/25°C auf der Badewasserseite). Da die Heizwassertemperaturen im Solarbetrieb deutlich niedriger sind, werden die in den Datenblättern angegebenen Leistungen bei weitem nicht erreicht. Als Bemessungsgröße bei diesen Gegenstromwärmetauschern sollte vielmehr die Heizfläche herangezogen werden: pro m² Heizfläche können etwa 8-10 kW übertragen werden, so daß für 10-12 m² Kollektor 1 m² Heizfläche erforderlich sind.

Einfache und preiswerte Wärmetauscher für die Schwimmbadheizung lassen sich im Selbstbau aus den vorne bereits erwähnten Kunststoff-Rippenrohren (PE) herstellen, da das Rohr durch die Rippen eine recht große wärmeübertragende Oberfläche hat.

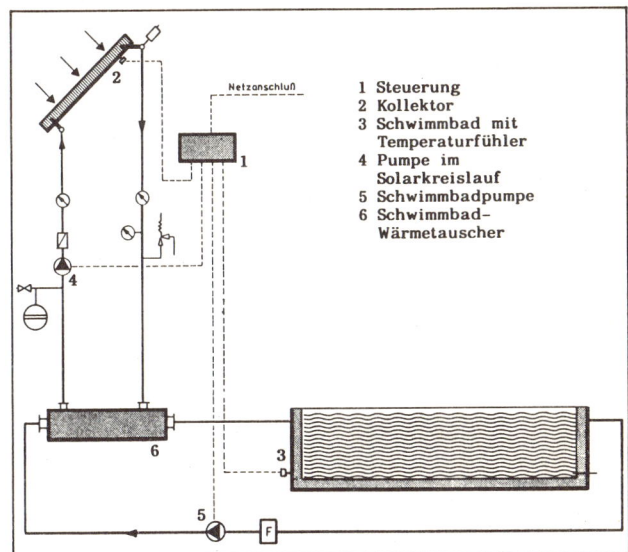

Abb. 87: Schwimmbadanlage mit geschlossenem Solarkreislauf

1 Steuerung
2 Kollektor
3 Schwimmbad mit Temperaturfühler
4 Pumpe im Solarkreislauf
5 Schwimmbadpumpe
6 Schwimmbad-Wärmetauscher

Verwendet wird Rippenrohr mit 20/25 mm Ø, das entweder aufgewickelt in einem passenden Behälter untergebracht oder an der Beckenwand montiert wird. 10 m Rohr haben eine Oberfläche (Heizfläche) von etwa 1 m². Liegt das Rohr im ruhenden Wasser, können unter den o.a. Bedingungen ca. 800-1000 W/m² Heizfläche übertragen werden, also 80-100 W/m. Wird das Rohr innen und außen angeströmt, wird es also in einem Behälter als Gegenstromwärmetauscher betrieben, steigt die übertragene Leistung auf 2500-3000 W/m² entsprechend 250-300 W/m Rohr.
Um den Durchflußwiderstand im Wärmetauscher niedrig zu halten, sollte die Länge eines einzelnen Rohres 50-80 m nicht überschreiten. Durch Parallelschaltung mehrerer, gleichlanger Rohrstücke kann die erforderliche Rohrlänge in jedem Fall erreicht werden.
Mit Hilfe der zuhörigen Anschlußstücke und Dichtungsnippel dürfe der Anschluß an den Kollektorkreislauf keine Schwierigkeiten bereiten.

4.4 Solaranlagen zur Brauchwassererwärmung

4.4.1 Was kamm man erwarten?

Das Strahlungsangebot im Sommerhalbjahr April–September macht in Deutschland ca. 75% der jährlich eingestrahlten Sonnenenergie (ca. 1000 kWh/m²) aus. Entsprechend bringt eine Solaranlage in dieser Zeit auch die größten Wärmegewinne, die neben der Schwimmbadheizung besonders vorteilhaft für die Warmwasserbereitung genutzt werden können. In Ein- und Zweifamilienhäusern erfolgt die Warmwasserbereitung vielfach durch die Zentralheizung, die im Sommer wegen der niedrigen Kesselauslastung nur mit schlechtem Wirkungsgrad (η = 20–60%) arbeitet. Durch Abschalten des Kessels in dieser Zeit können daher recht große Mengen an Heizenergie eingespart und durch Solarenergie ersetzt werden: je nach Kesselwirkungsgrad lassen sich durch 1 m² Kollektorfläche ca. 40–80 l Heizöl (= 40–80 m³ Erdgas) bei der Brauchwassererwärmung im Sommer sparen. Eine gut konzipierte und gut ausgeführte Solaranlage wird dabei den sommerlichen Wärmebedarf je nach Witterung zu 85–95% decken können; wer seinen Warmwasserverbrauch ein wenig der Sonnenenergie anpaßt, kann im Sommer auch ganz ohne Zusatzheizung auskommen. Über das ganze Jahr gesehen kann eine Deckungsrate von 65–70% erreicht werden.

4.4.2 Anlagendimensionierung

Anhand von Tabelle 20 a/b kann der Warmwasserverbrauch und der entsprechende Energieverbrauch für verschiedene Anwendungen bestimmt werden. Dabei ist zu berücksichtigen, daß die unterschiedlich hohen Wärmeverluste bei der Warmwasserverteilung einen erheblichen Einfluß auf den Energiebedarf haben. Bei alten Verteilungssystemen mit langen Leitungen und schlechter Wärmedämmung muß die Solaranlage daher entsprechend größer dimensioniert werden, als es die folgende Faustregel und das Auslegungsdiagramm (Abb. 88) angeben.

Energietechnisch wäre es auch möglich, die Kollektorfläche und das Speichervolumen so groß zu machen, daß der Warmwasserbedarf ganzjährig gedeckt werden kann. Eine so große Anlage ist aber nicht nur wegen der hohen Anlagenkosten unwirtschaftlich, sondern liefert auch im Sommer ein Überangebot an Wärme, die nicht genutzt werden kann.

Für die solare Brauchwassererwärmung werden heute überwiegend die in Kap. 3.1.2 ausführlich beschriebenen Standard-Flachkollektoren eingesetzt. Bei der Auswahl eines geeigneten Kollektors aus der am Markt angebotenen Typen sollte man die dort genannten Kriterien insbesondere die der Materialauswahl, berücksichtigen und auch die Qualität der Verarbeitung und die Preise vergleichen. Kollektoren mit selektiv beschichtetem Absorber und 1–2 transparenten Abdeckungen sind heute Stand der Technik und unterscheiden sich in ihrer Leistungsfähigkeit nur wenig. Sie sind für die Brauchwassererwärmung bestens geeignet.

Für die Dimensionierung von Kollektorfläche und Speichervolumen kann man entweder nach folgender Faustregel verfahren oder das Auslegungsdiagramm (Abb. 88) benutzen:

Warmwasserverbrauch im Haus		
Geschirrspülen pro Tag & Person	12–15 l	50°C
1 x Händewaschen	3–5 l	37°C
1 Wannenbad	150 l	40°C
1 x Duschen	30–45 l	37°C
1 x Kopfwäsche	10–15 l	37°C
Hotel: Zi. m. Bad	135–200 l	45°C
Zi. m. Dusche	70–135 l	45°C
Hotels pro Person	35–50 l	45°C
Heime, Pensionen	35–70 l	45°C
Restaurant, je Platz	12–28 l	45°C
Sportstätten/Sportler	70 l	37°C

Tabelle 20 a

Systeme: Brauchwassererwärmung

Warmwasserbedarf und Energieverbrauch in Brauchwasseranlagen					
Bedarf	niedrig	mittel	hoch	Einheit	
Warmwasserverbrauch bei 60°C	10 - 20	20 - 40	40 - 85	l/TagPers.	**+ =** zweckmäßige Anordnung, gute Isolierung, Wassertemperatur - 60°C, keine Zirkulation
Nutzwärme	600 - 1200	1200 - 2400	2400 - 5000	Wh/TagPers.	
Energiebedarf bei Einfamilienhaus mit Einzelentnahme	+ 1100 - 1700 + +50% - 2100 - 2700 - +150%	1700 - 2900 +30% 3000 - 4200 +100%	3000 - 6000 +20% 3900 - 6500 +50%	Wh/TagPers. Wh/TagPers. Wh/TagPers.	**− =** lange Leitungen, schlechte Isolier. zu große Rohre, Zirkulation ohne Unterbrechung
Energiebedarf bei Einfamilienhaus mit Zirkulationssystem	+ 2100 - 2700 + +150% - 3100 - 3700 - +250%	3000 - 4200 +100% 4800 - 6000 +200%	3900 - 6500 +50% 5000 - 8000 +100%	Wh/TagPers. Wh/TgaPers.	

Durch die Warmwasser-Verteilungsleitungen gehen relativ große Wärmemengen verloren, insbesondere wenn lange Verteilungsstränge durch ein Zirkulationssystem dauernd auf Temperatur gehalten werden. Durch kurze Leitungen zwischen Speicher und Verbraucher, ausreichende Wärmedämmung der Leitungen (Dämmdicke 25-30 mm) und nicht zu hohe Wassertemperaturen ($\leq$ 60°C) können die Verluste niedrig gehalten werden. Gegebenfalls sind Verbesserungen oder Umbauten an den Verteilungsleitungen vorzusehen.

Außerdem läßt sich der Wasserverbrauch durch einfache Maßnahmen ohne Komfortverzicht einschränken: der Einbau von durchflußbegrenzenden Ventilen an den einzelnen Zapfstellen sorgt dafür, daß beim Aufdrehen des Warmwasserhahns nicht mehr Wasser als nötig fließt. Dadurch wird sowohl kostbares Trinkwasser als auch Energie gespart. Solche Ventile werden als Vorsatz für gängige Wasserarmaturen im Handel angeboten. Ebenso gibt es wassersparende Brauseköpfe für die Dusche, die durch feinere Verteilung des Wassers bei verringerter Menge für gleichbleibenden Duschkomfort sorgen.

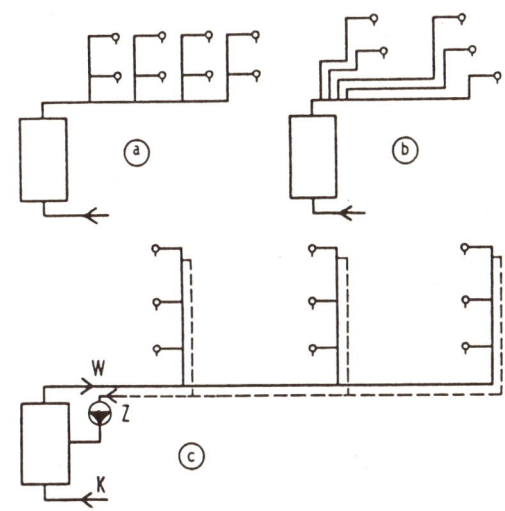

Warmwasser-Verteilungssysteme

a Verteilung ohne Zirkulation
b Einzelleitungssystem
c Verteilung mit Zirkulationssystem (durch eine Schaltuhr kann die Zirkulationspumpe nur in den Hauptnutzungszeiten eingeschaltet werden $\hat{=}$ Zirkulationsunterbrechung)

Tabelle 20 b

Systeme: Brauchwassererwärmung

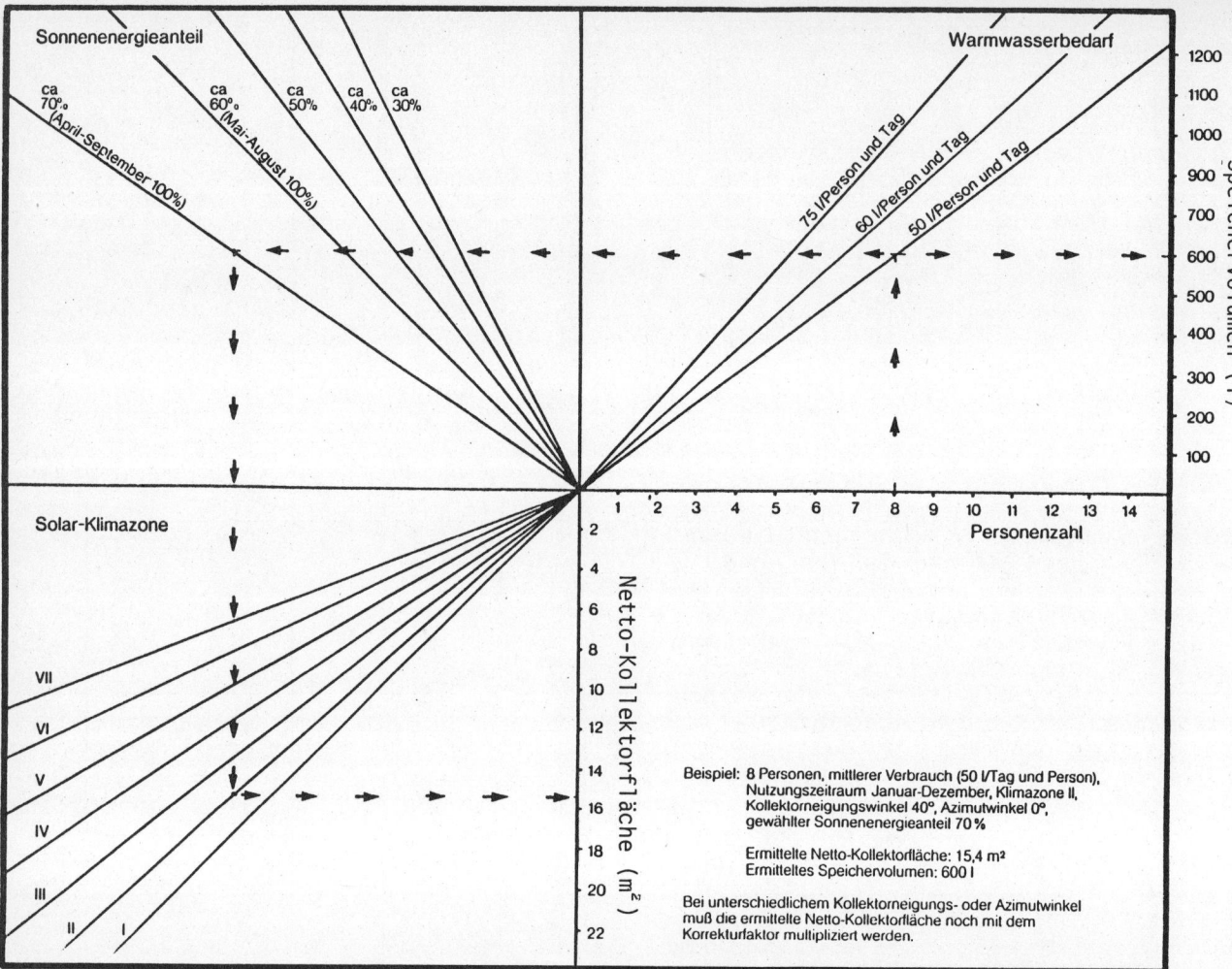

Solar-Klimazone	Sonnenschein-stunden h/Jahr	Globalstrahlung kWh/m²/Tag	Globalstrahlung kWh/m²/Jahr
I	< 1500	ca. 2,5	ca. 920
II	1500 – 1700	ca. 2,8	ca. 1030
III	1700 – 1900	ca. 3,1	ca. 1150
IV	1900 – 2100	ca. 3,4	ca. 1230
V	2100 – 2300	ca. 3,7	ca. 1370
VI	2300 – 2500	ca. 4,1	ca. 1490
VII	> 2500	ca. 4,4	ca. 1610

Das Diagramm liefert die erforderliche Kollektorfläche und Speichergröße für die Warmwasserbereitung (45°C) bei verschiedenen solaren Deckungsanteilen (bzw. Nutzungszeiträumen).
Kollektorneigungswinkel: 40°; die Korrekturfaktoren für andere Neigungswinkel und Abweichungen von der Südorientierung finden sich im Anhang 1.
(Quelle: Fa. Stiebel Eltron, Holzminden)

Abb. 88: Berechnungsdiagramm für Brauchwasser-Solaranlagen

Systeme: Brauchwassererwärmung

Bei einem durchschnittlichen Warmwasserverbrauch (50-60 l/Tag Person bei 45°C) sollten etwa 2 m² Kollektorfläche pro Person in Verbindung mit 100 l Speichervolumen installiert werden. Voraussetzungen: Orientierung der Kollektorfläche nach Süden, Neigungswinkel 30-40°, gutes Warmwasserverteilungssystem.

Bei dieser Auslegung kommt man zu einer solide bemessenen Anlage, die in sonnenreichen Zeiten auch einen wesentlich höheren Spitzenbedarf decken kann und durch den Speicher ausreichende Reserven für 1-2 sonnenarme Tage besitzt.

Da Kollektorfläche und Speichervolumen Geld kosten, wird - häufig unter Verkaufsgesichtspunkten - auch zu einer bescheideneren Auslegung geraten, um den Gesamtpreis der Anlage zu drücken. Bei einem kleinen Verteilungssystem und bescheidenem Wasserverbrauch oder sehr sonniger Lage kann dies durchaus sinnvoll sein. Bei "normalem" Verbrauch muß bei zu kleiner Dimensionierung die (Nach-)Heizung zu oft (d.h. mit schlechtem Wirkungsgrad) eingeschaltet werden. Man sollte auch bedenken, daß die Anlagenkosten nicht linear mit der Kollektorfläche und dem Speichervolumen zunehmen.

Die angegebene Dimensionierungsregel gilt in abgewandelter Form auch für Vakuumkollektoren: nach den bisherigen Erfahrungen ist beim Einsatz von Vakuumkollektoren nur die Hälfte der für Standard-Flachkollektoren erforderlichen Fläche zu installieren. Auch das Speichervolumen kann mit 70-90 l/Person etwas niedriger gewählt werden, da durch die Vakuumkollektoren auch bei mittlerer und niedriger Sonneneinstrahlung noch Energie gewonnen wird.

4.4.3 Anlagensysteme

Für die solare Brauchwasser-Bereitung sind im folgenden zwei Standard-Systemschaltungen beschrieben, die in dieser oder leicht abgewandelter Form bei nahezu allen Anlagen angewendet werden und auch für den Selbstbau zu empfehlen sind:

1. Die Schwerkraftanlage

Bei kleinen und mittleren Anlagen (6-10 m² Kollektorfläche läßt sich in manchen Fällen das System "Schwerkraftanlage" realisieren, wenn der Speicher räumlich oberhalb der Kollektoren angeordnet werden kann. Schwerkraftanlagen sind preiswert und unkompliziert im Aufbau, sind selbstregulierend und benötigen weder Elektronik noch Pumpenstrom. Für die Anwendung in unseren Breiten hat sich das System nach Abb. 89 bewährt:

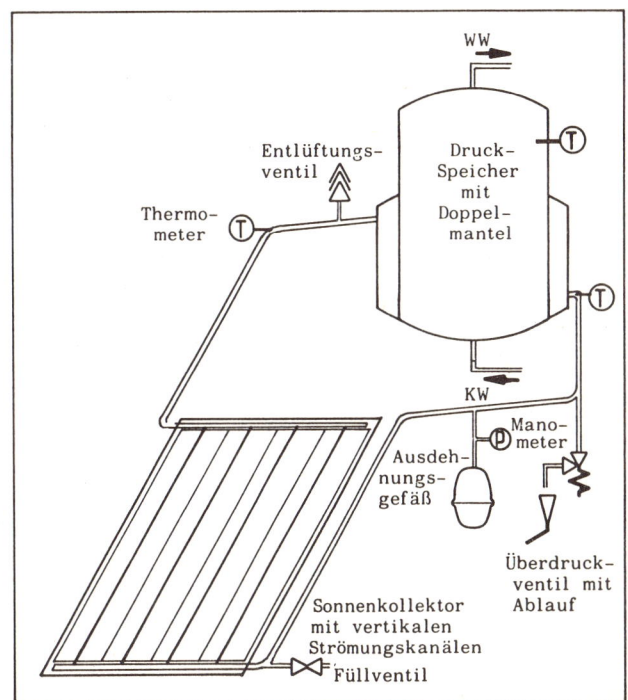

Abb. 89: Schwerkraftanlage (geschlossenes System)

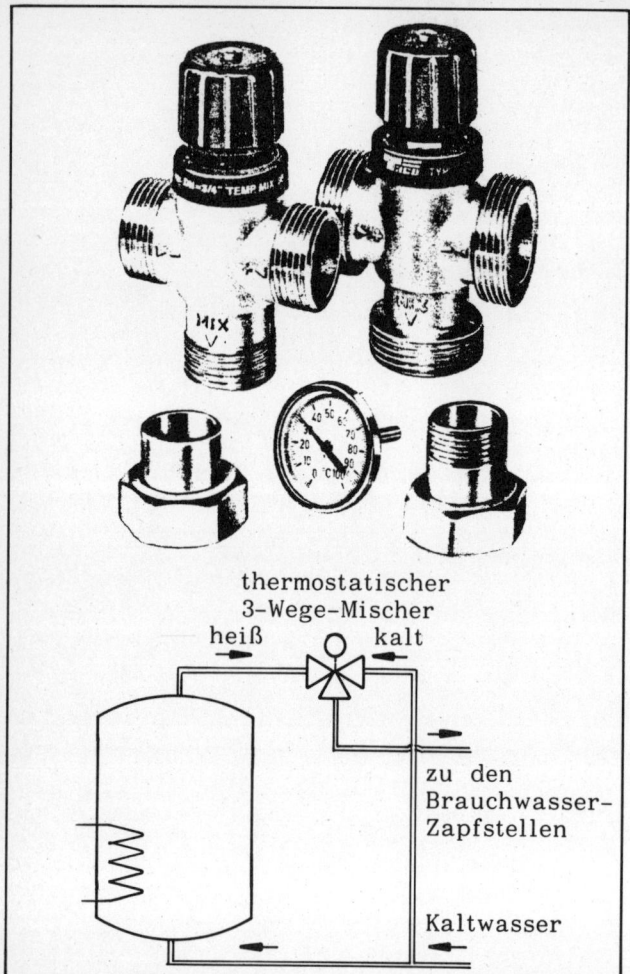

Abb. 90: Thermostatischer 3-Wege-Mischer und sein Einbau in das Brauchwassernetz (Fa. Taco)

- geschlossener Kollektorkreislauf mit Wasser-Frostschutz-Gemisch als Wärmeträger;
- geschlossene Anlage mit Membranausdehnungsgefäß und Überdruckventil;
- Kupferinstallation;
- Druckspeicher mit Doppelmantel-Wärmetauscher, ggf. zweiter Doppelmantel oben für den Heizungsanschluß;
- Kollektoren mit vertikalen Fließkanälen und niedrigem Strömungswiderstand, also insbesondere Röhrenabsorber mit größeren Rohrquerschnitten;

Beim Aufbau sind folgende Punkte zu beachten:
* Der Speicher sollte nicht zu weit von den Kollektoren entfernt und mindestens 60 cm über dem Kollektor stehen.
* Die Verbindungsleitungen müssen einen ausreichenden Querschnitt aufweisen (28-35 mm) und mit kontinuierlicher Steigung bzw. Gefälle verlegt werden.
* Der Standort des Speichers muß das Gewicht des Speichers mit Inhalt tragen können, (z.B. 500 l Speicher ≙ 650 kg) was beim Dachboden im Einzelfall zu prüfen ist.
* Der Standort des Speichers sollte so warm sein, daß im Winter keine Frostgefahr besteht.
* Schwerkraftanlagen mit mehr als 10 m² sind kaum sinnvoll, da die Rohrleitungen dann zu groß und zu lang werden. Außerdem reagieren diese Anlagen mit zunehmender Größe immer träger auf wechselnde Einstrahlungen.

Durch den selbstregulierenden Solarkreislauf ist eine Begrenzung der Speichertemperatur z.B. auf 60-70°C nicht möglich. Daher können im Sommer durchaus Speichertemperaturen von 80-90°C auftreten, so daß bei der Brauchwasserentnahme Verbrühungsgefahr besteht. Daher sollte in Anlagen ohne Speichertemperaturbegrenzung auf der Entnahmeseite ein thermostatisch gesteuerter 3-Wege-Mischer eingebaut werden, der auf die gewünschte Temperatur (z.B. 50°C) eingestellt wird und je nach Speichertemperatur entsprechend kaltes Wasser zumischt.

Systeme: Brauchwassererwärmung

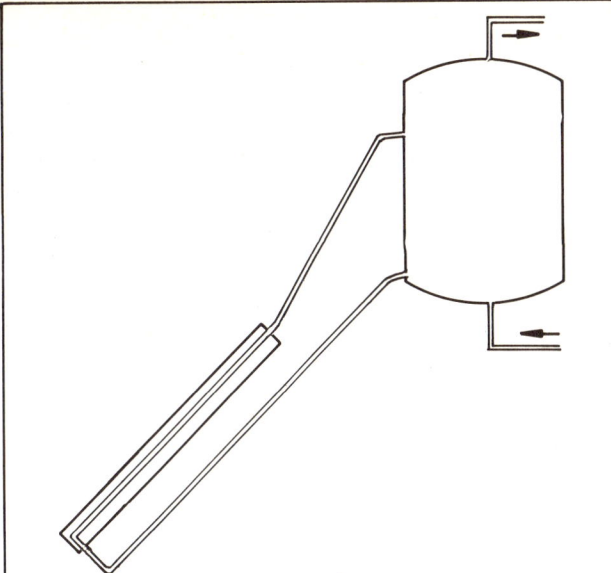

Nur in Ländern ohne Frost kann die Schwerkraftanlage mit offenem Kollektorkreislauf ganzjährig betrieben werden. Der Druckspeicher erlaubt eine einfache Integration in die häusliche Warmwasserversorgung; wegen des fehlenden Wärmetauschers (auch im Kollektorkreislauf zirkuliert Trinkwasser) ist das System sehr leistungsfähig. In südlichen Ländern ist es daher sehr häufig anzutreffen und wird dort serienmäßig zu günstigen Preisen hergestellt.

Abb. 91: *Schwerkraftanlage mit offenem Kollektorkreislauf und Druckspeicher*

Abb. 91 und Abb. 92 zeigen zwei mögliche Varianten der Schwerkraftanlage, die jedoch nur mit Einschränkungen empfohlen werden können.

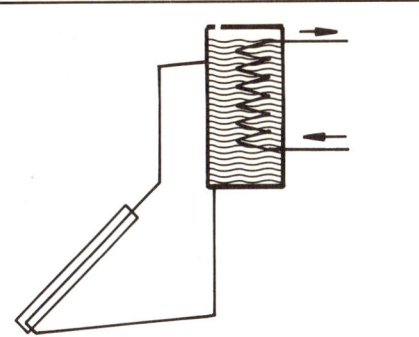

Schwerkraftanlage mit drucklosem Speicher als offene Anlage: dieser Anlagentyp wird vielfach für den Selbstbau vorgeschlagen, da er wegen des drucklosen Speichers preiswert z.T. aus Altmaterialien gebaut werden kann. Soll die Anlage in unseren Breiten ganzjährig betrieben werden, sind große Mengen Frostschutzmittel für den Speicher erforderlich; nachteilig ist auch, daß die entnehmbare Wärmeleistung durch den Wärmetauscher auf der Verbraucherseite begrenzt ist. Außerdem sind mit Frostschutzmitteln gefüllte, offene Anlagen wegen der Korrosionsgefahr generell problematisch.

Abb. 92: *Schwerkraftanlage mit drucklosem Speicher (offene Anlage)*

2. Die Anlage mit Zwangsumlauf

Abb. 93 zeigt das Schaltbild einer Standard-Solaranlage mit gepumptem Umlauf, wie es bei fast allen industriellen Anlagen zu finden ist. Auch Selbstbauanlagen, bei denen sich das Schwerkraftprinzip nicht realisieren läßt, sollten nach diesem Schema gebaut werden, das sich in der Praxis gut bewährt hat.
Der Speicher und die Bauteile für den Wärmetransport können im Keller oder an einem anderen geeigneten Platz in der Nähe der Verbraucher installiert werden, während der Kollektor frei wählbar an einer der Sonne exponierten Stelle auf dem Dach montiert werden **kann**.

Systeme: Brauchwassererwärmung

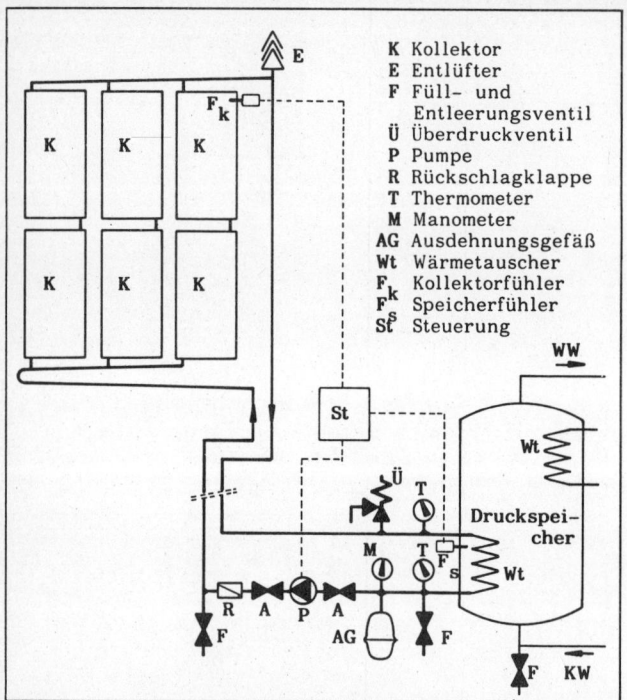

Abb. 93: Solaranlage mit gepumptem Umlauf

K Kollektor
E Entlüfter
F Füll- und Entleerungsventil
Ü Überdruckventil
P Pumpe
R Rückschlagklappe
T Thermometer
M Manometer
AG Ausdehnungsgefäß
Wt Wärmetauscher
F_k Kollektorfühler
F_s Speicherfühler
St Steuerung

Merkmale und Hinweise für den Aufbau der Anlage:

* **Kollektor**
- Es können eine Vielzahl von Kollektortypen (industrielle oder Selbstbau-Ausführung) eingesetzt werden, Standard-Flachkollektoren ebenso wie Vakuumkollektoren; durch Parallel- und Hintereinanderschalten können nahezu beliebige Kollektorflächen realisiert werden.
- Der Aufstellungsort für die Kollektoren ist weitgehend frei wählbar.

* **Speicher**
- Durch die Verwendung von Druckspeichern (mit integrierten oder eingeschobenen Wärmetauschern) kann die Solaranlage auf der Verbraucherseite leicht in das häusliche Warmwassersystem integriert werden.
- Der Standort des Speichers sollte möglichst in der Nähe der Warmwasser-Zapfstellen liegen, um die Wärmeverluste bei der Verteilung niedrig zu halten (in der Regel im Heizungsraum oder im Bad).

Tabelle 21: Dimensionierungshinweise für gepumpte Brauchwasser-Solaranlagen

Kollektorfläche m²		Speicher	Wärmetauscher	Umwälzmenge	Rohr Ø	Pumpenleistung	Strömungswiderstand		
Vak.	Sta.	l	m²	l/h	mm	W	Kollekt.	Wärmet.	Rohr/m
							mmWs $\cong$ 10 Pa		
3	6	250–300	1,4	300	15	35/70	100–500	580	40/m
4	8	300–400	1,8/2,3	400	18	35/70	↓	210	25/m
5	10	400–500	2,3/2,5	500	18	40–90		400	35/m
7	15	600–750 oder 2 x 350	3,0 3,0+1,8	750	22	70–110		1000 1000/700	30/m
10	20	1000 oder 2 x 500	2 x 2,5// 2 x 2,5// + 2,5	1000	22	70–110		400 350/1600	45/m
12	25	2 x 400// +2 x 400//	2 x 2,5// +2 x 2,5//	1250	28	70–110	↓	700	25/m
// $\cong$ parallel; z.B. 2 x 2,5// $\cong$ 2 Wärmetauscher 2,5 m² in Parallelschaltung									

Systeme: Brauchwassererwärmung

* **Wärmetransportsystem**
- Die Anlagen mit Pumpenumlauf werden allgemein als geschlossene Anlage (mit Membranausdehnungsgefäß und Überdruckventil) mit einer frostgeschützten Flüssigkeit im Kollektorkreislauf ausgeführt.
- Durch den Pumpenumlauf können kleinere Fließquerschnitte und Rohrdurchmesser gewählt werden als bei der Schwerkraftanlage, was nicht nur Installationsmaterial spart, sondern die Anlage wegen des geringeren Wasserinhalts auch schneller auf Sonneneinstrahlung ansprechen läßt.
- Die Umwälzpumpe wird durch die Differenz-Temperatur-Steuerung eingeschaltet, wenn der Kollektor Energie liefern kann, gleichzeitig läßt sich durch die Steuerung die Speichertemperatur begrenzen (einstellbar z.B. auf 60-70°C).
- **Dimensionierungshinweise** für verschiedene Anlagengrößen liefert Tabelle 21.

Nach dem Standard-Anlagenschema können Solaranlagen mit bis zu 15 m² Kollektorfläche ohne Schaltungsänderung gebaut werden. Bei größeren Anlagen werden Speichervolumina über 1000 l erforderlich, die als einzelner Behälter nur schwer zu transportieren sind. Man hilft sich dann durch Hintereinanderschalten von mehreren kleineren Druckspeichern oder bei ganz großen Anlagen durch Zwischenschalten eines drucklosen Großspeichers. Abb. 94 und 95 zeigen die Schaltungsvarianten.

Beim **Hintereinanderschalten** von 2 Speichern wird der wärmere Speicher 1 als Vorrangspeicher vor Speicher 2 betrieben. Ist genügend Einstrahlung vorhanden, um die Temperatur in Speicher 1 zu erreichen, wird vorrangig Speicher 1 geladen, um das Temperaturniveau anzuheben. Bei schwächerer Einstrahlung z.B. morgens oder abends wird das 3-Wege-Ventil umgeschaltet und Wärme auf niedrigerem Temperaturniveau in Speicher 2 untergebracht. Für diese Steuerungsaufgabe ist ein Solarsteuergerät mit Vorrangschaltung erforderlich, das neben den 3 Temperaturfühlern (1 für die Kollektortemperatur, 2 für die beiden Spei-

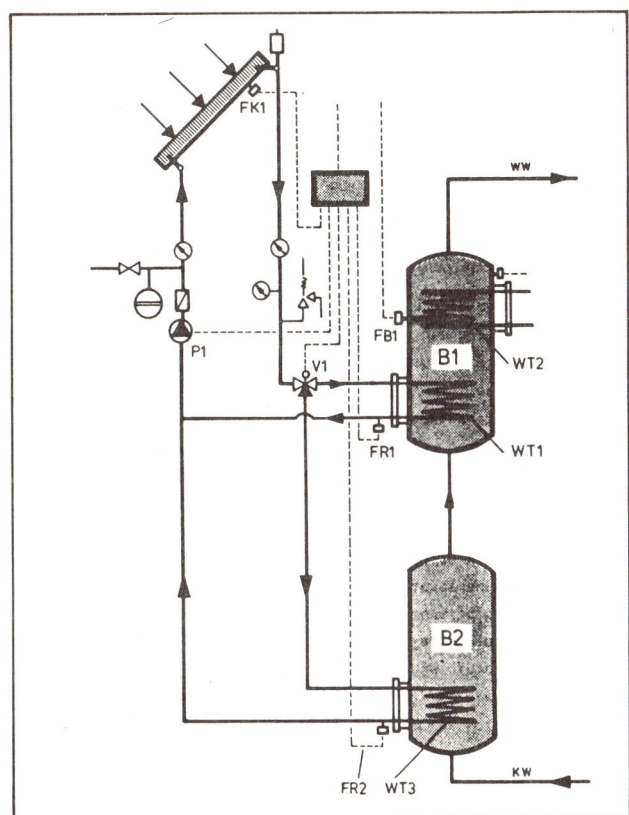

Abb. 94: Zweispeicher-Schaltung

chertemperaturen) noch einen Fühler für die Sonneneinstrahlung besitzt. (vgl. Kap.3.3.6: Aufwendigere Steuerungskonzepte).

Da bei dieser Schaltung immer nur 1 Wärmetauscher vom Wärmeträger durchflossen wird, ist die Heizfläche in Speicher 1 für die volle Wärmeleistung des Kollektors und die Heizfläche in Speicher 2 wenigstens für die halbe, besser jedoch auch für die ganze Kollektorleistung auszulegen. Man könnte zwar die Wärmetauscher auch hintereinander schalten, so daß stets beide Tauscher nacheinander durchflossen werden und weniger Heizfläche installiert werden muß; dabei gehen jedoch die Vorzüge der Vorrangschaltung (bessere Energieausbeute) verloren und man handelt

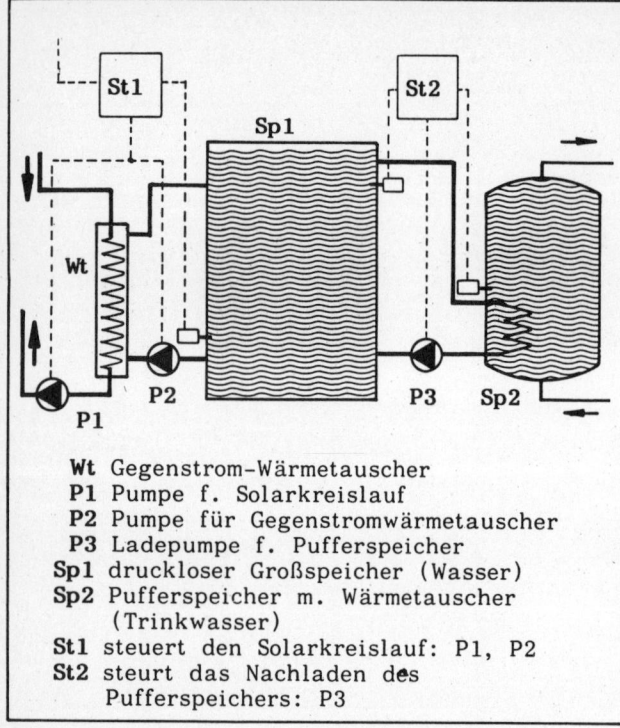

Abb. 95: *Vergrößerung des Speichervolumens durch einen drucklosen Großspeicher*

Wt Gegenstrom-Wärmetauscher
P1 Pumpe f. Solarkreislauf
P2 Pumpe für Gegenstromwärmetauscher
P3 Ladepumpe f. Pufferspeicher
Sp1 druckloser Großspeicher (Wasser)
Sp2 Pufferspeicher m. Wärmetauscher (Trinkwasser)
St1 steuert den Solarkreislauf: P1, P2
St2 steurt das Nachladen des Pufferspeichers: P3

sich zusätzlich den Nachteil ein, daß es zu "Wärmeverschleppung" von Speicher 1 (warm) zu Speicher 2 (kühler) kommen kann.
Bei größeren Anlagen (ab 15-20 m²) ist daher **ein** Gegenstromwärmetauscher vorteilhaft und preiswerter.

Der **drucklose Großspeicher** mit nachgeschaltetem Druckspeicher als Puffer stellt die 2. Möglichkeit dar, größere Speichervolumina zu realisieren. Der drucklose Speicher wird vom Sonnenkollektor entweder über eingebaute Rippenrohr-Wärmetauscher (mehrere Standard-Größen parallel geschaltet) oder einen außenliegenden Gegenstrom-Wärmetauscher geladen. Um auf der Verbraucherseite auch kurzfristig große Wärmemengen entnehmen zu können, wird zum Ausgleich der Leistungsspitzen zusätzlich ein kleinerer Warmwasser-Druckspeicher als Puffer installiert, der über einen Wärmetauscher mittels Umwälzpumpe geladen wird und warmes Wasser direkt in die häusliche Verteilung liefert. Der zusätzliche Wärmetauscher verschlechtert natürlich den Gesamtwirkungsgrad der Anlage.
Speichergröße, Wärmetauscher und Pumpen müssen entsprechend den Anforderungen des Projekts dimensioniert werden, was hier nicht näher behandelt werden kann. (vgl. Recknagel-Sprenger: Taschenbuch für Heizung und Klimatechnik)

3. Nachheizung

Bei Schlechtwetterperioden sowie im Winter kommt es vor, daß die Sonnenenergie allein nicht ausreicht, um warmes Wasser in genügender Menge bereitzustellen. Daher sind eine Reihe von Möglichkeiten entwickelt worden, um durch Einsatz von Fremdenergie die Warmwasserversorgung sicherzustellen. Diese Nachheizung sollte nur bei Bedarf eingeschaltet werden und so konzipiert sein, daß trotzdem möglichst viel Solarenergie genutzt werden kann. Abb. 96 zeigt verschiedene Varianten der Nachheizung.

* Nutzung eines vorhandenen Heizkessels mit eingebautem Warmwasserspeicher:

Der Anschluß des Solarspeichers an das Warmwassernetz ist hier sehr einfach, da der Speicher im Kessel bereits mit dem WW-Netz verbunden ist. Anstelle der Kaltwasserleitung wird nun der Solarspeicher über ein 3-Wege-Ventil an den Kesselspeicher angeschlossen, das von Hand oder elektrisch (mit automatischer Temperatursteuerung) betätigt wird. Ist genügend warmes Wasser im Solarspeicher vorhanden, fließt das Wasser am Kesselspeicher vorbei (Weg 1), anderenfalls muß das Ventil umgeschaltet (Weg 2) und der Kessel angeheizt werden. Diese Variante ist einfach im Aufbau (wenn ein Kessel mit Speicher vorhanden ist), im Sommer jedoch mit großen Energieverlusten bei der Nachheizung verbunden.

Systeme: Brauchwassererwärmung

Der Kessel sollte daher von Hand ein- und auch wieder **aus**geschaltet werden. Dies gilt im Sommer auch für die zweite Variante der Nachheizung. Um die Temperatur im Solarspeicher beobachten zu können, ist eventuell ein elektrisches Fernthermometer in der Küche oder im Bad sinnvoll, wenn der Speichertank selbst nicht im Wohnbereich steht. Vergeßliche Menschen können den Betrieb der Heizung auch durch eine Kontrollampe an geeigneter Stelle sichtbar machen.

* Nachheizung durch den vorhandenen Heizkessel über einen Heizungswärmetauscher im Solarspeicher:

Im oberen Teil des Solarspeichers wird ein zusätzlicher Heizungswärmetauscher (Heizfläche 1-1,5 m²) eingebaut, der bei Bedarf nur den oberen Teil des Speichers aufheizt. Der Wärmetauscher sollte direkt an den Kesselvor- und -rücklauf (also vor dem Heizungsmischer) angeschlossen werden; die Ladepumpe (kleinste Heizungspumpe) wird über einen einstellbaren Heizungsthermostaten (T = 40 - 45 °C) eingeschaltet, wenn die Temperatur oben im Solarspeicher unter den eingestellten Wert sinkt.

Bei dieser Lösung kann ein beliebiger Heizkessel verwendet werden (Öl, Gas, Holz, Kohle), bei einer Kesselerneurung kann auf eingebaute Warmwasserspeicher verzichtet werden (Kostenersparnis). Da moderne Heizungskessel zum Teil mit sehr gutem Wirkungsgrad arbeiten, ist diese Lösung am Ende energiesparsamer als die zuerst genannte. Alternativ zum Heizkessel kann die Nachheizung im Sommer auch über ein zusätzlich eingebautes Elektroheizregister (2 kW) erfolgen. Da Strom jedoch erheblich teurer ist als Gas oder Öl, lohnt sich das nur bei Kesseln mit schlechtem Wirkungsgrad im Sommer. Strom sollte man nicht verheizen!

* Nachheizung über einen nachgeschalteten Gasdurchlauferhitzer:

Alternativ zum Anschluß an die Heizung kann die Nachheizung auch ganzjährig durch einen Gas-Durchlauferhitzer (Erdgas, Propan) erfolgen. Hier sollte unbedingt ein moderner,

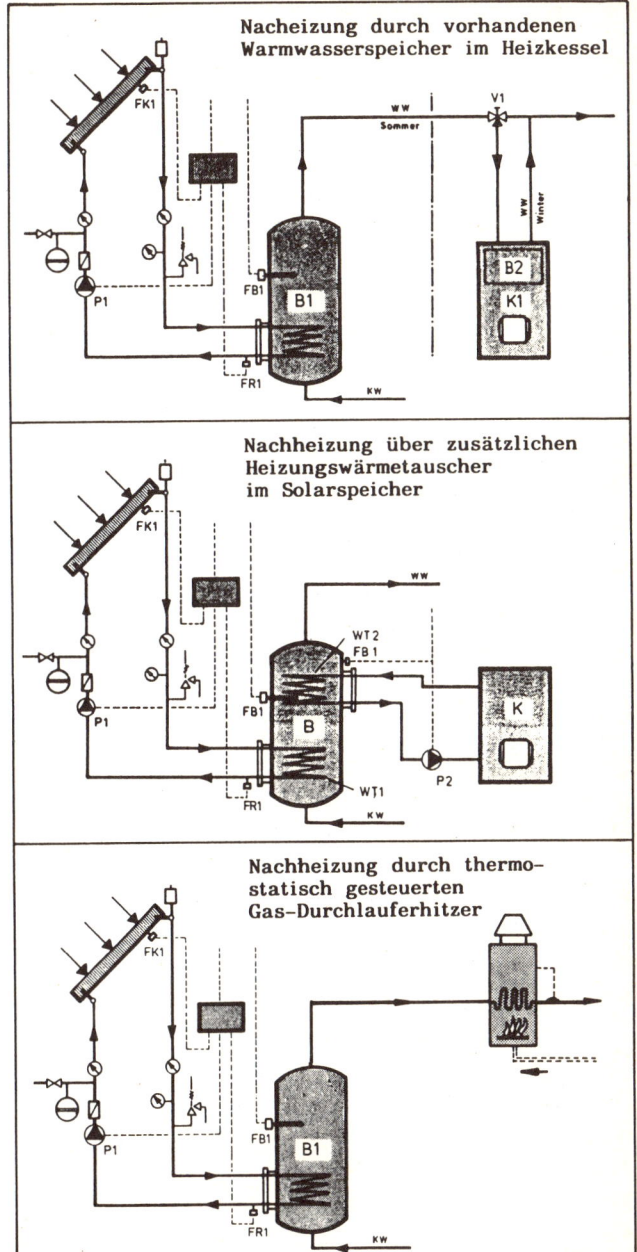

Abb. 96: Varianten der Nachheizung

thermostatisch geregelter Durchlauferhitzer eingesetzt werden, bei dem die Gaszufuhr je nach Wassertemperatur und -entnahme so geregelt wird, daß am Ausgang Wasser mit konstanter Temperatur (40-55°C) entnommen werden kann. Der Energieeinsatz für die Nachheizung ist bei dieser Lösung geringer als bei den anderen beiden Lösungen, vor allem wenn der Durchlauferhitzer direkt bei den Warmwasserzapfstellen installiert wird. Sie erfordert jedoch die Anschaffung und Installation einer entsprechenden Gastherme mit Kaminanschluß, Gasanschluß u.ä..

4. Anschluß an die Kaltwasserleitung

Beim Anschluß des Solarspeichers an die Kaltwasserleitung sind folgende Armaturen vorzusehen:
- ein Rückschlagventil soll das Eintreten von warmem Wasser in das Kaltwassernetz verhindern;
- zusätzlich zum Rückschlagventil sollte ein Absperrventil vorgesehen werden, um bei Reparaturen am Kaltwassernetz nicht den ganzen Speicher entleeren zu müssen;
- ein Überdruckventil (Ansprechdruck 6 bar) sorgt dafür, daß der Speicher nicht über den zulässigen Betriebsdruck hinaus belastet wird (z.B. durch thermische Ausdehnung); das Überdruckventil sollte oberhalb des Speichers montiert werden, um beim Ansprechen ein Leerlaufen des Speichers zu vermeiden; zwischen Speicher und Überdruckventil darf kein Absperrorgan montiert werden;
- für Reparaturen am Speicher sollte zusätzlich ein Entleerungsventil mit Schlauchanschluß unterhalb des Speichers vorgesehen werden;
- liegt der Systemdruck im Kaltwassernetz über 5 bar, muß vor der Rückschlagklappe ein Druckminderer eingebaut werden, der den Druck im Warmwassernetz auf 3-4 bar begrenzt; anderenfalls würde das Überdruckventil laufend ansprechen; vor Beginn der Kaltwasserinstallation sollte man daher ggf. beim Wasserwerk nachfragen!

4.4.4 Solaranlage für Schwimmbad- und Brauchwassererwärmung

Für die Besitzer privater Frei- oder Hallenschwimmbäder bietet sich die kombinierte Nutzung der Solaranlage für Brauchwasser- und Schwimmbadheizung an. Das Systemschaltbild einer solchen Anlage zeigt Abb. 98, es hat Ähnlichkeiten mit der 2-Speicher-Schaltung nach Abb. 94. Der Brauchwasserspeicher wird vorrangig geladen, wenn die Solaranlage ausreichend hohe Temperaturen bereitstellen kann. Bei geringerer Einstrahlung oder wenn der Brauchwasserspeicher geladen ist, wird das 3-Wege-Ventil umgeschaltet und über den Gegenstrom-Wärmetauscher das Schwimmbadwasser aufgeheizt. Die Steuerung übernimmt auch hier wieder ein Differentialthermostat mit Vorrangschaltung.
Die Heizflächen im Brauchwasserspeicher als auch im Gegenstrom-Wärmetauscher müssen jeweils für die Übertragung der gesamten Kollektorleistung ausgelegt sein. Die zu installierende Kollektorfläche ergibt sich aus der Summe der für die Brauchwassererwärmung und die Schwimmbadheizung einzeln erforderlichen Flächen. Für die übrigen Anlagenbauteile gelten die in Kap. 3 angegebenen Dimensionierungshinweise.

Abb. 97: Anschluß an die Kaltwasserleitung

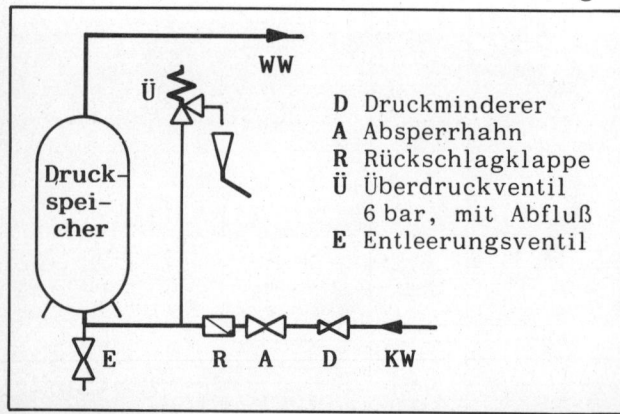

Systeme: Raumheizung

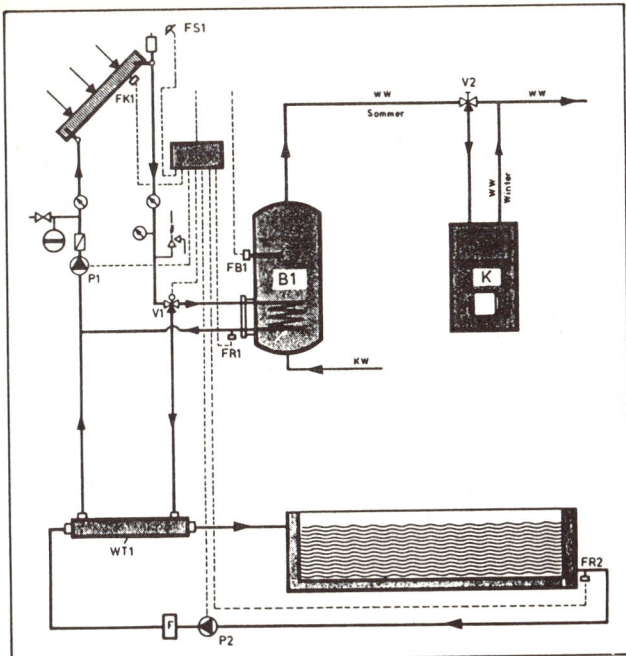

Abb. 98: Kombinierte Schwimmbad- und Brauchwasser-Solaranlage

4.5 Solare Raumheizung

In einem früheren Kapitel wurde schon darauf hingewiesen, daß die Sonneneinstrahlung während der Heizperiode in unseren Breiten bei weitem nicht ausreicht, um den großen Energiebedarf für die Raumheizung allein durch Sonnenenergie zu decken; andererseits scheitert die Nutzung überschüssiger Sommer-Sonnenenergie für die Raumheizung im Winter bis heute daran, daß für einzelne Häuser keine geeigneten Jahreszeiten-Speicher zu Verfügung stehen. Das folgende Zahlenbeispiel soll die Größenordnungen zeigen, um die es hier geht:

* Ein Haus (120 m² Wohnfläche) mit optimaler Wärmedämmung und Niedertemperaturheizung (z.B. Fußboden- oder Warmluft-Heizung) hat einen Heizenergieverbrauch von wenigstens 80-100 kWh/m² ≙ 10-12 MWh/a.

* Soll diese Wärmemenge aus einem Wasserspeicher gedeckt werden, der im Sommer mit Hochleistungskollektoren auf 80°C aufgeladen wurde und der durch die Niedertemperaturheizung bis auf 30°C abgekühlt werden kann, so wäre bei der nutzbaren Speicherkapazität von 1,16 kWh/m³°C x 50°C = 58 kWh/m³ ein Speichervolumen von ca. 200 m³ erforderlich. Abgesehen davon, daß ein solcher Speicher kaum im Haus unterzubringen ist, sind die Wärmeverluste selbst bei 25 cm Dämmstärke so groß, daß mehr als die Hälfte der im Sommer gewonnenen Wärme bis zum Winter bereits verloren wäre.

* Dabei ist die erforderliche Kollektorfläche nicht einmal besonders groß: bei einem Energieertrag von 250 kWh/m² Kollektorfläche im Sommerhalbjahr würden etwa 40-50 m² benötigt.

Das Beispiel zeigt deutlich den Engpaß bei der solaren Raumheizung: die Wärmespeicherung; beim heutigen Stand der Technik sind 3 Auswege möglich:

Abb. 99: Gesamtwirkungsgrad von Solaranlagen für die Raumheizung (Abschätzung)

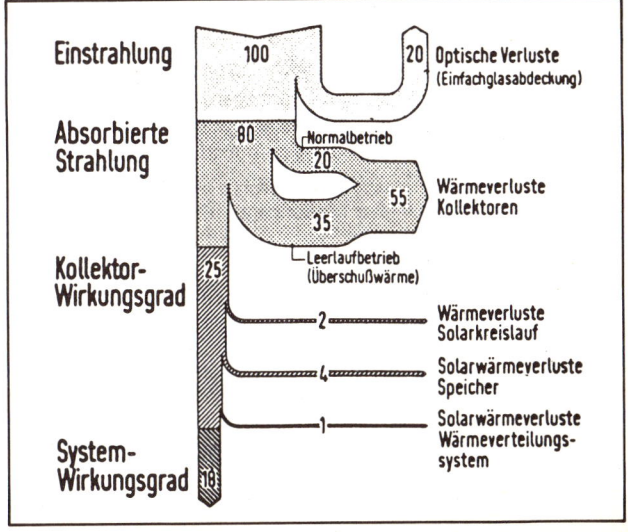

1. Man beschränkt die solare Raumheizung auf die Übergangszeit, in der noch genügend Einstrahlung zur Verfügung steht; für die Speicherung sind kleinere Kurzzeitheizungsspeicher ausreichend.
2. Durch den Einsatz einer Wärmepumpe wird die Kapazität des Wärmespeichers auf das 3fache des im Beispiel genannten Wertes erhöht, wenn das Wasser bis zur Eisbildung bei 0°C abgekühlt werden kann. Der Antrieb für die Wärmepumpe erfordert zwar erhebliche Mengen an Fremdenergie (Strom, Gas, o.ä.), dafür kann mit diesem System bei entsprechender Auslegung der gesamte Heizenergiebedarf eines Hauses gedeckt werden (monovalente Anlage). Wegen der niedrigen Speichertemperaturen können die Sonnenkollektoren oder sogar Solarabsorber (= Kollektor ohne Abdeckung) auch die schwache Einstrahlung im Winter nutzen und den Speicher nachladen, so daß man mit vertretbaren Speichergrößen auskommt (trotzdem wird diese Lösung bei Einfamilienhäusern vielfach zu aufwendig sein).
3. Erst der Einsatz von Großwärmespeichern mit 10.000-100.000 m^3 Inhalt macht eine Sommer-Winter-Speicherung möglich; in Verbindung mit Sonnenkollektoren können aus solchen Speichern, wie erste Pilotprojekte zeigen, kleinere Siedlungen zum überwiegenden Teil mit solarer Heizwärme versorgt werden.

Alle 3 Varianten sind in verschiedenen Versuchsprojekten erprobt und auch auf ihre Wirtschaftlichkeit hin untersucht worden.
So sind besonders bei den Varianten 2 und 3 zwar noch einige technische Verbesserungen möglich, doch verhindern insbesondere die hohen Kosten dieser Systeme bisher eine breitere Anwendung. Trotzdem ist die Weiterentwicklung dieser System unbedingt notwendig, um durch neue Techniken und Vereinfachungen noch Leistungssteigerungen und eine preiswertere Herstellung zu erreichen.

Dem normalen Hausbesitzer werden diese Techniken der solaren Raumheizung vielfach noch zu teuer sein, verlangen sie doch Investitionen von 15.000-50.000 DM und mehr. Er sollte vorhandene Mittel zunächst einmal in Energiesparmaßnahmen im Haus investieren: Verbesserung der Wärmedämmung, energiesparende Heizungstechnik, passive Sonnenenergienutzung, u.ä.. Diese Investitionen sind nicht nur wirtschaftlich lohnend, sie schaffen auch erst die Voraussetzung für einen sinnvollen Einsatz der Sonnenenergie zur Raumheizung.

Da die solare Raumheizung in der Regel noch kein Feld für den Selbstbau bietet, werden die 3 oben genannten Varianten nur kurz vorgestellt:

1. Solare Raumheizung in der Übergangszeit

Bei dieser Variante sind zwei Ausführungen möglich, die sich im Aufwand und dem solaren Beitrag zur Raumheizung unterscheiden.
Die 1. recht häufig gewählte Ausführung unterscheidet sich von einer einfachen Brauchwasser-Solaranlage nur durch eine vergrößerte Kollektorfläche (15-20 m^2), ein größeres Volumen des Brauchwasserspeichers und die Möglichkeit, über einen Wärmetauscher Wärme aus dem Brauchwasserspeicher ins Heizungssystem zu pumpen (Abb.100). Dieses Konzept ermöglicht es, während der Sommermonate den Energiebedarf für die Warmwasserbereitung zu decken und an sonnigen Tagen in der Übergangszeit abends auch Wärme für die Raumheizung zu entnehmen - auf Kosten des Warmwasservorrats. Die herkömmliche Heizung muß trotzdem noch etwa 80-90% des jährlichen Heizenergiebedarfs decken, sie kann jedoch einige Wochen länger ausgeschaltet bleiben. Gegenüber einer reinen Brauchwasseranlage halten sich die Mehrkosten dieser "kleinen" Lösung im Rahmen, vom Aufwand her erscheint auch der Selbstbau noch vertretbar.
Die "große" Lösung geht von einer weitgehenden Wärmebedarfsdeckung durch Solarenergie in der Übergangszeit aus. Dazu ist in sehr gut gedämmten Gebäuden eine Kollektorfläche von 30-40% der zu beheizenden Wohnfläche so-

Systeme: Raumheizung

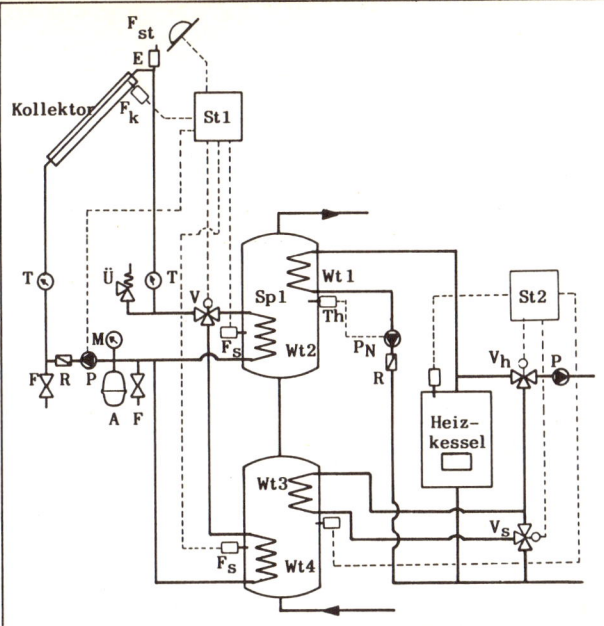

St1 Solarsteuerung: die 2-Speicher-Vorrangschaltung mit dem Kollektorfühler F_k, dem Strahlungsfühler F_{st} und den beiden Speicherfühlern F_s steuert die Pumpe P und das 3-Wege-Ventil V so, daß Speicher 1 (Sp1) stets auf höherer Temperatur ist als Speicher 2 (Sp2).

St2 Heizungssteuerung: sie regelt über das 3-Wege-Ventil V_h die Vorlauftemperatur im Heizungskreis und kann über das 3-Wege-Ventil V_s und den Wärmetauscher Wt3 bei ausreichendem solaren Wärmeangebot in Speicher 2 (Sp2) Solarwärme in den Heizungskreis führen.

Wt1 Wärmetauscher 1: dient zusammen mit der Ladepumpe P_N und dem Thermostaten Th der Nachheizung von Speicher 1 (Sp1) im Winter.

Ü Überdruckventil, R Rückschlagklappe, A Ausdehnungsgefäß, M Manometer, P Pumpe, T Thermometer und Füllventile F gehören zur gängigen Ausstattung des Solarkreislaufs.

Abb. 100: Solare Raumheizung - kleine Lösung

wie ein Wasser-Wärmespeicher von mehreren m³ (1 m³ Speicher je 10 m² Kollektorfläche) notwendig.
Die große, für die Raumheizung dimensionierte Kollektoranlage produziert im Sommer erhebliche Mengen nicht verwertbarer Überschußwärme, wenn nicht typische Sommernutzungen (z.B. Schwimmbad) mit angeschlossen sind. Dadurch ist der Anteil an nutzbarer Energie

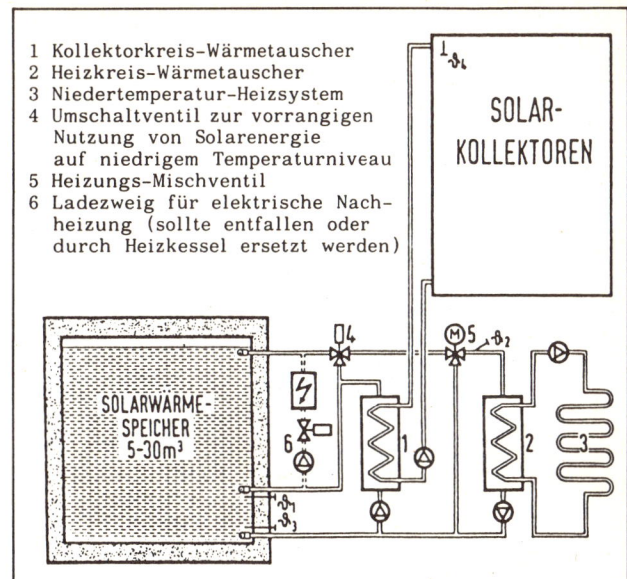

1 Kollektorkreis-Wärmetauscher
2 Heizkreis-Wärmetauscher
3 Niedertemperatur-Heizsystem
4 Umschaltventil zur vorrangigen Nutzung von Solarenergie auf niedrigem Temperaturniveau
5 Heizungs-Mischventil
6 Ladezweig für elektrische Nachheizung (sollte entfallen oder durch Heizkessel ersetzt werden)

Abb. 101: Systemschaltung solare Raumheizung - große Lösung (Quelle: RWE, Essen)

relativ gering: bei einer Einstrahlung von 1100 kWh/m² Kollektorfläche und 18% Systemwirkungsgrad (Abb. 99) lassen sich etwa 30 l Heizöl pro m² Kollektor einsparen. Dem stehen Investitionskosten von über 600 DM/m² allein für die Kollektoren gegenüber, was bei Energiepreisen von 0,80 DM/l Heizöl keinen finanziellen Gewinn verspricht.

2. Solare Raumheizung mit Sonnenkollektoren und Wärmepumpe

Nachdem man Ende der 70er Jahre erkannt hatte, daß die solare Raumheizung ohne verbesserte Speichertechnologien nicht praktikabel sein würde, wurde das Heizen mit Wärmepumpen in Verbindung mit Energiedach; Erdregister u.ä. einige Jahre stark propagiert. Die Wärmepumpe ist in der Lage, Wärme niedriger Temperatur (0-10°C) in Wärme mit höherer Temperatur (30-50°C) umzuwandeln; daher kann mit dieser Technik auch sonst nicht verwertbare Sonnenenergie bei Temperaturen

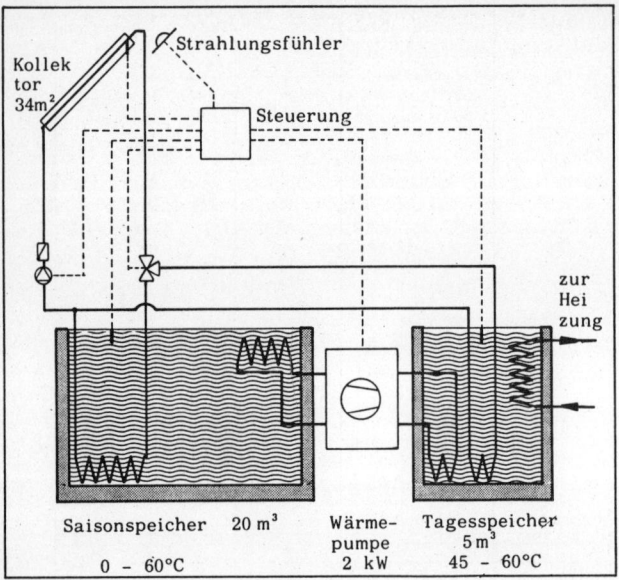

Abb. 102: Solare Raumheizung mit Sonnenkollektoren und Wärmepumpe (Schema)

von 20-0°C genutzt werden. Allerdings benötigt die Wärmepumpe hierzu Fremdenergie (in der Regel Strom), deren Anteil an der nutzbaren Heizenergie je nach System etwa 25-35 % beträgt.

So sind in den letzten Jahren viele Wärmepumpen-Heizungen eingebaut worden, die die Umweltwärme in verschiedenen Formen nutzen. Eine ganze Reihe dieser Anlagen haben - zum Teil wegen schlechter Wärmedämmung der Häuser, zum Teil wegen planerischer und technischer Mängel - trotz hoher Kosten die versprochenen Energiekosten-Einsparungen nicht erbracht oder sich gar als rechte Stromfresser erwiesen, was nun den Umsatz der Elektrizitätswirtschaft fördert.

Als eines der überzeugendsten Konzepte einer vernünftigen Kombination von Solaranlage und Wärmepumpe soll hier das Beispiel des Solarhauses Lübeck vorgestellt werden.

Das Anlagenschema ist in Abb.102 dargestellt. 34 m² Sonnenkollektoren heizen einen 20 m³ Saisonspeicher und einen 5 m³ Kurzzeitspeicher (beides drucklose Betonbehälter) auf. Im Sommer werden in beiden Speichern Temperaturen von etwa 60°C erreicht. Während der Heizperiode wird dem Kurzzeitspeicher die Wärme für die Raumheizung entnommen. Sobald die Sonnenkollektoren mangels Einstrahlung das Temperaturniveau von 45-60°C nicht mehr erreichen, liefert die Wärmepumpe (2 kW elektrische Leistung) Wärme aus dem Saisonspeicher nach, der dadurch im Winter rasch auf Temperaturen unter 10°C abkühlt. Auf diesem Temperaturniveau können die Kollektoren auch im Winter und bei schwacher Einstrahlung Energie sammeln und den Saisonspeicher nachladen.

Da der Saisonspeicher durch die Wärmepumpe bis zur Vereisung abgekühlt werden kann und somit auch die Schmelzwärme (Latentwärme) des Wassers zur Verfügung steht, kann mit dieser Anlage das sehr gut gedämmte Wohnhaus (130 m² Wohnfläche) ohne weiteres den ganzen Winter hindurch beheizt werden. Der Energieverbrauch im Winter 1982/83 betrug 5.300 kWh für die Wärmepumpe zuzügl. 500 kWh für die diversen Umwälzpumpen. Die Brauchwasserbereitung wird in diesem Beispiel von einer separaten, kleinen Schwerkraftanlage besorgt, die Nachheizung des Brauchwasserspeichers erfolgt über einen Wärmetauscher aus dem Kurzzeitspeicher.

3. Solare Raumheizung mit Großwärmespeichern

Wegen des günstigen Volumen-Oberflächen-Verhältnisses ist die Sommer-Winter-Speicherung mit sehr großen Wärmespeichern am aussichtsreichsten. Während in Deutschland auf dem Gebiet "große Wärmespeicher" kaum etwas getan wird, sind in Schweden und in Holland bereits Projekte angelaufen, bei denen jeweils eine ganze Siedlung über ein kleines Versorgungsnetz mit solarer "Nahwärme" beheizt wird. So ist jetzt in Groningen, Holland mit dem Bau einer Siedlung (96 Reihenhäuser) begonnen worden, die über 2400 m² Kollektoren (Vakuum-Kollektoren, 25 m² pro Haus) und einen 23.000 m³ Erdspeicher (Saisonspeicher) in Verbindung mit einem 100 m³ Wasserspei-

Systeme: Raumheizung

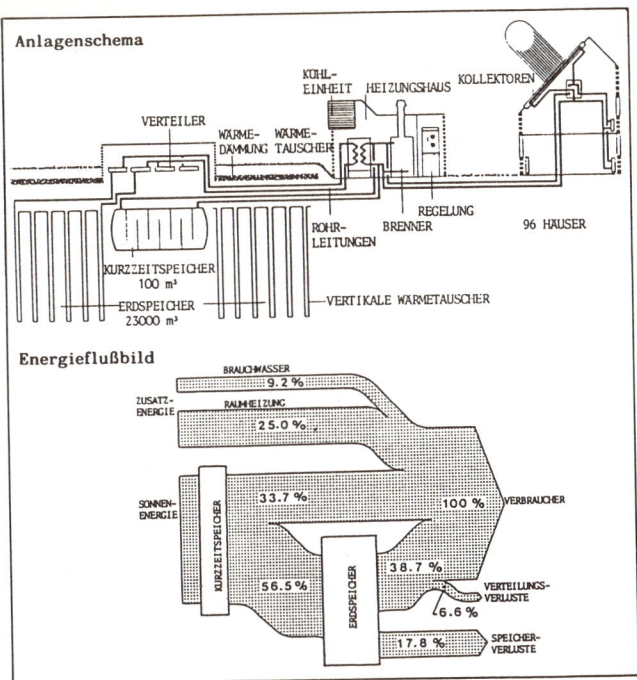

Abb. 103: Solare Raumheizung mit Großwärmespeichern

cher (Kurzzeitspeicher) beheizt werden.
Abb. 103 zeigt ein Anlagenschema. Die Wärme wird durch die Kollektoren auf den Hausdächern dezentral gewonnen und in das große Heizungsnetz geliefert, das überschüssige Wärme im Sommer in den Erdspeicher liefert (über vertikale U-Rohr-Wärmetauscher aus Polybutenrohr) und das Erdreich bis auf ca. 60°C auflädt. Bis zum Ende der Heizperiode ist das Erdreich wieder auf ca. 28°C entladen worden, der Speicherwirkungsgrad beträgt dabei etwa 70%.
Für den Spitzenbedarf im Winter steht zusätzlich eine Heizkesselanlage zur Verfügung, die etwa 35% des gesamten Heizwärmebedarfs decken muß, d.h. 65% des Energieverbrauchs können aus Sonnenenergie gedeckt werden!

4.6 Luftkollektoranlage zur Raumheizung

Bei Luftkollektoranlagen stellt sich das bereits beschriebene Problem der Wärmespeicherung in besonderer Weise: die spez. Speicherkapazität von Steinspeichern ist noch niedriger als die der Wasserspeicher. Für die Raumheizung in Einfamilienhäusern kommen daher heute nur Kurzzeitspeicher in Betracht, so daß sich auch hier die Sonnenenergienutzung im wesentlichen auf die Übergangszeit beschränkt.
Dafür wird eine Kollektorfläche von 30-40% der beheizten Wohnfläche benötigt, die Größe des Steinspeichers sollte etwa $0,3 \, m^3/m^2$ Kollektorfläche betragen. Abb. 104 zeigt ein gebräuchliches Anlagenschema, das mit einer Luftheizungsanlage (z.B. gasbefeuert) kombiniert ist. Für die Luftumwälzung sind hier 2 Ventilatoren vorgesehen, einer im Kollektorkreis und einer im Heizungskreis. Dadurch können die Ventilatorleistungen besser den erforderlichen Luftmengen und Strömungswiderständen in den beiden Kreisläufen angepaßt werden.

Die 4 möglichen Betriebszustände der Anlage werden durch Umschalten von motorgesteuerten Luftklappen eingestellt; sie sind in Abb. 106 dargestellt:

1 – direkte Nutzung der Sonnenenergie zur Raumheizung,
2 – Speicherung der Sonnenenergie, d.h. Aufladen des Speichers,
3 – Entladen des Speichers und Nachheizen durch den Lufterhitzer,
4 – Normales Heizen mit dem Lufterhitzer.

Anlagen dieser Art sind in unserem Land bisher wenig erprobt, so daß hier auch keine näheren Angaben zur Leistung und zu den Kosten des Systems gemacht werden können. Auf jeden Fall sind neben den Dimensionierungshinweisen in diesem Buch gute Kenntnisse und Erfahrungen im Luftheizungsbau Voraussetzung für den Bau funktionierender Anlagen!

Systeme: Raumheizung

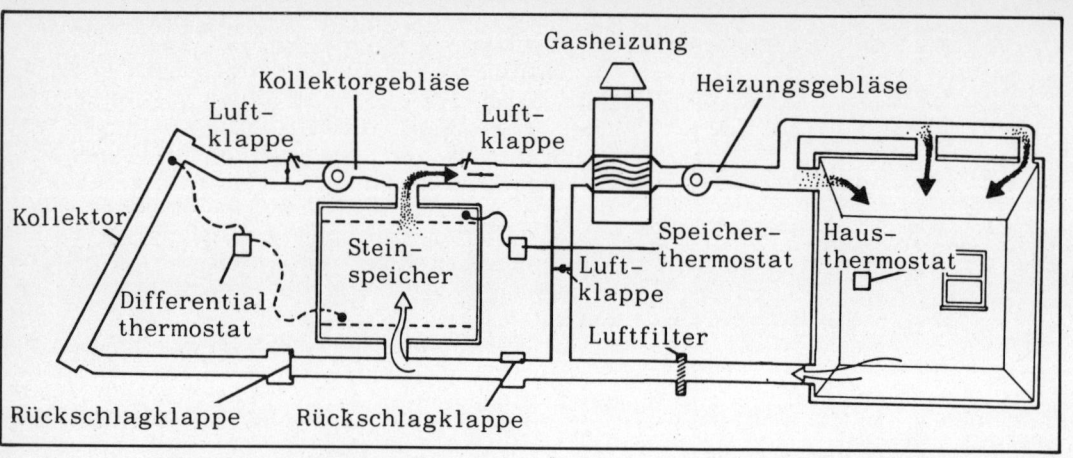

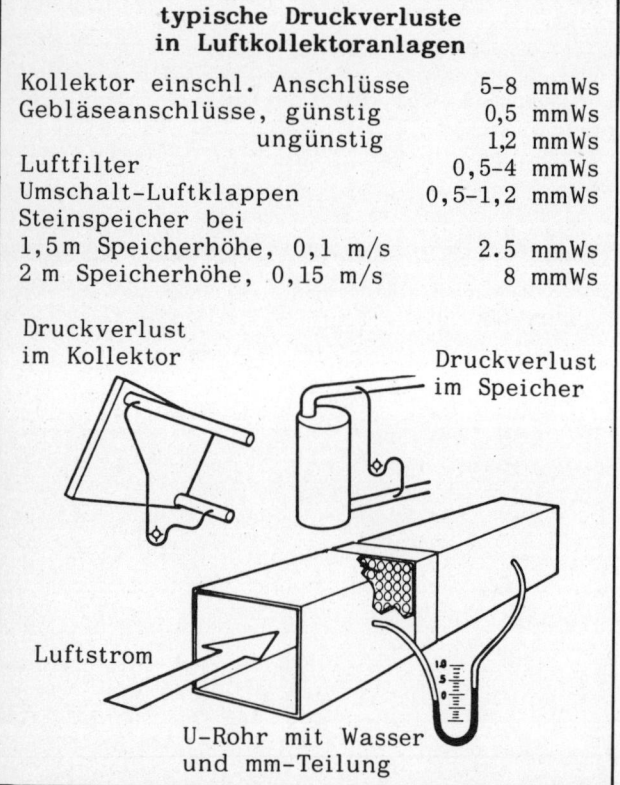

typische Druckverluste in Luftkollektoranlagen	
Kollektor einschl. Anschlüsse	5-8 mmWs
Gebläseanschlüsse, günstig	0,5 mmWs
ungünstig	1,2 mmWs
Luftfilter	0,5-4 mmWs
Umschalt-Luftklappen	0,5-1,2 mmWs
Steinspeicher bei	
1,5m Speicherhöhe, 0,1 m/s	2.5 mmWs
2 m Speicherhöhe, 0,15 m/s	8 mmWs

Abb. 104: Solare Luftheizung (Schema)
Abb. 105: Druckverluste in Luftkollektor-Anlagen

Abb. 106: Betriebszustände einer solaren Luftheizung

Systeme: Raumheizung

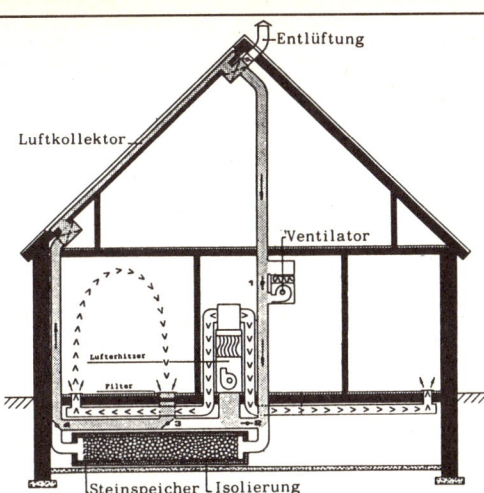

1 – Direkterwärmung durch Sonnenenergie

Wenn z.B. in der Übergangszeit tagsüber Wärme benötigt wird, kann die absorbierte Sonnenenergie direkt dem Luftheizungssystem zugeführt werden. Kann der Wärmebedarf vom Luftkollektor allein nicht gedeckt werden, schaltet sich automatisch der gasbefeuerte Lufterhitzer zu.

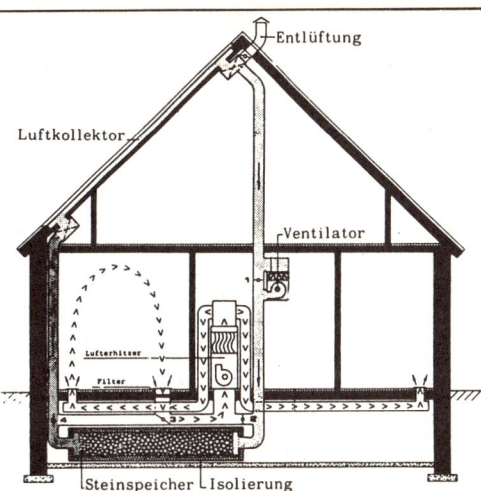

2 – Speicherung der Sonnenenergie

Über den Wärmebedarf des Gebäudes hinausgehende Energiemengen werden mittels eines zugeschalteten Ventilators einem Steinspeicher zugeführt. Dort wird die Wärme für strahlungsarme Zeiten gespeichert.

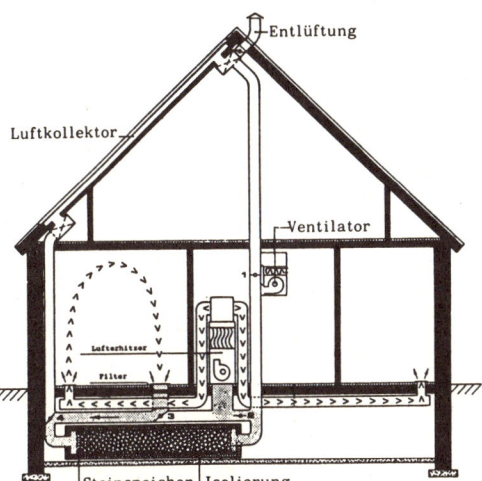

3 – Heizen aus dem Steinspeicher

Ist der Speicher auf genügend hohe Temperaturen aufgeladen, kann der Wärmebedarf der Räume durch Umschalten der Luftklappen aus dem Speicher gedeckt werden. Die Luftheizungsanlage übernimmt dabei die Luftfilterung und -umwälzung, bei erhöhtem Wärmebedarf sorgt sie auch für entsprechende Nachheizung.

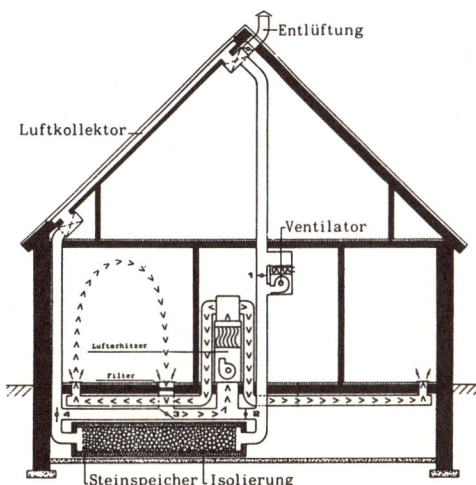

4 – Normales Heizen mit der Luftheizung

Wenn keine Sonnenenergie zur Verfügung steht und der Steinspeicher entladen ist, erfolgt die Wärmeversorgung allein durch das Luftheizungssystem (z.B. gasbefeuert).

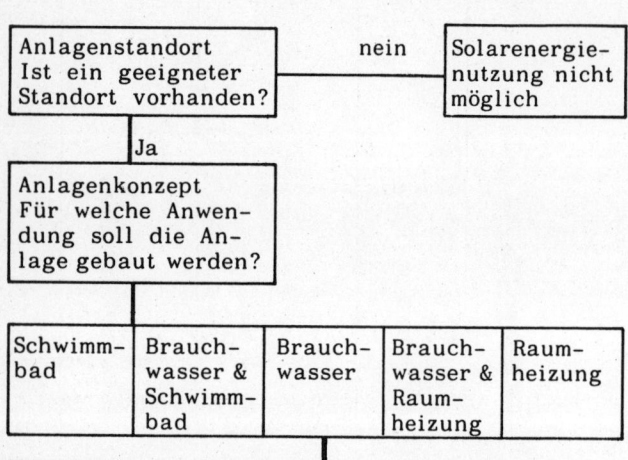

Abb. 107: *Schema des Planungsablaufs*

5.0 Planung von Solaranlagen

Die sorgfältige Planung vor dem Kauf oder Selbstbau einer Sonnenkollektoranlage ist notwendig, um zu einer dem Bedarf angemessenen und dem Gebäude angepaßten Anlage zu kommen und um kostspielige Fehler und spätere Enttäuschungen zu vermeiden. Deshalb sollte man den folgenden Punkten besondere Beachtung schenken.

5.1 Anlagenstandort

Grundvoraussetzung für die Sonnenenergienutzung im Haus ist das Vorhandensein eines geeigneten Standorts für die Sonnenkollektoren.
* Es wird eine möglichst südorientierte Fläche am Haus oder in der Nähe des Hauses (die Größe ist noch zu bestimmen) gebraucht, die während der Nutzungszeit möglichst ohne Verschattung durch Bäume, Gebäudeteile oder andere Gebäude von der Sonne beschienen wird. Südost- oder südwestorientierte Flächen sind ebenfalls brauchbar. Der günstige Neigungswinkel für die Kollektoren (z.B. 30-40° für die Nutzung im Sommerhalbjahr) sollte zumindest annähernd realisierbar sein.

Als günstiger Standort bieten sich Dachflächen an, da sie in der Regel genügend hoch sind, um Verschattung durch Bäume und andere Gebäude zu vermeiden. Bei der Nachrüstung bestehender Gebäude hängt es dabei weitgehend von Zufall ab, ob die Orientierung, Neigung und Größe der Dachfläche, die früher unter anderen Gesichtspunkten festgelegt wurden, für die Aufnahme von Kollektoren geeignet ist. Bei der Planung von Neubauten sollte man auf jeden Fall Wert darauf legen, daß südorientierte Flächen geeigneter Neigung und Größe für den Einbau von Sonnenkollektoren vorhanden sind.

Beim Dacheinbau werden die Kollektoren Bestandteil des Gebäudes und prägen dessen äußeres Erscheinungsbild. Es sollte daher nicht als Willkür verstanden werden, wenn **von den Bauämtern** darauf geachtet wird,

Planung: Anlagenstandort

> **Vor- und Nachteile
> veschiedener Arten des Kollektoreinbaus**
>
> **Kollektoren in die Dachfläche integriert:**
>
> + ästhetisch befriedigende und kostengünstige Lösung, da die geschlossene Dachfläche erhalten bleibt und keine separate Tragkonstruktion erforderlich wird;
> + da Kollektoren in der Regel leichter sind als die konventionelle Dachhaut (Ziegel), ergeben sich keine zusätzlichen, statischen Lasten;
> + durch die Einbindung der Kollektoren in das Gebäude verringert sich die Abkühlfläche des Kollektors;
> + Rohre und Anschlüsse können gut wärmegedämmt im Haus verlegt werden;
> − Orientierung und Neigungswinkel des Daches sind für die Sonnenenergienutzung oft nicht optimal und können nicht geändert werden;
>
> **Kollektoren frei aufgestellt:**
>
> + die freie Aufstellung erlaubt eine optimale Ausrichtung der Kollektoren;
> + die Kollektoren sind für Montage und Reparatur leicht zugänglich;
> − durch die erforderliche, mechanisch stabile Stützkonstruktion entstehen in der Regel höhere Baukosten als bei der Dachintegration;
> − im Freien geführte Wärmetransportleitungen haben erhöhte Wärmeverluste zur Folge;
> − die Integration in die Gebäudestruktur ist ästhetisch oft nicht befriedigend;

Tabelle 22

Abb. 108: Einbauvarianten von Sonnenkollektoren

daß sich die Anordnung der Kollektoren möglichst harmonisch in das Gesamtbild des Hauses einfügt (was den Einbau von Kollektoren in Dächer denkmalgeschützter Häuser problematisch macht).
Ist die Orientierung oder Neigung des Daches nicht günstig oder reicht die vorhandene Dachfläche nicht aus, kann man auch die Aufstellung auf dem Garagendach oder die freie Aufstellung in Form von Garten- oder Parkplatzpergolen in Betracht ziehen.

In jedem Fall ist schon bei der Standortwahl mit zu bedenken, daß der Aufstellungsort für die Montage der Kollektoren und ggf. notwendige Reparaturen gut zugänglich sein und bleiben muß. Die Entfernung zwischen Kollektoren und Speicher sollte möglichst klein sein und 15 m nach Möglichkeit nicht überschreiten.

5.2 Wahl des Anlagensystems

Das System der Solaranlage wird durch den gewünschten Einsatzbereich sowie durch die Gegebenheiten der bestehenden Haustechnik bestimmt.

Die heute gebräuchlichen Systeme im häuslichen Bereich sind in Kap.4 "Solarsysteme" ausführlich beschrieben:
- Brauchwassererwärmung im Sommerhalbjahr,
- Schwimmbadheizung in der Badesaison, insbesondere für Freischwimmbäder,
- kombinierte Anlagen für Brauchwasser- und Schwimmbadheizung;
- solare Unterstützung der Raumheizung, kombiniert mit der Brauchwasserbereitung (kleine Lösung),
- solare Raumheizung in der Übergangszeit (große Lösung).

Bei der Auswahl des Systems sind neben den Kosten folgende Punkte besonders zu beachten:
* Die Solaranlage muß sich in das bestehende Wärmeversorgungssystem (Art der Brauchwasserbereitung und -verteilung, Art der Heizung bzw. Schwimmbadtechnik) integrieren lassen.
* Die Möglichkeiten der Energieeinsparung und besseren Energienutzung sollten vor dem Einbau einer Solaranlage möglichst ausgeschöpft sein.
* Die gewonnene Sonnenenergie muß optimal genutzt werden können.

Ihre häufigste Anwendung findet die Solartechnik in unseren Breiten bei der **Brauchwasserbereitung**. Voraussetzung für den sinnvollen Betrieb dieses Systems ist eine gemeinsame Versorgung der Warmwasserverbraucher im Haus bzw. in einer Wohnung (zentrale Warmwasserversorgung), wie sie in Ein- und Zweifamilienhäusern überwiegend anzutreffen ist. Erfolgt die Brauchwassererwärmung bisher dezentral durch Durchlauferhitzer (Gas, Strom) an den einzelnen Zapfstellen, werden zusätzlich zur Solaranlage Umbauarbeiten wie Installation eines Warmwassernetzes erforderlich. Trotzdem kann der Einbau einer Solaranlage durchaus lohnend sein, da die elektrische Warmwasserbereitung beispielsweise sehr teuer ist.

Auf jeden Fall sollten auch bei der Warmwasserverteilung die in Kap. 4.4.2 genannten Energiesparmaßnahmen durchgeführt werden. Andererseits kann durch den Anschluß zusätzlicher Verbraucher wie Waschmaschine oder Geschirrspüler an das solare Warmwassernetz die Auslastung der Anlage u.U. verbessert und gleichzeitig elektrischer Strom gespart werden, der sonst in der Maschine zum Aufheizen des Waschwassers gebraucht wird (vgl. S.Scheer, "Stromsparen beim Waschen", ökobuch Verlag, 1984).

Da das Waschen an Sonnentagen auch für das schnelle Trocknen der Wäsche günstig ist, können mit der Waschmaschine die Angebotsspitzen der Sonnenenergie sinnvoll genutzt werden.

Bei der solaren **Schwimmbadheizung** fällt die Integration der Solaranlage in die bestehende Technik nicht schwer. Soll die Schwimmbadheizung mit der Brauchwassererwärmung kombiniert werden, muß ein geschlossener Kreislauf gewählt werden, anderenfalls genügt das einfachere und preiswertere Konzept mit offenem Umlauf und den billigen Solarabsorbern. Bevor man jedoch sein Geld in eine Solaranlage investiert, sollte eine wärmedämmende Abdeckung der Wasseroberfläche angeschafft werden, die in der Nacht und bei Nichtbenutzung das Becken isoliert und auf jeden Fall ihr Geld wert ist.

Soll die Solarenergie für die **Raumheizung** sinnvoll genutzt werden, so sind eine optimale Wärmedämmung des Gebäudes (Wärmebe-

Planung: Anlagendimensionierung

darf ≤ 80 W/m² Wohnfl.) und ein Niedertemperatur-Heizungssystem (Vorlauftemp. 30-50°C) notwendige Voraussetzung. Vor dem Kauf einer großen Solaranlage sollte man daher auf jeden Fall die Investititonen für die Wärmedämmung der Außenwände, Dach- und Kellerdecken, Maßnahmen zur passiven Sonnenenergienutzung u.ä. getätigt haben.

Solaranlagen zur Raumheizung benötigen relativ viel Platz, sofern nicht die "kleine" Lösung gewählt wird, die nur an sonnigen Tagen in der Übergangszeit Energie für ein wenig Heizung am Abend liefern soll: auf dem Dach müssen meist 30-60 m² Kollektoren Platz finden und im Keller wird ein Raum von 15- 30 m³ (einschließlich Wärmedämmung und Installation) benötigt.

Da in Altbauten die genannten Voraussetzungen nicht immer erfüllt sind, kommt die solare Raumheizung mit Sonnenkollektoren vorerst mehr für ökologisch bewußte Bauherrn von Neubauten in Betracht. Schon während der Planungsphase des Hauses sind die Anforderungen der Solartechnik an den baulichen Wärmedämmstandard und das Heizungssystem zu berücksichtigen, auch wenn der Einbau von Kollektoren aus finanziellen Erwägungen erst in einer zweiten Ausbaustufe vorgesehen ist.

5.3 Anlagendimensionierung

Wenn das Konzept der Anlage feststeht, sollte man eine Zeichnung anfertigen, die das Schema der Anlage mit allen erforderlichen Bauteilen zeigt. In diese Zeichnung werden dann auch die Ergebnisse der Anlagendimensionierung eingetragen. Eine solche Zeichnung hilft nicht nur bei der weiteren Aufstellung der Materialliste, sondern wird bei der praktischen Arbeit am Bau dringend gebraucht. Ebenso sollte der Aufbau des Kollektors (und ggf. die Anschlüsse zum Dach) skizziert werden, um sich über Konstruktionsdetails und die Reihenfolge der Arbeiten klar zu werden.

Wer seine Solaranlage nicht selbst bauen will, wird auch die Dimensionierung der Anlage seinem Handwerker (Heizungsfirma, Solartechniker, o.ä.) überlassen. Hier ist es auf jeden Fall empfehlenswert, verschiedene Angebote einzuholen und sie nicht nur unter dem Kostengesichtspunkt miteinander zu vergleichen: es gibt bei Solaranlagen viele Möglichkeiten , durch (allzu) knappe Dimensionierung und Auswahl billiger Materialien Anlagenkosten zu sparen, was sich unter Umständen später durch eine schlechte Anlagenleistung und zu geringe Energieeinsparung rächen kann. Im Zweifelsfall sollte man daher beim Anbieter nachfragen oder den Rat eines "Solartechnik-Fachmanns" suchen.

Auch viele Bastler, die sich die praktischen Arbeiten durchaus zutrauen, schrecken vor der "Rechnerei" oft zurück. Wer daher mit den Dimensionierungsregeln und -hinweisen in den Kapiteln 3 und 4 nicht zurechkommt, sollte sich beraten lassen: 1 Stunde Beratung bei einem solartechnik-erfahrenen Heizungsbauer oder -ingenieur ist in der Regel billiger als die spätere Nachbesserung schwerwiegender Fehler in der Anlage.

Sind alle Dimensionierungsangaben in das Schaltbild eingetragen, sollte eine Material- und Einkaufsliste erstellt werden, die alle für die Anlage benötigten Teile und besonders das Installationsmaterial (Rohre, Fittings, Winkel, T-Stücke, Verschraubungen, usw.) enthalten soll. So fällt der Einkauf für die oft mehr als 100 Teile einer Solaranlage leichter und es wird nichts vergessen, was später zu lästigen Arbeitsunterbrechungen führt.

5.4 Kosten von Solaranlagen

1. Fertige Anlagen

Zuverlässige und genaue Aussagen über die Kosten von Solaranlagen zu treffen, ist im Rahmen dieses Buches schwierig, da
- die Preise im Laufe einiger Jahre "veralten",
- die Kosten fertiger Anlagen nicht unerheblich von der Ausstattung und den besonderen, örtlichen Montagebedingungen abhängen,
- die Angebote je nach Leistungsfähigkeit und Wettbewerbssituation der Handwerker sehr unterschiedlich ausfallen.

Darüber hinaus sind schon die Katalogpreise der Hersteller sehr unterschiedlich, was durch Materialauswahl, Konstruktion und Fertigung bedingt ist. So nennt die Stiftung Warentest in ihrem Solaranlagen-Test Preise zwischen 8.000,- und 11.000,- DM für solare Brauchwasseranlagen mit 6-8 m² Kollektorfläche und 300-400 l Druckspeicher (incl. Montage).
In der Praxis dürften die Preise um 10-20% niedriger liegen. Dabei kann man nicht unbedingt davon ausgehen, daß die Qualität der Anlage mit dem Preis steigt, wie auch der Test gezeigt hat.
Die Anlagenpreise setzen sich etwa wie folgt zusammen:

Kollektor: 600-1000,- DM/m² incl. Einbau und Dacheinbindung
Speicher: 500-1000,- DM/100 l Speichervolumen je nach Material und Ausstattung, incl. Wärmetauscher & Dämmung;
Wärmetransport: 2000-5000,- DM je nach Anlagengröße, Regelkonzept und örtlichen Verhältnissen, incl. Montage
incl. Wärmetauscher, Regelung, etc.
Gesamtkosten: ca. 900-1500,- DM pro m² Kollektorfläche für die ganze Anlage.

Die Preise gelten für Anlagen mit 6-12 m² Kollektorfläche, größere Anlagen können (bezogen auf die Kollektorfläche) billiger gebaut werden als kleine Anlagen, da Materialkosten

---

Materialkosten für Selbstbau-Solaranlagen in Industriequalität

Kollektor:	Absorber	120 - 150,- DM/m²
	Verglasung + Profil	25 - 50,- DM/m²
	Wärmedämmung + Gipsfaserplatte + Alufolie	15 - 20,- DM/m²
	Kollektorkasten bzw. Dacheinbindung	20 - 40,- DM/m²
Summe Kollektormaterial:		180 - 270,- DM/m²
Speicher:	emaillierte Druckspeicher 200 l	1.200 DM
	Stahl, ohne Wärmetauscher 300 l	1.200-1.400 DM
	400 l	1.400-1.600 DM
	500 l	1.600-1.800 DM
	Wärmedämmhaube passend	250- 400 DM
	Edelstahldruckspeicher incl. Solar-& Heizungswärmetauscher 300 - 500 l	3.000-5.000 DM
	Elektroheizstab für Nachheizung mit Thermostat	350 DM
	Wärmetauscher 1,0 m²	250 DM
	1,8 m²	350 DM
	2,3 m²	390 DM
	2,5 m²	420 DM
Wärmetransport:	Umwälzpumpe	150 - 200 DM
	Temperaturdifferenzsteuerung einfache Ausführung	100 - 200 DM
	Ausführung m. Zusatzfunktionen	150 - 250 DM
	für komplizierte Steuerungen	200 - 500 DM
	Kupferrohr 15 mm	3 - 5 DM/m
	18 mm	4 - 6 DM/m
	22 mm	6 - 8 DM/m
	28 mm	12 - 15 DM/m
	32 mm	15 - 20 DM/m
	2 Thermometer, Manometer, Ausdehnungsgefäß, Überdruckventil Entlüfter, Füllventil	ca. 100 DM
	Frostschutzmittel: Propylenglykol mit Korrosionsschutz	4 - 8 DM/l
	Übergänge & Verschraubungen je nach Ø sehr verschieden	

Tabelle 23

Planung: Anlagenkosten

und Arbeitsaufwand nicht linear mit der Anlagengröße zunehmen.

2. Selbstbauanlagen

Angesichts dieser Preise ist es verständlich, daß sich viele handwerklich versierte Bastler und Hausbesitzer zum Selbstbau entschließen, können Selbstbauanlagen doch für 30-60% dieser Kosten errichtet werden.

Zum einen entfallen durch den Selbstbau die hohen Montagekosten, Stundensätze von 50-80 DM/Std. sind heute ja keine Seltenheit; andererseits läßt sich auch beim Materialeinkauf einiges sparen: wer selbst oder durch Bekannte Beziehungen zum Großhandel (insbesondere Installationsbedarf) hat, kauft dort im allgemeinen günstiger als in den teuren Baumärkten oder beim örtlichen Installatuer; denn jeder Zwischenhändler verteuert das Produkt um 10-40% (Lagerkosten, Löhne, Steuern). Außerdem kann beim Selbstbau häufig noch manches aus dem eigenen Lagerbestand genutzt werden, obwohl man auch darauf achten sollte, keinen "Schrott" zu verbauen.

Wer eine Kollektoranlage in "Industriequalität" aus Neuteilen selbst bauen will, findet in Tab. 23 eine Kostenübersicht für die verschiedenen Bauteile (Richtwerte von 1984). Auch Baukosten der in Kap. 6 vorgestellten Selbstbauanlagen stellen gute Richtwerte dar.

Vergleicht man die Materialkosten einer Solaranlage mit den Kosten entsprechender fertiger Anlagen, so müßte diese Preisdifferenz auch beim heutigen Lohnniveau eine handwerkliche Fertigung möglich machen. Die Beispiele einiger rühriger Handwerker und Gruppen, die sich in diese Technik eingearbeitet und "ihr System" entwickelt haben, beweisen dies.

5.5 Förderung von Solaranlagen

Die Nutzung dauerhafter Energiequellen mit Solaranlagen, Wärmepumpen und Wärmerückgewinnungsanlagen wird vom Staat finanziell gefördert, wobei (wieder einmal) die Besserverdienenden begünstigt werden:

Für die Installation von Solaranlagen incl. ihrer Anbindung an das Heizungssystem können bei der Einkommenssteuererklärung (gemäß §82a Einkommenssteuerdurchführungsverordnung) 10 Jahre lang 10% der heizenergiesparenden Investitionen geltend gemacht werden. Dieser Steuernachlaß gilt für alle Gebäude (Alt- und Neubauten, Wohngebäude und gewerbliche Räume), die Höhe der förderungsfähigen Investitionen ist nicht begrenzt. Großverdiener mit einem Spitzensteuersatz von 50% bekommen also im Laufe von 10 Jahren die Hälfte ihrer Investitionen allein durch Steuerersparnisse wieder zurück, während dies beim "Normalverdiener" nur 20-30% ausmacht. Diese Steuervergünstigung darf nicht in Anspruch genommen werden, wenn die Kosten der Anlage bereits als Anschaffungskosten bzw. nachträgliche Herstellungskosten gemäß §7b Einkommenssteuergesetz (z.B. bei Zweifamilienhäusern) abgeschrieben werden (Kumulierungsverbot).

Für den Einsatz energiesparender Technologien in gewerblichen Gebäuden bestehen weitere Förderungsmöglichkeiten, Auskunft darüber gibt es beim:

Bundesamt für gewerbliche Wirtschaft
Frankfurter Str. 29-31
6236 Eschborn 1   sowie bei der

Kernforschungsanlage Jülich GmbH
Projektleitung Energieforschung
Postfach 1913
5170 Jülich 1

Wirtschaftlichkeitsbetrachtung für eine Brauchwasser- Solaranlage

* **Voraussetzungen**
- Die Heizungsanlage des Hauses ist bereits modernisiert worden, da sich durch einen neuen Heizkessel (Niedertemperaturkessel mit Steuerung) erhebliche Energieeinsparungen während der Heizperiode erzielen lassen. Für die warmwasserbereitung ist im Zuge der Kesselerneuerung ein **separater Standspeicher** (350 l), also **kein Kessel mit integrierten BW-Speicher**, aufgestellt worden, der im Winter wie im Sommer einen energiesparsamen Betrieb des Heizkessels ermöglicht und gleichzeitig die Voraussetzung für die spätere Sonnenenergienutzung schafft. Die Kosten für den Speicher sollen daher nicht (oder allenfalls nur teilweise) der Solaranlage zugerechnet werden.
- Für einen 4 Personen-Haushalt wird eine Solaranlage mit 8 m² Kollektorfläche ins Dach eingebaut, die über einen zusätzlichen Solarwärmetauscher an den 350 l Speicher im Keller angeschlossen wird.
- Die Sonneneinstrahlung in der Region beträgt ca. 1100 kWh/m²a auf die 35° geneigte, südorientierte Kollektorfläche.

* **Energieertrag**
- Bei guter Ausführung der Solaranlage und der Installationsarbeiten (incl. Regelung) kann ein Jahresanlagenwirkungsgrad von 30-35% durchaus erreicht werden, mehr wäre natürlich erstrebenswert. Die nutzbare Energie (warmes Brauchwasser) läßt sich damit berechnen:
$$Q = 8 m^2 \times 1100\ kWh/m^2a \times 0{,}33\ (33\%) = 2900\ kWh/a$$
- Es ist leicht einzusehen, daß schlecht funktionierende Anlagen mit niedrigerem Jahreswirkungsgrad bei gleichen Anlagenkosten zu höheren "Sonnenenergiepreisen" führen.
- Ebenso kommt es darauf an, daß die nutzbare Sonnenenergie im praktischen Betrieb auch genutzt wird.

* **Anlagenkosten**
- Als Kosten für eine fertig installierte Firmenanlage (Kollektoren, Wärmetauscher, Steuerung, incl Installation und Dacheinbau, also ohne BW-Speicher) werden 8.000 DM entsprechend 1.000 DM/m² angenommen.
- Wer dieselbe Anlage im Selbstbau errichtet, wird bei gleichem Leistungsumfang etwa 3.000 DM ≙ 375 DM/m² bezahlen.

* **Finanzierung**
- Als Mindestlebensdauer für die Solaranlage wird 15 Jahre angenommen. Um die Kosten der Anlage zu finanzieren, wird ein Kredit über diese Laufzeit mit 8% Zins abgeschlossen; die jährliche Rückzahlungsrate beträgt dann effektiv 11,7% ≙ **936 DM** für die Firmenanlage
≙ **351 DM** für die Selbstbauanlage.
- Wer genügend Bargeld hat, kann mit sich selbst Bankgeschäfte machen und die anfallenden Zinsen kassieren.

* **Betriebskosten**
- An laufenden Betriebskosten entstehen Stromkosten für Pumpe und Steuerung (100-140 kWh/a ≙ **30-40 DM/a**), sowie Kosten für wartung und Reparatur:
100 DM/a für die Firmenanlage und
70 DM/a für die Selbstbau-Anlage (wegen Selbsthilfe).
- Aufgrund allgemeiner Kostensteigerungen steigen auch diese Kosten mit 5% pro Jahr.

* **Steuerersparnis**
- Solaranlagen können bei der Steuererklärung 10 Jahre lang mit 10% der Anlagenkosten abgeschrieben werden. Legt man einen Steuersatz von 30% auf die Einkommensspitze zugrunde (≙ Einkommen 4000,- bei Stkl III), werden dadurch 10 Jahre lang an Steuern gespart:
0,3 x 0,1 x 8000,- = **240 DM/a** bei der Firmenanlage
0,3 x 0,1 x 3000,- = **90 DM/a** bei der Selbstbauanlage

* **Laufende Kosten der Solaranlage**
- In der Tabelle sind die laufenden Kosten der Solaranlage und ihre Entwicklung im Laufe der 15 Jahre für jedes Jahr aufgeführt. Die Gesamtkosten setzen sich zusammen aus: **Betriebskosten + Finanzierungskosten - Steuerersparnis = Gesamtkosten**

* **Laufende Einsparungen durch die Solaranlage**
- Durch die Solaranlage können jährlich 2900 kWh eingespart werden, die sonst durch andere Energieträger erzeugt werden müßten.
Stromdurchlauferhitzer:
angenommener Wirkungsgrad: n = 1
spez. Energiekosten heute: 0,25-0,30 DM/kWh incl. Mwst und aller Nebenabgaben und Grundgebühranteil.
Bei 0,25 DM/kWh beträgt die Kosteneinsparung **725 DM/a**.
- **Gas-Kombitherme:**
Gaspreis: 0,09 DM/kWh incl. Mwst + Grundgebühranteil
Anlagenwirkungsgrad: Sommer 0,5 ≙ 0,18 DM/kWh
Winter 0,75 ≙ 0,11 DM/kWh
Kosten für die Nutzenergie. Bei einem mittleren Preis von 0,16 DM/kWh beträgt die Kosteneinsparung **464 DM/a**
- **Öl-/Gasheizungsanlage (moderne Ausführung)**
Ölpreis: 0,08 DM/kWh incl. Mwst.
Anlagenwirkungsgrad: Sommer 0,65 ≙ 0,12 DM/kWh
Winter 0,80 ≙ 0,10 DM/kWh
Kosten für die Nutzenergie. Bei einem mittleren Preis von 0,11 DM/kWh beträgt die Kosteneinsparung **319 DM/a**
- Die Energiekosten werden nach allen Prognosen in den nächsten Jahren weiter steigen, es wurde hier eine Preissteigerung für Energie von 7%/a angenommen (zum Vergleich: Preissteigerung der letzten 20 Jahre bei Öl 11-12%/a). In der Tabelle sind neben den Kosten der Solaranlage die jährlichen Einsparungen für die 3 oben genannten Alternativen mit ihren Kostensteigerungen aufgeführt.

Tabelle 24

Planung: Wirtschaftlichkeit

* Bewertung
- Ein Vergleich der Kosten der Solaranlage mit denen anderer Methoden der Brauchwasserbereitung zeigt, daß Sonnenkollektoren im Vergleich zur elektrischen Brauchwasserbereitung schon heute billiger sind. Bei den Energieträgern Öl und Gas ist eine betriebswirtschaftliche Rentabilität nur bei Selbstbauanlagen gegeben, wenn Heizkessel mit gutem Wirkungsgrad vorhanden sind. Bei alten Heizungsanlagen mit schlechtem Sommerwirkungsgrad fällt der Kostenvergleich auch bei Firmenanlagen erheblich günstiger aus, so daß dann auch die Wirtschaftlichkeit erreicht werden kann.
- Für den technisch versierten Heimwerker ist der **Selbstbau** von Sonnenkollektoren in jedem Fall auch finanziell interessant, da diese Anlagen **Energie zu konkurrenzfähigen Preisen** liefern können.

* Konsequenzen
- Um die Sonnenenergie allgemein konkurrenzfähig zu machen, ist es notwendig, preiswertere Kollektorsysteme mit möglichst hohem Energieertrag zu bauen.
- Bei der Sanierung von Heizungsanlagen sollte die Möglichkeit zur späteren Integration von Sonnenkollektoren berücksichtigt werden.
- Die Weiterentwicklung der Solartechnik in der Praxis sollte durch Gewährung von Zuschüssen und Steuervorteilen weiter gefördert werden.

Entwicklung der Kosten und Einsparungen im Finanzierungszeitraum für eine Brauchwasser-Solaranlage

Jahr	Ausgaben						Gesamtkosten		Einsparungen 2900 kWh 7% Energiepreissteigerung/a		
	Betriebskosten		Finanzierungskosten		- Steuerersparnis				Strom 0,25 DM	Gas 0,16 DM	Öl 0,11 DM
	Firmenan. 5% Steigerung/a	Selbstbau	Firmenan. 11,7% Anuität	Selbstbau	Firmenan. 10 J. 30%	Selbstbau v. 10%	Firmenan.	Selbstbau			
1	100,-	70,-	936,-	351,-	−240,-	−90,-	796,-	331,-	725,-	464,-	319,-
2	105,-	74,-	936,-	351,-	−240,-	−90,-	801,-	335,-	776,-	469,-	341,-
3	110,-	77,-	936,-	351,-	−240,-	−90,-	806,-	338,-	830,-	531,-	365,-
4	116,-	81,-	936,-	351,-	−240,-	−90,-	812,-	342,-	888,-	568,-	391,-
5	122,-	85,-	936,-	351,-	−240,-	−90,-	818,-	346,-	950,-	608,-	418,-
6	128,-	89,-	936,-	351,-	−240,-	−90,-	824,-	350,-	1.017,-	651,-	447,-
7	134,-	94,-	936,-	351,-	−240,-	−90,-	830,-	355,-	1.088,-	696,-	479,-
8	141,-	98,-	936,-	351,-	−240,-	−90,-	837,-	359,-	1.164,-	745,-	512,-
9	148,-	103,-	936,-	351,-	−240,-	−90,-	844,-	364,-	1.246,-	797,-	548,-
10	155,-	109,-	936,-	351,-	−240,-	−90,-	851,-	370,-	1.333,-	853,-	586,-
11	163,-	114,-	936,-	351,-	--	--	1.099,-	465,-	1.426,-	913,-	628,-
12	171,-	120,-	936,-	351,-	--	--	1.107,-	465,-	1.526,-	977,-	671,-
13	180,-	126,-	936,-	351,-	--	--	1.116,-	477,-	1.633,-	1.045,-	718,-
14	189,-	132,-	936,-	351,-	--	--	1.125,-	483,-	1.747,-	1.118,-	769,-
15	198,-	139,-	936,-	351,-	--	--	1.134,-	491,-	1.869,-	1.196,-	822,-
Su.	2.160,-	1.511,-	14.040,-	5.265,-	−3.200,-	−1.200,-	13.800,-	5.876,-	18.218,-	11.658,-	8.014,-

Tabelle 24

5.6 Wirtschaftlichkeit von Solaranlagen

Die Frage nach der Wirtschaftlichkeit von Solaranlagen wird interessanterweise von den Verkäufern und Interessenvertretern anderer Energieträger (Strom, Gas) besonders hochgespielt und vielfach zum alleinigen Entscheidungskriterium für oder gegen den Kauf einer Solaranlage gemacht. Dabei fragt niemand nach der Wirtschaftlichkeit eines Autos, einer Wohnungseinrichtung oder anderer Statussymbole, für die Jahr für Jahr viel Geld ausgegeben wird.

Trotzdem soll hier der Nutzen von Wirtschaftlichkeitsbetrachtungen nicht bestritten werden; Solaranlagen müssen schließlich auch finanzierbar sein, wenn sie eine weite Verbreitung finden sollen.

Am Beispiel einer 8 m² Brauchwasser-Solaranlage wird im Kasten (Tab. 24) eine ausführliche Betrachtung der Kosten und Einsparungen angestellt. Sie zeigt, daß Solaranlagen unter günstigen Voraussetzungen durchaus wirtschaftlich sein können, insbesondere wenn sie im Selbstbau errichtet wurden.

Die Wirtschaftlichkeit von Schwimmbadkollektoren sieht noch erheblich günstiger aus, wie schon folgende kurze Abschätzung zeigt: einem Energieertrag von ca. 250 kWh/m^{2}a stehen die relativ geringen Anlagenkosten von 100-150,- DM im Selbstbau bzw. 150-250,- DM bei Firmenanlagen gegenüber. Selbst wenn man die Kosten einer alternativen Wärmeversorgung (z.B. Ölkessel) mit nur 0,10 DM/kWh ansetzt, hat sich die Solaranlage in wenigen Jahren bezahlt gemacht.

Alle Wirtschaftlichkeitsrechnungen berücksichtigen nicht die versteckten Kosten, die durch die Nutzung konventioneller Energie entstehen und von der Gesellschaft getragen werden müssen: Umweltverschmutzung, Gesundheitsschäden, Atommüllentsorgung, Importabhängigkeit, usw. - ein Argument mehr, bei der Entscheidung für die Sonnenenergie nicht nur reines Kostendenken in den Vordergrund zu stellen.

5.7 Baugenehmigung

Bevor man nun am Ende aller Planungsüberlegungen zur Tat schreiten kann, gilt es noch eine letzte Frage zu klären:
Ist für die Errichtung einer Solaranlage eine Baugenehmigung erforderlich?
Hier gelten in den einzelnen Bundesländern unterschiedliche Regelungen, nämlich die Bauordnungen der Länder: so ist in Nordrhein-Westfalen, Bayern u.a. nur eine Bauanzeige erforderlich, in anderen Bundesländern wie z.B. Hessen wird eine Baugenehmigung gefordert. Man sollte sich daher in der Beratungsstelle des zuständigen Bauamts erkundigen und gleich die notwendigen Formulare besorgen.
Im allgemeinen sind die Anzeige- bzw. Genehmigungsverfahren für Standard-Solaranlagen (lästige) Formalitäten, die nur dazu dienen, wieder einen Bauvorgang aktenkundig zu machen. Dafür werden folgende Unterlagen benötigt:
- ein ausgefülltes Bauantrags- bzw. Bauanzeige-Formular
- eine Ansichtszeichnung des Hauses mit der eingezeichneten Lage des Kollektors, ggf. reicht auch ein Photo, in das die Größe des Kollektors eingezeichnet wird,
- eine Anlagenbeschreibung, in der die technischen Daten der Anlage genannt werden,
- eine Abzeichnung der Flurkarte, damit jeder Sachbearbeiter weiß, wo die Anlage steht.

Diese Unterlagen sind je nach Verfahren in 3 oder 4facher Ausfertigung einzureichen.
Wer mit seiner Anlage nicht gegen alle Regeln der Ästhetik verstößt oder gewagte Konstruktionen vorlegt, kann mit der Zustimmung der Baubehörden rechnen. Lediglich bei denkmalgeschützten Gebäuden können Einsprüche vom Denkmalamt kommen; die Frage nach einer akzeptablen Gestaltung der Kollektoranlage oder Standortalternativen ist dann mit diesem Amt im Detail zu klären.

6.0 Selbstbau von Solaranlagen

6.1 Vorüberlegungen zum Selbstbau

Wer sich nach dem Lesen dieses Buches zum Selbstbau entschließt, sollte sich an dieser Stelle genau überlegen, ob er auch alle praktischen Arbeiten des Kollektorbaus und der Installation richtig ausführen kann. Schließlich steht ein nicht unerheblicher, finanzieller Einsatz auf dem Spiel. Da der Erfolg der Arbeit bei Solaranlagen ganz wesentlich von einer guten Installation abhängt, kann es vorteilhaft sein, mit einem in der Installationstechnik Kundigen zusammen zu arbeiten (Nachbarschaftshilfe oder Auftrag an einen Handwerker). Überhaupt macht die Arbeit zu zweit oder mehreren viel mehr Spaß; auftretende Probleme kann man schnell miteinander besprechen und Erfahrungen austauschen. Und wenn die Arbeit beim Selbstbau schon nicht bezahlt wird, soll sie doch wenigstens Freude machen. Bei Dacharbeiten und beim Transport des Wärmespeichers ist man unbedingt auf Hilfe angewiesen.

Für ein gutes Gelingen der Arbeit ist auch ein Grundstock an guten Werkzeugen erforderlich (Tab. 25). Man muß ja nicht gleich alles kaufen (und sollte sich vor Billigangeboten hüten), manches kann sicherlich beim Nachbarn, Arbeitskollegen oder auch bei Handwerkern ausgeliehen werden.

Worauf ist bei der Arbeit zu achten?

* Oberstes Gebot bei der Arbeit ist Sorgfalt und Sauberkeit. Natürlich schaffen Mauerdurchbrüche und die Vorbereitungen der Dachfläche für den Kollektoreinbau Schmutz, der aber beseitigt werden sollte, bevor man weiterarbeitet. Schmutz und Steine in der Installation können die Funktion der Solaranlage nachhaltig stören und ggf. Korrosion verursachen.
* Beim Zusammenbau des Kollektorgehäuses kommt es darauf an, daß keine Luftlöcher und Öffnungen für Insekten bleiben, auf die der warme und trockene Raum zwischen Verglasung und Absorber eine magische Anziehungskraft hat. Die Durchführungen der Rohre durch das Kollektorgehäuse sind besondere Schwachpunkte und sollten besonders sorgfältig ausgeführt werden.
* Wird der Kollektor ins Dach eingebaut, muß die Abdichtung der Kollektorränder zum übrigen Dach wohl durchdacht sein – im Zweifelsfall einen Dachdecker fragen oder bestellen. Regen und Flugschnee durch undichte Kollektoreinbindungen können im Haus schnell großen Schaden anrichten!
* Emaillierte Druckspeicher sind vorsichtig zu transportieren, damit die innere Emaillierung nicht abspringt.
* Es muß hier noch einmal gesagt werden: die Dichtigkeit der Installation (Lötstellen und Schraubverbindungen) ist eine ganz wichtige Voraussetzung für eine zuverlässig arbeitende Anlage. Etwas Übung bei der Ausführung von Lötstellen ist schon erforderlich, ebenso die richtige Lötpaste und das entsprechende Lot.
* Auch auf die thermische Ausdehnung der Werkstoffe soll hier noch einmal hingewiesen werden: da in Solaranlagen erhebliche Temperaturunterschiede auftreten, ist besonders bei der Absorber- und Rohrmontage darauf zu achten, daß Längenänderungen ohne Schaden möglich sind.

Werkzeuge für den Selbstbau von Solaranlagen

* **Meßwerkzeuge:** Zollstock, Winkel, Wasserwaage, Bleistift,
* **für allgemeine Arbeiten:** versch. Schraubenzieher, Hammer, Bohrmaschine mit Holz- und Metallbohrern, Messer, evtl. Glasschneider, Blechschere, ggf. Klammerschußgerät
* **für Holzarbeiten:** Handsäge, ggf. Tischkreissäge, Stechbeitel, Raspel
* **für Installationsarbeiten:** Eisensäge, Rohrschneider (sehr vorteilhaft!), Rund- und Flachfeile, Lötbrenner mit Gasflasche, Stahlwolle o. Schmirgelleinen, 1 große und 1 kleine Rohrzange

Tabelle 25

6.2 Bericht vom Bau einer Brauchwasser-Solaranlage

(Solaranlage Jäger, Grebenstein)

Vorüberlegungen

Das freistehende Zweifamilienhaus wird zur Zeit durch einen Holzkessel und einen zu großen Ölkessel mit integriertem Brauchwasserspeicher beheizt. Um auch im Sommer warmes Brauchwasser zu haben, mußte bisher entweder der Holzkessel angeheizt oder der Ölkessel in Betrieb genommen werden, die beide sehr stark den Keller mitheizten. Der Einbau eines neuen, besseren Heizkessels wäre hier zwar angebracht, sollte jedoch aus praktischen Erwägungen noch einige Jahre herausgeschoben werden. Um die unbefriedigende Situation bei der Warmwasserbereitung im Sommer zu verbessern, lag der Einbau einer Solaranlage nahe, zumal der Bauherr als Zimmermann und Architekt genug technisches Verständnis und handwerkliche Erfahrung mitbrachte, um nach einschlägiger Beratung die Anlage selbst bauen zu können.

Als Standort für den Kollektor bot sich ein Garagen-Flachdach am Haus an: dort war viel sonniger Platz für die Aufstellung des knapp 9 m² großen Kollektors vorhanden, die Montage auf dem Flachdach schien erheblich einfacher zu sein als der Einbau in das recht hohe Hausdach und die Verbindungsleitungen zum Wärmespeicher im Keller konnten kurz gehalten werden. Installationsarbeiten in den Wohnräumen waren bei dieser Lösung außerdem nicht erforderlich.

Bau der Anlage

Wegen der freien Aufstellung bot es sich an, den ganzen Kollektor in **einem** großen Holzkasten unterzubringen, der zusammen mit dem Untergestell auf dem Dach zusammengebaut und an ausgelegten, schweren Betonsteinen befestigt wurde. Abb.110 zeigt den Kollektoraufbau. Der Absorber wurde aus Sunstrip-Absorberstreifen (10 Streifen parallel) und fertigen Verteilerrohren mit Übergangsnippeln zusammengelötet. Er wurde noch am Boden mit

---

Technische Daten
der Solaranlage Jäger, Grebenstein

* **Zweck der Anlage:** Brauchwassererwärmung für den 4-6 Personen-Haushalt

* **Der Kollektor:** Selbstbau, System Sunstrip
  Fläche: 6 x 1,4 m² = 8,4 m²
  Absorber: Alu, selektiv beschichtet, mit Kupferkanal für den Wärmeträger
  Verglasung: einfach mit Gartenblankglas
  Gehäuse: Holzkasten mit Mineralwolle-Dämmung 8 cm,
  Aufstellung: auf dem Garagendach, an Betonsteinplatten befestigt, Gehäuserückseite mit Holz verkleidet

* **Der Speicher:** 400 l Druckspeicher, Stahl emailliert, mit Magnesium-Opferanode und 2 Flanschen für Wärmetauscher
  Wärmetauscher:
  oben für Heizung 1,2 m²
  unten für Solaranlage 2,5 m² Rippenrohr, verzinnt
  Wärmedämmung: im Selbstbau mit 10 cm Mineralwolle und Gipsmantel,

* **Installation:** Kupferrohr 18 mmØ für Vor- und Rücklauf, Dämmung mit Schaumschalen; geschlossenes System (1,5 bar Systemdruck) mit Pumpenumlauf und Steuerung

Tabelle 26

Selbstbau: Anlage Jäger

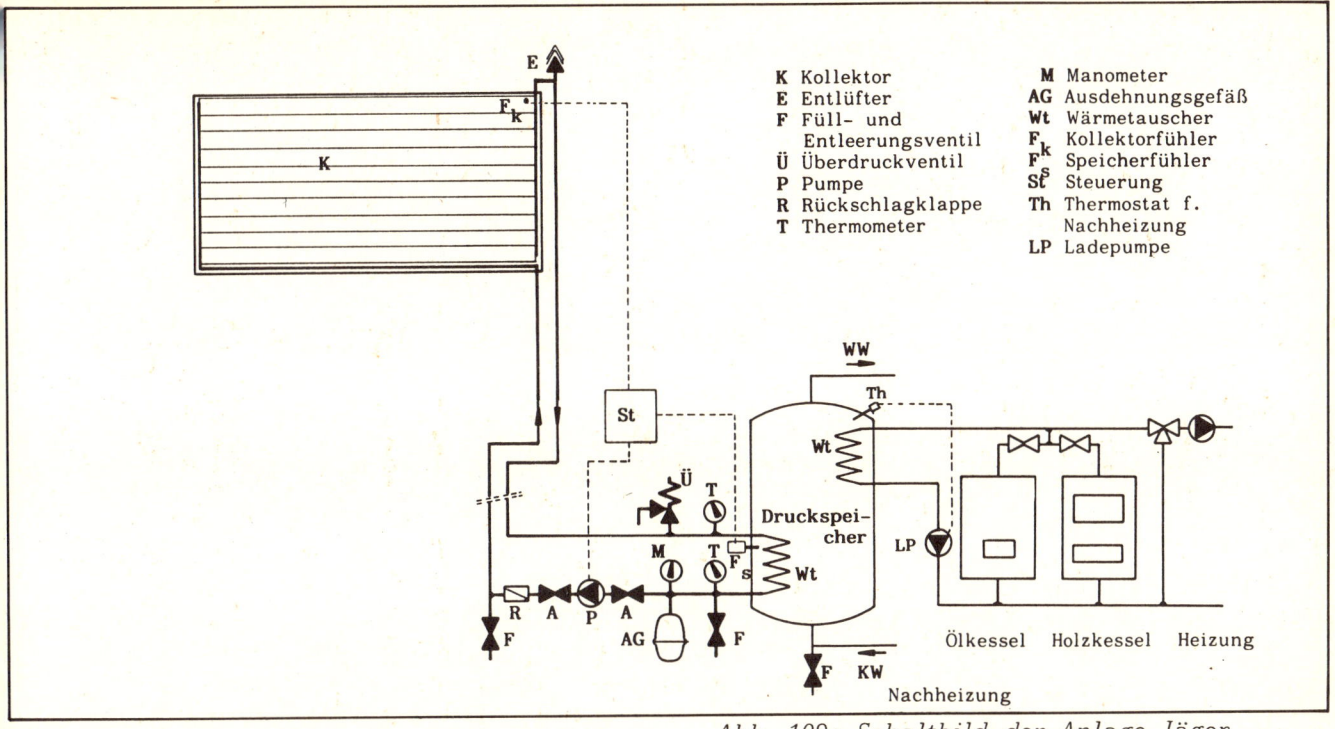

Abb. 109: Schaltbild der Anlage Jäger

Wasserleitungsdruck auf Dichtigkeit geprüft. Durch die waagerecht liegenden, 6m langen Streifen war der Installationsaufwand gering (20 Lötstellen). nachdem der Kollektorkasten mit Mineralwolle, Gipsfaserplatte und Alufolie ausgekleidet war, konnte der Absorber von 3 Personen aufs Dach gehoben und montiert werden. Die Absorberstreifen wurden in der Mitte mit je einer Schraube an einem Abstandsprofil festgeschraubt, so daß sich beide Enden frei im Kasten bewegen können (Wärmeausdehnung). Zu- und Ablaufrohre wurden nach außen geführt, dann konnte gleich mit der Verglasung begonnen werden: 4 mm Gartenblankglas (73 x 160) wurde auf die richtige Länge zugeschnitten, zwischen die Aluverglasungsprofile gelegt (die Scheiben werden unten durch Winkel gehalten) und mit dem dazu passenden EPDM-Profil befestigt und abgedichtet. Der Übergang zwischen Glas und Kollektorkasten am oberen und unteren Abschluß ist durch ein witterungsbeständiges Schaum-Dichtungsband geschlossen.

Zum Schutz des Holzes auf der Außenseite des Kollektorgehäuses wurde oben und an den Seiten später noch eine Verkleidung aus Kupferblech angebracht.

Die Arbeit ging zu zweit schnell von der Hand, nach 3 Tagen war der Kollektor soweit fertig, daß mit dem weniger sonnigen Installationsarbeiten im Keller begonnen werden konnte.

Der Brauchwasserspeicher fand in einem Raum neben der Heizung Platz. Die Pumpe und die übrigen Armaturen wurden an der Wand neben dem Speicher befestigt. Im übrigen weist die Installation keine Besonderheiten auf, das Schaltbild der Anlage ist in Abb.109 dargestellt.

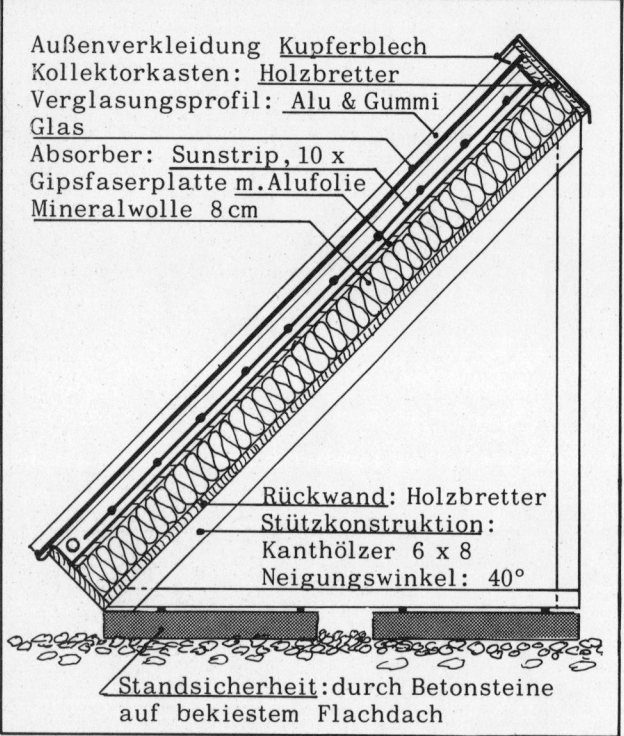

Abb. 110: Aufbau des Kollektors (Schnitt)

Abb. 111: Montage des Absorbers

Abb. 112: Die Verglasungsprofile werden aufgeschraubt

Verwirrend war die Vielzahl von verschiedenen Übergangsstücken und Verschraubungen und die Vielfalt ihrer Anwendungsmöglichkeiten: zwar war zu Beginn der Arbeiten eine genaue Stückliste aufgestellt worden, bei der Arbeit wurden einige Teile dann doch anders verbaut als geplant, so daß das eine oder andere Teil auf lästigen Besorgungsfahrten beschafft werden mußte. So dauerten die Arbeiten im Keller ebensolange, wie der Bau des Kollektors. Für den Anschluß des oberen Wärmetauschers an das Heizungssystem (für Nachheizung und Winterbetrieb) wurde der örtliche Installateur bestellt, da Schweißarbeiten erforderlich waren.

Abb. 113: Der fertige Kollektor mit Kupferblecheinfassung einige Monate später

Selbstbau: Anlage Jäger

Inbetriebnahme und Erfahrungen

Nach einer guten Woche konnte die Anlage dann zum ersten Mal zunächst nur mit Wasser gefüllt und in Betrieb genommen werden. Es war eine Freude zu sehen, daß alle Lötstellen auf Anhieb dicht waren. Beim Befüllen und Entlüften der Anlage zeigte sich, daß ein 2. Füllventil hinter der Pumpe (im Anlagenschaltbild gestrichelt) die Arbeit wesentlich erleichtert hätte. So dauerte es gut 2 Stunden, bis alle Luftblasen vor allem aus dem Wärmetauscher über den Entlüfter ausgeschieden waren und der Umlauf richtig in Gang kam.

Nach einem sonnigen Tag war der noch nicht isolierte Speicher auf 55°C aufgeheizt und brachte bullige Wärme in den Keller. Nach Abschluß der letzten Installationsarbeiten und der Dichtigkeitskontrolle wurde daher gleich mit der Dämmung des Speichers (Mineralwolle mit Gipsmantel) und der Rohrleitungen (fertige Schaumisolierung) begonnen.

Als nach einigen Tagen klar war, daß alle Lötverbindungen auch unter Betriebsbedingungen dicht bleiben, wurde das Wasser im Solarkreislauf abgelassen (Menge ca. 18 l), die Rohre mit fließendem Wasser durchgespült und der Kreislauf mit Wasser-Frostschutz-Gemisch (50% Propylenglykol mit Korrosionsschutz + 50% Wasser) gefüllt. Da keine Füllpumpe zur Hand war, wurde der Entlüfter am Kollektor abgeschraubt und dort zunächst die abgemessene Menge Frostschutzmittel eingefüllt; dann wurde über die Füllarmatur im Keller Wasser aus der Wasserleitung zugesetzt, so daß damit auch der Systemdruck von 1,5 bar eingestellt werden konnte.

Seit August '84 läuft die Anlage störungsfrei und zur vollen Zufriedenheit der Besitzer. Selbst an sonnigen Wintertagen erreichte der Solarspeicher ohne Heizungsunterstützung Temperaturen von 50°C. Mit allem Zubehör incl. Brauchwasserspeicher hat die Anlage etwa 4.500,- DM gekostet, zum Teil konnten günstige Einkaufsquellen genutzt werden.

Abb. 114: Die Installation im Keller

Abb. 115: Der Bauherr ist zufrieden...

6.3 Selbstbau- Solaranlagen

im "Energie- & Umweltzentrum am Deister"

Das Energie- und Umweltzentrum, ein Projekt, in dem z.Zt. 14 Erwachsene und 5 Kinder leben und arbeiten, ist in einem ehemaligen Landschulheim in Springe bei Hannover angesiedelt. Ziel dieser Gruppe ist es, "sich selbst zu verwirklichen, Aspekte einer neuen Gesellschaft, in der Mensch und Natur nicht mehr ausgebeutet werden, zu praktizieren und das Wissen darüber an andere weiterzugeben" (Zitat: Selbstdarstellung). Neben der Bildungsarbeit (Seminare & Kurse zu ökologischen Themen) stehen Beratungstätigkeit (Solartechnik, Energieeinsparung, Wasserbau), der Verkauf von Produkten (Solaranlagen, Bio-Baustoffe) und die umfassende und beispielhafte, energietechnische Sanierung der eigenen Gebäude im Mittelpunkt der Arbeit.

Abb. 116
Energie- &
Umweltzentrum
am Deister

So sind hier für das Gästehaus und das Wohnhaus unter anderem auch 2 Solaranlagen für die Brauchwassererwärmung entstanden, die in "Workshops" unter fachlicher Anleitung von Laien gebaut wurden und heute den größten Teil des Energiebedarfs für die Warmwasserbereitung (früher 5.000 l Heizöl im Sommerhalbjahr) decken.

Die **1. Anlage** entstand im Sommer 1982. Sie versorgt das Gästehaus (Schlaf- und Waschräume) mit Warmwasser und dient gleichzeitig zu Demonstrations- und Meßzwecken. Als Standort für die Kollektoren bot sich die Wiese hinter dem Gästehaus an, wo sie für Besucher gut zu erreichen ist.
Dort wurde auf einer eigens errichteten Tragkonstruktion ein Dachmodell aufgebaut und die Kollektoren in die Dachfläche integriert.
Den Aufbau der Kollektoren zeigt Abb. 118 im Schnitt. Die Absorber sind von unten zwischen den sehr regelmäßig liegenden Sparren montiert, eine Bauweise, die in der Altbaupraxis nur selten angewendet werden kann. Zu Forschungszwecken wurden 4 verschiedene Absorber in die sonst gleiche Kollektorkonstruktion eingebaut (siehe Daten der Anlage), so daß der Energieertrag verschiedener Absorber mit Wärmemengenzählern gemessen und verglichen werden kann. Inzwischen hat der praktische Betrieb gezeigt, daß die Absorber mit selektiver Beschichtung dem schwarzen Absorber deutlich überlegen sind, während die Unterschiede bei den 3 selektiven Absorbern nur gering ausfallen.
Das Verglasungsprofil (verzinkte T-Profile, Glas mit Silikon eingesetzt) hat sich bei der Arbeit als nicht optimal herausgestellt, da die Profile sehr präzise montiert werden müssen und viel Silikon-Dichtungsmasse gebraucht wird, die auf dem Dach nicht immer leicht zu verarbeiten ist.

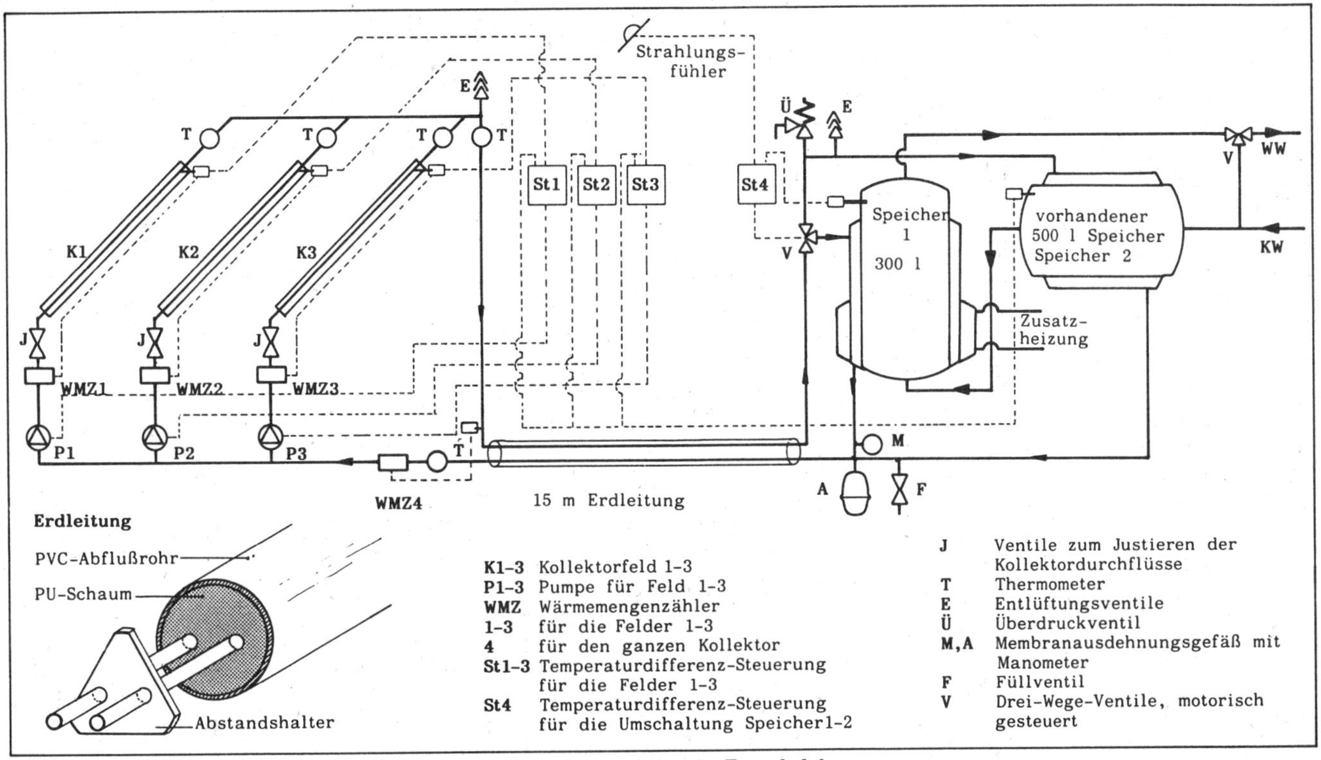

Selbstbau: Anlage Energie- & Umweltzentrum

Abb. 117: Brauchwasser-Solaranlage mit 3 Kollektor-Testfeldern

Da die Kollektoren frei stehen, wird die Wärme über eine ca. 15 m lange Erdleitung zu den beiden Speichern (300 & 500 l) im Heizungsraum geführt. Die Wärme wird über Doppelmäntel an das Brauchwasser abgegeben. Die Intensität der Sonneneinstrahlung bestimmt mittels Strahlungsfühler und Regelung die Auswahl des Speichers, der geladen werden soll. Bei hoher Einstrahlung wird Speicher 1 geladen, bei geringerer Speicher 2. Somit ist Speicher 1 stets auf höherer Temperatur. Dieser wird auch bei ausbleibender Sonnenenergie durch die Ölheizung nachgeheizt. Besonders im Winter macht sich das Zwei-Speicher-System günstig bemerkbar: die Solaranlage lädt dann hauptsächlich den Speicher 2 bei niedriger Temperatur und somit günstigem Wirkungsgrad. Im Sommer steht das gan-

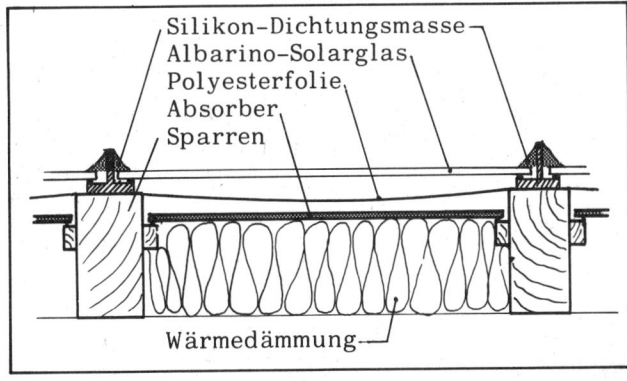

Abb. 118: Aufbau des Kollektors (Schnitt)

Abb. 119: Ansicht des Kollektor-Modelldaches

ze Speichervolumen der Solaranlage zur Verfügung. Ein thermostatischer Mischer hinter dem Speicher sorgt ggf. durch Zumischen von kaltem Wasser für eine konstante Brauchwassertemperatur von 45°C.

In der Übergangszeit und im Sommer erreicht die Solaranlage einen mittleren Wirkungsgrad von 40% (Nutzwärme/Sonneneinstrahlung), in dieser Zeit kann der Energiebedarf für Warmwasser zu 90-95% solar gedeckt werden. Im Sommer ist manchmal zuviel Energie da, wegen der etwas überdimensionierten Kollektorfläche (im Verhältnis zum Speichervolumen) tritt dann gelegentlich der "Leerlauffall" eines wird keine Energie mehr vom Kollektor abgeführt. Daher ist inzwischen auch die Fußbodenheizung der Waschräume an das System angeschlossen worden.

Die Kosten der Anlage betrugen 12.000,- DM einschließlich der Erdleitung und der Tragkonstruktion für das Modelldach.

Technische Daten der Solaranlage am Gästehaus, Energie- und Umweltzentrum am Deister

* **Zweck der Anlage:**	Brauchwassererwärmung für das Gästehaus (20 Betten);
* **Der Kollektor:**	**Kollektorfläche:** 19 m² aufgebaut mit 4 versch. Absorbern 1 - Selbstbau-Kupferabsorber: Rohre auf glattes Blech gelötet und mit Kollektorfarbe schwarz gestrichen; 2 - Selbstbau-Kupferabsorber wie 1, Beschichtung jedoch mit selektiver Folie (Maxorb); 3 - Fertige Edelstahlabsorber mit selektiver Beschichtung; 4 - Selbstbau-Absorber aus Sunstrip-Absorberprofilen mit selektiver Beschichtung; **Verglasung:** Albarino-Solarglas (Vegla), mit 2. innerer Abdeckung aus Polyesterfolie;
* **Der Speicher:**	je ein 300 + 500 l Doppelmantelspeicher, hintereinandergeschaltet, 2-Speicher-System mit Vorrangschaltung für Speicher 1;
* **Installation:**	Kupferrohr 22 mmØ für Vor- und Rücklauf, 15 m Erdleitung in Abflußrohr mit PU-Isolierung 120 mmØ; geschlossenes System mit Pumpenumlauf, 3 Pumpen für 3 Kollektorfelder mit separater Steuerung und Meßsystem;

Tabelle 27

Selbstbau: Anlage Energie- & Umweltzentrum

Technische Daten der Solaranlage im Haupthaus, Energie- und Umweltzentrum am Deister

* **Zweck der Anlage:** Brauchwassererwärmung für Großküche & Mitarbeiterwohnungen;
* **Der Kollektor:** **Kollektorfläche:** 50 m², aufgebaut aus Sunstrip-Absorberprofilen, selektiv beschichtet **Verglasung:** Albarino-Solarglas mit 2. innerer Abdeckung aus Polyesterfolie; **Einbau:** in die Dachfläche integriert;
* **Die Speicher:** 2 Speicher a 400 l + 1 Speicher 750 l in Kaskadenschaltung (Stahlspeicher, emailliert, ohne Wärmetauscher); **Wärmetauscher:** Gegenstrom-Wärmetauscher (40 kW bei $\Delta T = 8°C$) neben dem oberen Speicher;
* **Installation:** Kupferrohr 35 mm Ø; geschlossenes System mit Pumpenumlauf; Vorrangschaltung für die 3 Speicher durch Strahlungsfühler gesteuert, Umschaltung der Speicher durch elektrische Ventile in Vor- und Rücklaufleitung;

Tabelle 28

Der Kollektoraufbau ist in Abb. 38 dargestellt!

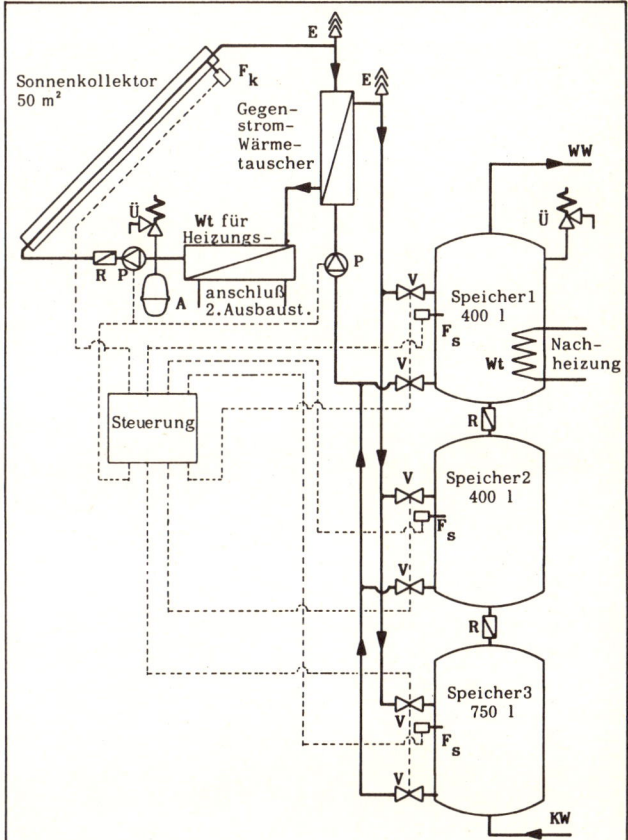

Abb. 120: Systemschaltbild der "großen" Kollektoranlage im Haupthaus

Die **2. erheblich größere Solaranlage** wurde ein Jahr später in das Dach des Haupthauses eingebaut, nach den Erfahrungen von der 1. Anlage mit einigen Verbesserungen. Sie deckt im Sommer den Warmwasserbedarf (800-1000 l/Tag) für das Haupthaus mit der Großküche und den Wohnräumen der Mitarbeiter.
Der Kollektor ist mit 50 m² recht großzügig bemessen, im Zuge des Dachausbaus bot es sich an, diese Fläche zu verglasen und als Sonnenkollektor zu nutzen; die Dachflächenfenster für die neuen Zimmer im Dachgeschoß sind in die Glasfläche integriert.

Abweichend von der 1. Anlage ist der Kollektor hier auf die Sparren aufgebaut (Abb. 38), als Absorber wurde einheitlich das System Sunstrip verwendet, das sich als gut und preiswert erwiesen hatte. Die Gipsfaserplatte (zum Absorber hin mit Alufolie beklebt) soll die hohen Temperaturen vom Dachstuhl fernhalten, sie liegt daher auf den Dachlatten und ist an der Unterseite gedämmt. Der Dämmstoff zwischen den Sparren (Korkschrot) wirkt gleichzeitig als Dämmung für den Kollektor und das Dachgeschoß.

Abb. 121: Ansicht des Dacheinbaus

Abb. 122: Die Kollektoranlage auf dem Dach des Haupthauses

Als transparente Abdeckung wurde die bewährte Kombination aus Albarino-Solarglas (außen) und Polyesterfolie (innen) gewählt. Zur Befestigung der Glasscheiben dient hier ein Spezial-Aluprofil mit EPDM-Dichtlippen, das nach dem Einlegen der Scheiben in Haltewinkel aufgeschraubt wird (kittlose Verglasung) und saubere und dichte Anschlüsse zur übrigen Dachhaut erlaubt (Zinkblechverwahrung).

Für die Wärmespeicherung standen bereits 2 Druckspeicher von 400 l zur Verfügung, so wurde entschieden, einen weiteren 750 l Speicher hinzuzukaufen und eine 3-Speicher-Kaskadenschaltung mit regelungstechnischer Optimierung der Speicheransteuerung aufzubauen. Die Regelung sorgt durch Schalten der elektrischen Ventile für eine vertikale Temperaturhierarchie in den Speichern, d.h. der oberste wird stets auf die höchstmögliche Temepratur aufgeladen, usw.. So können auch niedrigere Einstrahlungen noch genutzt werden, um den kältesten Speicher 3 zu laden. Reicht die Sonnenenergie nicht aus, so kann der oberste Speicher über die Ölheizung nachgeladen werden.

Bei im Speicher eingebauten Wärmetauschern wären 3 Tauscher mit je 12-15 m^2 Heizfläche erforderlich gewesen, daher entschied man sich nicht zuletzt aus Kostengründen für einen Gegenstromwärmetauscher im Kollektorkreis, der in der Nähe von Speicher 1 montiert wurde.

Die Steuerung der Anlage ist in einem Schaukasten in der Nähe der Tagungsräume untergebracht und zeigt die Funktion der Anlage durch verschiedene Kontrollampen an. Ein Temperaturmeßgerät mißt die Temperaturen an 12 Meßstellen in der Anlage, es wird von vielen Besuchern des Zentrums benutzt, um näheren Einblick in die Arbeitsweise der Anlage zu bekommen.

Die Anlage ist inzwischen seit mehr als einem Jahr in Betrieb und arbeitet zur Zufriedenheit der Benutzer. Sie deckt in der Übergangszeit und im Sommer etwa 90% des Energiebedarfs für Warmwasser. Nachteilig an der An-

Selbstbau: Betriebskontrolle

lage ist das etwas zu geringe Speichervolumen. Dadurch treten an sonnigen Tagen Wärmeüberschüsse auf, die in einer 2. Ausbaustufe über einen zusätzlichen Heizungsspeicher der Zentralheizung zugeführt werden sollen. Auch die 3-Speicher-Schaltung würde man – sollte die Anlage noch einmal gebaut werden – nicht wieder vorsehen: der Mehrertrag an Energie ist gegenüber einer 2-Speicher-Schaltung (z.B. 2 x 750-1000 l) gering, der zusätzliche Aufwand an Installation, Wärmedämmung und Regelungstechnik jedoch erheblich.

Die Kosten dieser Selbstbauanlage betrugen ca. 13.000,-DM, wobei die meisten Teile jedoch über die hauseigene Baustoffirma zu Einkaufspreisen beschafft werden konnten.

6.4 Betriebskontrolle von Solaranlagen

Um die Funktion der Solaranlage im Betrieb zu kontrollieren, genügt es, bei einem gelegentlichen Gang in den Keller (bzw. zum Speicher) einen Blick auf die wenigen Instrumente zu werfen, die in jeder Anlage eingebaut sein sollten:

* Das Manometer (Druckmesser) in geschlossenen Anlagen zeigt den Druck im Kollektorkreislauf an. Abgesehen von temperaturbedingten, kleineren Schwankungen deutet ein kontinuierliches (auch langsames) **Absinken des** Systemdrucks weit unter den eingestellten Wert auf Undichtigkeiten im Kollektor oder Leitungssystem hin, die dann unbedingt behoben werden müssen. Bei Undichtigkeiten im Kollektor wird der angezeigte Druck bis auf den Druck der verbleibenden Wassersäule (1 m Wassersäule ≙ 0,1 bar) absinken.

* Die beiden Thermometer im Vor- und Rücklauf des Kollektorkreises geben zusammen mit dem 3. Thermometer im Speicher Aufschluß über die thermische Funktion der Anlage:

  - Die Temperaturdifferenz zwischen Kollektorvorlauf (Leitung vom Kollektor) und -rücklauf (Leitung zum Kollektor) sollte bei der Inbetriebnahme durch Regelung der Pumpenleistung so eingestellt werden, daß sie bei voller Sonneneinstrahlung etwa 10°C beträgt. Diese maximale Temperaturdifferenz sollte im laufenden Betrieb erhalten bleiben.
  - Steigt die Temperaturdifferenz an, deutet dies auf einen verringerten Wärmeträgerlauf hin: Verstopfung im Leitungssystem durch Schmutz, Metallspäne o.ä. – Defekt an der Pumpe – Luft im System können die Ursachen sein.
  - Sinkt die Temperaturdifferenz bei ähnlichen Strahlungsbedingungen immer weiter unter diesen Wert, ist dies meistens ein Zeichen für zunehmende Verkalkung des Wärmetauschers. Ein Rückgang der Kollektorleistung (z.B. durch Verschmutzung der Scheiben, Verschattung, Luft in Teilen des Absorbers)

Beispiel für das Datenblatt einer Solaranlage

Baujahr: 1984
Kollektorfläche: 8,6 m²
Wärmeträger: Wasser-Propylenglykol, 50:50 + Korrosionsschutz
Lieferant: Fa. Wagner&Co, Marburg
Füllvolumen
Kollektorkreis: 18 l
Betriebsdruck: 1,5 bar
Überdruckventil: 2,5 bar
Temperaturdifferenz Vor-Rücklauf bei voller Sonneneinstr.: 10°C (eingestellt)
Speicher: 400 l, Stahl emailliert
max.Speicherdruck: 6 bar
Wärmetauscher: 2,5 m² solar (unten)
1,2 m² Heizung (oben)
Rippenrohr verzinnt

Anlagenschaltbild:

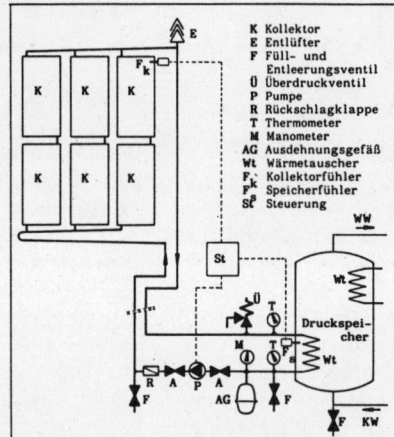

K Kollektor
E Entlüfter
F Füll- und Entleerungsventil
Ü Überdruckventil
P Pumpe
R Rückschlagklappe
T Thermometer
M Manometer
AG Ausdehnungsgefäß
Wt Wärmetauscher
F_k Kollektorfühler
F_s Speicherfühler
St Steuerung

Opferanode kontrolliert am: Wärmeträgerflüssigkeit kontrolliert am:

Tabelle 29

---

ist die andere mögliche Ursache.
* Die Speichertemperatur am Abend ist bei durchschnittlicher Wärmeentnahme ein gutes Maß für die am Tage genutzte Sonnenenergie. Erreicht sie im Laufe der Jahre nicht mehr die alten Werte, so ist entweder der Warmwasserverbrauch gestiegen oder die Leistung der Solaranlage hat nachgelassen. Letzteres zeigt sich dann auch in einer sinkenden Temperaturdifferenz zwischen Kollektorvor- und -rücklauf (siehe oben).
- Die Temperatur im Vorlauf sollte im Normalbetrieb nicht mehr als 5-15°C über der Speichertemperatur liegen, wenn das Thermometer in der Mitte des Speichers angebracht ist. Sehr viel größere Temperaturdifferenzen zeigen (bei normaler Brauchwasserentnahme) ebenfalls die nachlassende Leistung des Wärmetauschers an (Verkalkung).
* 2 Kontrollampen an der Steuerung für die Pumpe zeigen den Betriebszustand der Anlage an: grüne Lampe ein - Anlage läuft
       rote Lampe ein   - Anlage steht
       keine Lampe ein - Stromausfall

Werden Störungen an der Anlage vermutet, ist es ratsam, im Laufe eines sonnigen Tages die Instrumente mehrfach abzulesen und die Werte zu notieren, um dann eine genaue Diagnose zu stellen. Durch regelmäßiges Beobachten der Temperaturanzeigen (am besten am Mittag bis Nachmittag) in Verbindung mit dem Wetter wird man bald ein Gefühl dafür bekommen, wieviel kostenlose Sonnenenergie die Anlage liefern kann. Störungen im Betrieb fallen dann schnell auf.

Wartung

Neben einer gelegentlichen Kontrolle dieser Instrumente, die auch gleich bei der Fehlersuche helfen, fallen bei Solaranlagen nur wenig Wartungsarbeiten an:
* Alle 2-5 Jahre, je nach Anzahl und Fläche der Wärmetauscher, ist die Magnesium-Opferanode im Druckspeicher zu kontrollieren. Falsche Anbringung der Opferanode oder fehlende elektrische Isolierung der Wärme-

tauscher beschleunigen die Abnutzung der Opferanode erheblich. Ist sie verbraucht, muß sie durch eine neue ersetzt werden. Da bei ungünstiger Anordnung der Anode im Speicher dieser ganz entleert und abgebaut werden muß, wird diese Arbeit vielfach "vergessen". Es liegen keine Erfahrungen darüber vor, ob und in wieweit in der Praxis Schäden dadurch entstanden sind. In vielen Fällen empfiehlt es sich daher, anstelle der Opferanode ein elektronisches Gerät für den kathodischen Korrosionsschutz (Fremdstrom-Anode) einzubauen.

* Ist der Druck im Kollektorkreis abgesunken, ohne daß Undichtigkeiten festgestellt werden konnten (z.B. durch Abblasen von Dampf bei Stillstand der Anlage im Sommer), muß Wärmeträgerflüssigkeit, also Wasser-Frostschutz-Gemisch nachgefüllt werden.
* Die Hersteller der Frostschutzmittel empfehlen, nach anfänglich 3 Jahren, später alle 2 Jahre die Wirksamkeit des Korrosionsschutzmittels im Wärmeträger überprüfen zu lassen. Dazu wird über das Füllventil etwas Kollektorflüssigkeit (z.B. 100 ml) in eine saubere Flasche abgefüllt und zum früheren Lieferanten des Mittels oder zu der Herstellerfirma eingeschickt, die die Flüssigkeit untersuchen können.

Um noch nach Jahren bei Störungen, Umbauten, etc. alle wichtigsten Details der Anlage schnell bei der Hand zu haben, empfiehlt es sich auch für Selbstbauanlagen, ein Blatt mit den technischen Daten und dem Anlagenschaltbild anzulegen und es an einem passenden Ort z.B. in der Nähe des Speichers aufzuhängen.

6.5 Leistungen von Solaranlagen

Ohne eine umfangreiche und teure Meßapparatur ist es schwierig, die Leistung von Solaranlagen quantitativ zu bestimmen, und auch mit entsprechender Ausrüstung ist es im allgemeinen ein zeitaufwendiges Unterfangen. Zwar sind schon vor Jahren Leistungsmessungen an Kollektoren durchgeführt worden, die jedoch keine Rückschlüsse auf die Leistungsfähigkeit ganzer Anlagen erlauben. Denn jede Anlage sieht wieder ein wenig anders aus und wird anders genutzt. Eine eindeutige Aussage für das eine oder andere Anlagensystem (bzw.-fabrikat) wäre daher falsch; entscheidender für die Qualität der Anlage ist vielmehr eine sorgfältige Planung, Auslegung und Montage.
Insgesamt zeigen die bisherigen Erfahrungen, daß gut gebaute Selbstbauanlagen gut gebauten industriellen Anlagen in nichts nachstehen und die in sie gesetzten Erwartungen erfüllen. Leider werden nicht nur gute Anlagen gebaut...

Anfang 1984 erschien von der Stiftung Warentest ein Testbericht über 14 industrielle Solaranlagen, der kein Ruhmesblatt für die Solartechnik in Deutschland war. Ein Jahr lang wurden die im Freien aufgebauten Anlagen in "praxisnaher" Betriebsweise getestet und ihre Betriebsdaten aufgezeichnet. Die Ergebnisse waren einigermaßen niederschmetternd, zeigten sie doch, daß alle Anlagen mehr oder weniger große Mängel an den Bauteilen oder der Konstruktion aufwiesen und über das Qualitätsurteil "verbesserungsbedürftig" nicht hinauskamen. Häufig waren es Kleinigkeiten, die die Eigenschaften sonst guter Anlagen nachteilig beeinflußten. Auch in der Leistungsfähigkeit wurden große Unterschiede bei den Anlagen festgestellt, die nicht im direkten Zusammenhang mit dem Preis der Anlage standen, besonders: ungünstige Anordnung bzw. fehlende Zeitsteuerung des Elektroheizstabes, elektrisch nicht isolierter Einbau der Wärmetauscher, ungünstige Anordnung der Opferanode u.ä..

Der Test wurde von verschiedenen Seiten z.T. zu Recht heftig kritisiert, da die meisten Anlagen beim Erscheinen des Testberichts entweder nicht mehr erhältlich waren oder bereits in verbesserter Ausführung angeboten wurden; auch das Verfahren zum Vergleich der Leistungsfähigkeit erscheint nicht gerade aussagekräftig; und die dort angegebenen Preise kommentierte der Verband der Solar-Firmen mit: "..lassen sich von den Mitgliedsfirmen am Markt nicht realisieren". Der Testbericht sollte daher nicht als Abschreckung vor der Solartechnik verstanden werden, die von Jahr zu Jahr verbessert wird, sondern als Hinweis auf die verbesserungswürdigen Details.

Eine andere Untersuchung an bestehenden Solaranlagen in Südhessen (Solarkataster Südhessen, Battelle Institut, Frankfurt) zeigt insofern ähnliche Ergebnisse, als nur bei wenigen der untersuchten Anlagen die Leistungen gemessen werden konnten, die sie nach dem Stand der eingesetzten Technik bringen sollten. Dabei spricht es für den (qualifizierten) Selbstbau, daß einige Selbstbauanlagen bessere Ergebnisse erzielen konnten als verschiedene industrielle Anlagen, die von Fachinstallateuren geliefert wurden und z.T. erhebliche Mängel bei der Anlagenkonzeption und -ausführung aufwiesen.

Es bleibt daher zu hoffen, daß durch weitere Aufklärungsarbeit und verstärkte Fortbildung der Planer und Handwerker solche Mängel in Zukunft vermieden werden können. Auf jeden Fall schadet es der Weiterentwicklung der Solartechnik, wenn weiterhin vorwiegend kommerzielle Motive den dringend notwendigen, freien Austausch von Wissen und praktischen Erfahrungen verhindern.

Anhang 1
Berechnung der Solareinstrahlung und des Energieertrages

1. Um den Energieertrag einer Solaranlage abzuschätzen, rechnet man für jeden Monat einzeln mit den entsprechenden Mittelwerten für Solareinstrahlung, Energiebedarf, usw.. Zunächst wird die Sonneneinstrahlung auf die Kollektorfläche bestimmt.
Dazu entnimmt man Tabelle A1-1 (mittlere monatliche Tagessummen der Globalstrahlung auf waagerechte Flächen) die monatlichen Mittelwerte (in kWh/m²Tag) für eine nahegelegene Wetterstation. Die klimatische Lage sollte natürlich mit dem eigenen Standort einigermaßen vergleichbar sein.
Die monatlichen Werte werden in Zeile 1 der Tabelle A1-3 eingetragen.

2. Aus Tabelle A1-2 entnimmt man für die gegebene Dachneigung und -orientierung (Richtung) sowie für die geographische Breite des Standorts die monatlichen Korrekturfaktoren und trägt sie in Zeile 2 der Tabelle A1-3 ein.

3. Die Lufttrübung ist in den Meßwerten der Globalstrahlung enthalten. Sie braucht daher nicht korrigiert zu werden, wenn am Bauplatz ähnliche Luftverhältnisse vorliegen wie an der Meßstation. Abweichende Trübungsverhältnisse (z.B. stärkere Trübung durch Großstadt, Industriegebiet oder geringere Trübung durch Höhenlage) kann man durch einen Korrekturfaktor berücksichtigen, und zwar:
stärkere Trübung durch Großstadt, Industriegebiet, dunstige
Niederungen: k = 0,9 - 0,95
schwächere Trübung durch freies
Land, Höhenlage, u.ä. k = 1,05 - 1,15

Der Trübungsfaktor wird für alle Monate gleich in Zeile 3 der Tabelle eingesetzt.

4. Die im monatlichen Mittel täglich am Kollektor eingestrahlte Energie kann nun berechnet werden:

Einstrahlung = ① x ② x ③ = ④

Orientierung und Neigung der Kollektorfläche sind damit voll berücksichtigt. Bei nicht in der Tabelle A1-2 angegebenen Zwischenwerten muß man entsprechend auf- oder abrunden.

5. Um aus der täglich eingestrahlten Sonnenenergie die von Kollektor gelieferte Nutzenergie berechnen zu können, müssen Annahmen zum Wirkungsgrad des Kollektors getroffen werden.

Tabelle A1-1
Monatliche Tagessummen
der Globalstrahlung

	JAN	FEB	MÄR	APR	MAI	JUN	JUL	AUG	SEP	OKT	NOV	DEZ
1. Norderney	565	1295	2600	4274	5126	6020	5454	4745	3061	1656	740	443
2. Hamburg	521	1132	2231	3553	4688	5437	4820	4340	2786	1489	671	401
3. Braunschweig	631	1164	2239	3432	4647	5198	4769	4210	2787	1501	702	416
4. Braunlage	735	1336	2403	3507	4423	4949	4787	4156	2782	1672	757	512
5. Berlin	607	1135	2435	3487	4765	5436	5257	4580	3048	1592	760	458
6. Bocholt	642	1202	2175	3781	4887	4753	4136	3519	2707	1631	792	436
7. Gelsenkirchen	601	1231	2101	3454	4442	4307	3779	2683	1650	775	482	
8. Maastrich (Aa)	687	1338	2290	3606	4748	4995	4815	4257	3059	1760	879	536
9. Bonn	719	1326	1787	3334	4817	4383	4147	3625	2758	1667	841	529
10. Trier	722	1471	2520	3878	4883	5251	5268	4428	3309	1789	836	561
11. Geisenheim	699	1223	2072	3594	4719	4853	4517	4072	2872	1524	766	538
12. Freiburg	763	1344	2512	3589	4707	5199	4832	4551	3461	1917	986	717
13. Nürnberg	704	1419	2272	3065	5664	5842	5031	4524	2986	1899	874	649
14. Würzburg	817	1355	2680	4037	5033	5536	5343	4489	3533	1943	921	650
15. Weihenstephan	1071	1825	2961	4108	5075	5385	5458	4600	3698	2232	1180	834
16. Hohenpeissenberg	1378	2053	3165	4147	4891	5132	5399	4621	3850	2616	1428	1116
⌀ 16 Stationen	740	1379	2403	3678	4860	5176	4896	4281	3086	1784	869	580

Mittlere monatliche Tagessummen der Globalstrahlung aus langjährigen Messungen von 16 Stationen.
Die Globalstrahlung ist die Summe aus der direkten und diffusen Sonneneinstrahlung auf horizontale Flächen und wird hier als mittlere Tagessumme der Strahlung in Wh/m²d (Wattstunden pro m² und Tag) angegeben.

Richtung	Süden					Südost/Südwest				Osten/Westen			
Neigung	90°	60°	45°	30°	0°	90°	60°	45°	30°	90°	60°	45°	30°
Korrekturfaktoren für 48° nördlicher Breite													
Jan	1,22	1,39	1,37	1,27	0,82	0,90	1,11	1,14	1,11	0,54	0,72	0,78	0,81
Feb	1,17	1,37	1,36	1,26	0,79	0,91	1,13	1,16	1,13	0,57	0,75	0,81	0,82
Mär	0,76	1,03	1,09	1,09	0,89	0,71	0,94	1,01	1,03	0,55	0,75	0,82	0,88
Apr	0,52	0,85	0,94	0,99	0,93	0,60	0,84	0,93	0,97	0,55	0,74	0,82	0,89
Mai	0,39	0,71	0,83	0,91	0,93	0,51	0,76	0,85	0,91	0,56	0,75	0,83	0,89
Jun	0,36	0,67	0,79	0,88	0,94	0,46	0,72	0,82	0,89	0,53	0,74	0,82	0,89
Jul	0,38	0,69	0,81	0,90	0,94	0,48	0,74	0,84	0,91	0,54	0,74	0,83	0,89
Aug	0,46	0,79	0,89	0,95	0,92	0,57	0,81	0,90	0,95	0,56	0,75	0,83	0,89
Sep	0,71	1,01	1,08	1,08	0,89	0,70	0,94	1,01	1,03	0,56	0,75	0,82	0,87
Okt	0,99	1,22	1,24	1,19	0,84	0,80	1,03	1,09	1,08	0,55	0,74	0,81	0,85
Nov	1,29	1,46	1,43	1,31	0,79	0,94	1,15	1,18	1,14	0,53	0,71	0,77	0,79
Dez	1,27	1,43	1,41	1,29	0,82	0,93	1,13	1,16	1,12	0,53	0,71	0,77	0,80
Korrekturfaktoren für 50° nördlicher Breite													
Jan	1,30	1,46	1,43	1,31	0,81	0,95	1,15	1,17	1,13	0,53	0,71	0,76	0,80
Feb	1,17	1,37	1,36	1,27	0,79	0,89	1,11	1,15	1,12	0,55	0,73	0,79	0,81
Mär	0,77	1,02	1,08	1,09	0,89	0,71	0,94	1,01	1,03	0,56	0,75	0,83	0,88
Apr	0,55	0,86	0,95	1,00	0,91	0,62	0,86	0,94	0,98	0,57	0,76	0,83	0,89
Mai	0,40	0,73	0,84	0,92	0,93	0,52	0,77	0,86	0,92	0,56	0,75	0,83	0,89
Jun	0,39	0,68	0,80	0,89	0,94	0,48	0,73	0,83	0,90	0,55	0,75	0,83	0,89
Jul	0,41	0,70	0,82	0,90	0,94	0,50	0,74	0,84	0,91	0,54	0,74	0,83	0,89
Aug	0,48	0,80	0,90	0,96	0,93	0,57	0,81	0,90	0,95	0,55	0,75	0,83	0,89
Sep	0,73	1,02	1,09	1,09	0,89	0,71	0,95	1,01	1,03	0,56	0,75	0,82	0,87
Okt	0,98	1,20	1,22	1,18	0,84	0,80	1,02	1,08	1,08	0,56	0,75	0,82	0,85
Nov	1,36	1,51	1,47	1,33	0,78	0,98	1,18	1,20	1,15	0,55	0,72	0,77	0,79
Dez	1,22	1,38	1,37	1,27	0,84	0,91	1,11	1,14	1,10	0,51	0,70	0,77	0,81
Korrekturfaktoren für 52° nördlicher Breite													
Jan	1,35	1,49	1,46	1,32	0,80	0,98	1,17	1,19	1,13	0,52	0,70	0,76	0,79
Feb	1,18	1,37	1,35	1,26	0,80	0,90	1,11	1,15	1,12	0,56	0,74	0,81	0,82
Mär	0,79	1,04	1,09	1,09	0,88	0,72	0,95	1,01	1,03	0,57	0,76	0,83	0,88
Apr	0,57	0,87	0,96	1,00	0,92	0,63	0,87	0,94	0,98	0,57	0,76	0,83	0,89
Mai	0,43	0,75	0,86	0,93	0,93	0,53	0,78	0,87	0,93	0,56	0,75	0,83	0,89
Jun	0,41	0,70	0,81	0,90	0,95	0,49	0,73	0,83	0,90	0,54	0,74	0,83	0,89
Jul	0,43	0,71	0,82	0,91	0,94	0,50	0,75	0,84	0,91	0,55	0,75	0,83	0,89
Aug	0,51	0,80	0,91	0,97	0,93	0,58	0,82	0,90	0,95	0,55	0,75	0,83	0,89
Sep	0,74	1,02	1,08	1,09	0,88	0,71	0,94	1,01	1,03	0,56	0,75	0,83	0,88
Okt	1,05	1,25	1,26	1,20	0,82	0,84	1,05	1,10	1,09	0,56	0,74	0,81	0,84
Nov	1,39	1,54	1,50	1,35	0,79	1,00	1,20	1,21	1,15	0,53	0,71	0,76	0,78
Dez	1,31	1,45	1,42	1,29	0,80	0,87	1,07	1,10	1,07	0,51	0,70	0,77	0,82
Korrekturfaktoren für 54° nördlicher Breite													
Jan	1,46	1,59	1,54	1,37	0,79	1,05	1,23	1,23	1,14	0,51	0,69	0,74	0,78
Feb	1,27	1,44	1,41	1,29	0,78	0,97	1,17	1,19	1,14	0,59	0,76	0,82	0,81
Mär	0,82	1,07	1,11	1,10	0,86	0,75	0,97	1,03	1,04	0,58	0,77	0,84	0,88
Apr	0,60	0,89	0,97	1,01	0,91	0,65	0,88	0,95	0,99	0,57	0,76	0,84	0,89
Mai	0,44	0,76	0,86	0,93	0,92	0,55	0,79	0,88	0,93	0,57	0,76	0,84	0,89
Jun	0,42	0,71	0,82	0,90	0,94	0,50	0,74	0,84	0,91	0,55	0,75	0,83	0,90
Jul	0,44	0,72	0,83	0,91	0,95	0,51	0,75	0,85	0,92	0,55	0,75	0,83	0,90
Aug	0,53	0,81	0,91	0,97	0,93	0,60	0,83	0,91	0,96	0,57	0,77	0,84	0,90
Sep	0,78	1,05	1,10	1,10	0,87	0,74	0,97	1,03	1,04	0,57	0,76	0,83	0,88
Okt	1,12	1,31	1,31	1,23	0,80	0,89	1,10	1,13	1,11	0,58	0,76	0,82	0,83
Nov	1,49	1,62	1,56	1,39	0,77	1,06	1,25	1,24	1,16	0,53	0,70	0,75	0,77
Dez	1,26	1,40	1,39	1,27	0,86	0,94	1,12	1,14	1,08	0,50	0,69	0,76	0,82

Tabelle A1–2: Korrekturfaktoren zur Ermittlung der Strahlung auf Flächen mit unterschiedlicher Neigung und Orientierung

Die Prämissen zur Berechnung der Korrekturfaktoren zur Ermittlung der Strahlung auf Flächen mit unterschiedlicher Neigung und Orientierung

1. Die Faktoren sind für folgende Neigungswinkel der Kollektorfläche gegen die Horizontale durchgeführt:

   0 - 30 - 45 - 60 - 90°

   sowie für folgende Himmelsrichtungen (Orientierungen):

   Süd (0°), Südwest/Südost (45° von Süd), Ost/West (90° von Süd).

2. Die Berechnungen berücksichtigen eine generelle Horizontverschattung (durch Gebäude, Bebauung, Bepflanzung) von 5°, d.h. sie beginnen erst, wenn die Sonne höher als 5° über dem Horizont steht, und enden ebenso bei einem Sonnenstand von 5° über Horizont.
   Diese Verschattung ist auch die Ursache dafür, daß die 0° Flächen einen Korrekturfaktor erhalten, d.h. daß ihre Einstrahlungswerte unter den Globalstrahlungswerten liegen.

3. Für die Absorption wurde zwischen 0-50° Normalenwinkel der Faktor 1 angenommen, zwischen 50-85° eine lineare Abnahme bis auf 0 bei 85° und darüber.

4. Die Strahldichteverteilung der Diffusstrahlung über das Himmelsgewölbe wurde nach Aydinli, "Über die Berechnung der zur Verfügung stehenden Solarenergie und des Tageslichtes" (Düsseldorf 1981) angenommen. Gegenüber der Annahme einer gleichmäßigen Strahlungsdichte ergeben sich für vertikale Flächen Abweichungen von max 5-8%.

5. Für die Diffusstrahlung wurden die vorhandenen mehrjährigen Meßwerte der Diffusstrahlung von 15 Stationen der Bundesrepublik eingesetzt.

   Dabei wurde der Mittelwert aus den Meßdaten der fünf süddeutschen Stationen jeweils für die Berechnung des 47-49. Breitengrads verwendet, die Mittelwerte der mitteldeutschen Stationen für die Berechnung der Korrekturfaktoren für den 50. Breitengrad, sowie die Mittelwerte der norddeutschen Stationen für die Korrekturfaktoren des 52. und 54. Breitengrades benutzt.

6. Für die Bodenreflektion wurde ein Faktor von 0,2 in die Rechnung mit einbezogen.

Quelle: Die Zahlenwerte und der erläuternde Text wurde dem "Handbuch Passive Nutzung der Sonnenenergie", von W. Koblin, u.a. (Schriftenreihe des Bundesministers für Raumordnung, Bauwesen und Städtebau, Nr.04.097) entnommen.

Anhang 1

Neben der Kollektorkonstruktion hängt der Wirkungsgrad wesentlich von der Absorber- und der Außentemperatur ab, d.h. von der Art der Nutzung und den Umweltbedingungen.
Für verschiedene Kollektortypen können aus Abb. 52 (Seite 47) Richtwerte für den Wirkungsgrad entnommen werden, wobei als mittlere Betriebsbedingungen für die
- Schwimmbadheizung im Sommer
$x = 0,01 - 0,02$
- Brauchwasserbereitung in der Übergangszeit
$x = 0,04 - 0,05$
- Raumheizung in der Übergangszeit
$x = 0,05 - 0,12$

angenommen werden können.
Der Kollektorwirkungsgrad (evtl. mit monatlichen Variationen) wird in Zeile 5 der Tabelle eingetragen.

6. Die Verluste beim Wärmetransport zum Speicher und die Speicherverluste liegen bei guter Wärmedämmung je nach Länge der Transportleitungen und Speicherdauer zwischen 5 und 20 %; entsprechend wird der Transport- und Speicherwirkungsgrad durch den Faktor 0,80 - 0,95 berücksichtigt und in Zeile 6 der Tabelle (für alle Monate gleich) eingetragen.

7. Die Nutzenergie am Speicherausgang N_{nutz} läßt sich dann berechnen aus:

N_{nutz} = ④ x ⑤ x ⑥ = ⑦

Dies ist die im Mittel täglich verfügbare Nutzenergie pro m² Kollektorfläche.

8. Für eine bestimmte Anwendung läßt sich nun die erforderliche Kollektorfläche F berechnen, wenn man den täglichen Wärme-

Tabelle A1-3: Berechnungsblatt für die Nutzenergie von Sonnenkollektoren

	Jan.	Feb.	März	Apr.	Mai	Juni	Juli	Aug.	Sept.	Okt.	Nov.	Dez.
1 Globalstrahlung aus Tab. A1-1 in kWh/m²d												
2 Korrekturfaktor aus Tab. A1-2												
3 Trübungsfaktor												
4 Einstrahlung in Kollektorebene = 1 x 2 x 3 in kWh/m²d												
5 Kollektorwirkungsgrad												
6 Transport- & Speicherwirkungsgrad												
7 Nutzenergie am Speicher = 4 x 5 x 6 in kWh/m²d												

bedarf Q in kWh/Tag für die vorgesehene Nutzung bestimmt hat.

Kollektorfläche $F = Q / N_{nutz}$

Ist $F \times N \geq Q$, so sind im Mittel Energieüberschüsse zu erwarten (= Verluste und kleine Vorräte), im anderen Fall kann der Energiebedarf nicht voll gedeckt werden, es muß aus anderen Energiequellen nachgeheizt werden.

Da für den Kollektorwirkungsgrad nur überschlägige Mittelwerte eingesetzt wurden, liefert diese Rechnung natürlich auch nur (gute) Richtwerte für die Kollektordimensionierung.

Für genauere Rechnungen, die auch wechselnde Einstrahlungen sowie die konstruktionsspezifische Kollektorkennlinien berücksichtigen, kann man entweder das Kosinus-Stunden-Verfahren (U.Bossel, Solentec Report 1-3, Adelebsen 1979) als Handrechenverfahren oder ein entsprechendes Computer-Rechenverfahren (z.B. F-Chart) benutzen. Solche Berechnungen sind jedoch nur bei Großanlagen sinnvoll und vom Aufwand her vertretbar, die für den Selbstbau-Praktiker nicht infrage kommen.

Die Tabelle A1-4 bis A1-6 liefern noch weitere interessante Zahlenwerte über die Strahlungs- und Temperaturverhältnisse in der Bundesrepublik, die gelegentlich gebraucht werden.

Tabelle A1-7 zeigt den Lauf der Sonne für jeden Monat (und zwar jeweils am 21. des Monats) und verschiedene Breitengrade. Diese Sonnenbahndiagramme können benutzt werden, um Verschattungen durch Gebäude, Bäume etc. zu erfassen und ihre Auswirkung auf die Sonneneinstrahlung zu bestimmen.

Tabelle A1-4: Anteil der diffusen Strahlung an der Globalstrahlung in %

	JAN	FEB	MÄR	APR	MAI	JUN	JUL	AUG	SEP	OKT	NOV	DEZ
1. NO Norderney 5	73	64	60	53	48	56	57	55	53	60	69	81
2. HH Hamburg 7	74	69	68	55	50	59	59	57	58	65	72	80
3. BS Braunschweig 5	71	66	65	55	49	61	63	59	56	63	67	80
4. OS Osnabrück 3	72	59	67	55	51	64	64	59	54	65	70	85
5. BO Bocholt 5	75	67	62	56	55	67	67	64	60	66	70	83
6. GE Gelsenkirchen 5	74	61	66	56	53	67	69	68	59	65	66	80
7. KS Kassel 4	77	66	69	57	49	63	68	61	55	66	77	87
8. TR Trier 4	70	61	65	52	49	60	61	59	53	66	69	85
9. WÜ Würzburg 5	73	63	62	53	51	56	61	55	54	65	69	75
10. MA Mannheim 4	75	60	64	53	47	58	61	57	50	66	68	78
11. PS Passau 4	74	51	58	55	48	54	59	53	49	58	77	80
12. ST Stuttgart 3	69	55	64	53	52	59	58	57	53	64	63	74
13. WS Weihenstephan 6	76	63	58	53	49	51	54	52	50	63	65	75
14. FB Freiburg 5	74	58	61	51	49	52	50	45	44	57	59	70
15. HP Hohenpeissenberg 7	59	52	53	52	50	51	50	49	46	49	55	60
A. Ø aller 15 Stationen:	72	61	63	54	50	59	60	57	53	63	68	78
B. Ø 13 St.(ohne NO+HP):	73	61	64	54	50	59	61	57	53	63	68	78
C. Ø 5 St.NORD(ohne NO):	73	65	66	55	51	64	64	61	57	65	69	82
D. Ø 4 St.SÜD(ohne HP):	73	57	60	53	50	54	55	52	49	61	66	75

Tabelle A1-5: Monatliche Sonnenscheindauer in Stunden/Monat (Mittelwerte aus 5-jährigen Messungen an 16 Stationen)

	JAN	FEB	MÄR	APR	MAI	JUN	JUL	AUG	SEP	OKT	NOV	DEZ
1. Norderney	37	70	127	177	217	249	219	229	150	82	51	37
2. Hamburg	40	62	118	162	211	246	213	226	144	93	48	37
3. Braunschweig	47	59	115	150	202	219	204	211	141	99	51	31
4. Braunlage	50	67	109	150	186	201	201	192	132	105	48	40
5. Berlin	43	62	136	169	208	225	222	229	162	99	51	34
6. Bocholt	44	63	108	132	232	191	176	176	132	100	56	44
7. Essen	43	68	96	155	221	175	162	170	125	103	57	40
8. Maastrich (Aa)	40	62	96	144	186	183	183	189	144	99	57	37
9. Bonn	-	-	-	-	-	-	-	-	-	-	-	-
10. Trier	40	67	109	159	189	198	216	198	156	96	42	37
11. Geisenheim	42	59	116	182	225	201	192	193	148	82	54	47
12. Freiburg	44	66	116	156	205	218	218	222	182	113	69	56
13. Nürnberg	39	76	129	165	243	224	204	204	145	110	52	43
14. Würzburg	37	70	115	162	198	210	219	205	165	102	45	37
15. Weihenstephan	53	76	124	156	202	204	222	208	174	124	63	43
16. Hohenpeissenberg	99	95	133	156	192	222	208	186	161	93	90	
Ø 15 Stationen	47	68	116	157	201	209	205	204	152	105	56	44

Tabelle A1-6: Monatliche Durchschnitts-Außenluft-Temperaturen

	JAN	FEB	MÄR	APR	MAI	JUN	JUL	AUG	SEP	OKT	NOV	DEZ
1. Norderney	1.4	1.6	3.7	7.2	11.0	14.4	16.8	17.1	14.9	10.6	6.3	3.2
2. Hamburg	0.0	0.3	3.3	7.5	12.0	15.0	17.0	16.6	13.5	9.1	4.9	1.8
3. Braunschweig	-0.1	0.4	3.9	8.3	12.9	16.1	17.6	17.2	14.0	9.2	5.0	1.6
4. Braunlage	-2.7	-2.3	1.0	5.0	9.9	13.0	14.6	14.1	11.3	6.6	1.9	-1.0
5. Berlin	-0.6	0.0	3.6	8.7	13.8	17.0	18.5	17.7	13.9	8.9	4.5	1.1
6. Bocholt	1.5	1.8	4.8	8.4	12.6	15.7	17.4	17.0	14.2	9.7	5.7	2.7
7. Essen	1.5	1.9	5.3	8.9	13.1	16.0	17.3	17.0	14.6	10.0	5.8	1.0
8. Maastrich (Aa)	1.8	2.2	5.6	8.9	12.9	16.0	17.6	17.2	14.5	10.1	6.0	3.1
9. Bonn	1.8	2.6	6.0	10.0	14.2	17.2	18.8	18.2	15.3	10.5	6.2	3.0
10. Trier	0.6	1.4	5.5	9.0	13.1	16.1	17.8	17.2	14.4	9.4	5.1	1.6
11. Geisenheim	0.7	1.7	5.8	9.9	14.2	17.2	18.8	18.1	14.8	9.7	5.4	1.9
12. Freiburg	1.1	2.1	6.4	10.4	14.8	18.1	19.8	19.1	15.9	10.3	5.4	1.8
13. Nürnberg	-1.4	-0.4	3.7	8.2	13.0	16.5	18.0	17.3	13.8	8.4	3.7	0.0
14. Würzburg	-0.6	0.5	4.7	9.3	13.5	16.7	18.4	17.8	14.4	9.2	4.3	0.8
15. Weihenstephan	-2.4	-1.5	2.8	7.4	11.8	15.0	16.6	16.1	13.0	6.6	2.4	-1.1
16. Hohenpeissenberg	-2.2	-1.6	1.9	5.6	9.8	13.1	15.1	14.7	12.1	7.0	2.5	-0.8
Ø 16 Stationen	-0.1	0.6	4.3	8.3	12.7	15.8	17.5	17.0	14.0	9.1	4.7	1.4

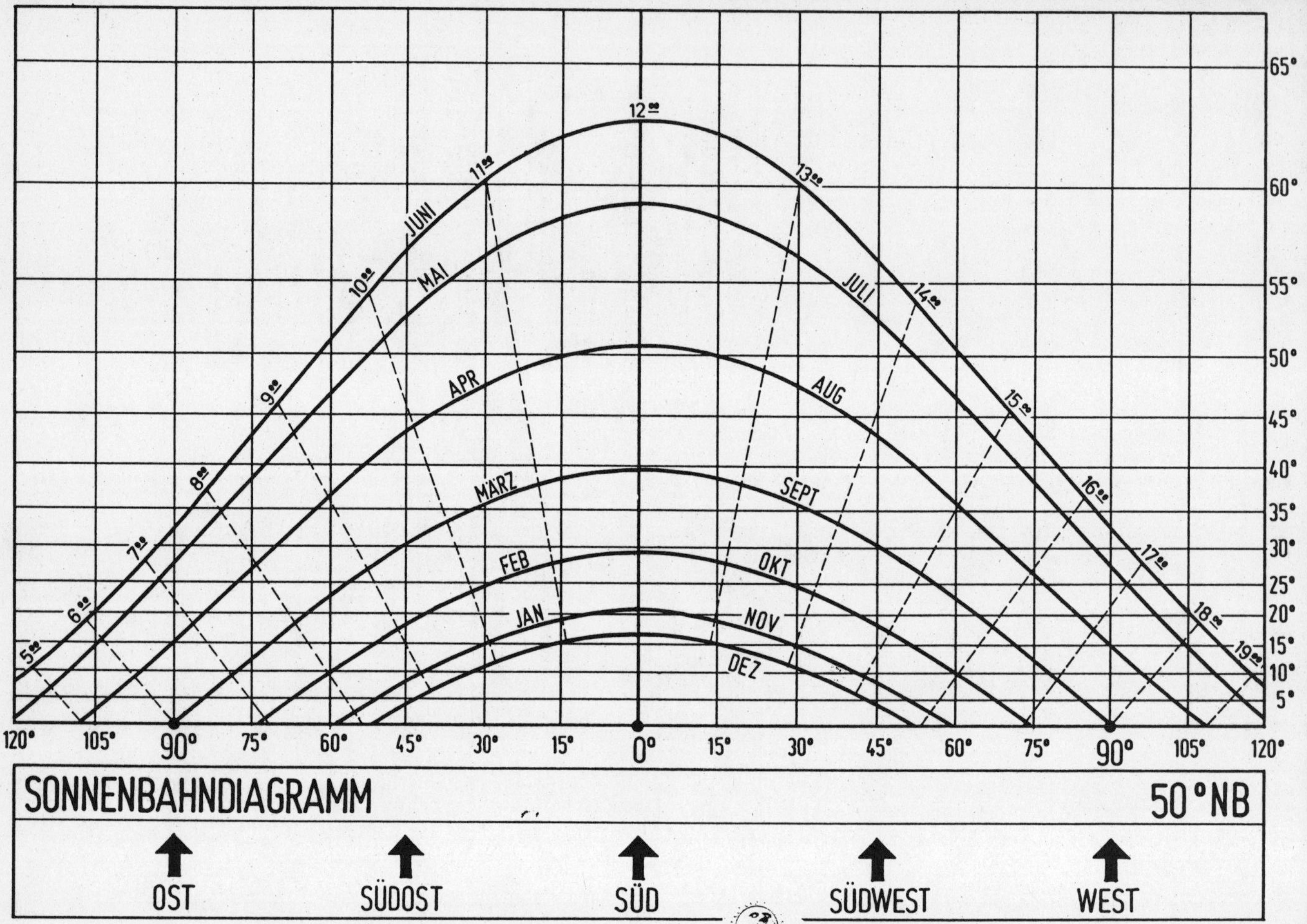

SONNENBAHNDIAGRAMM 50°NB

↑ OST ↑ SÜDOST ↑ SÜD ↑ SÜDWEST ↑ WEST

Tabelle A1-7: Sonnenbahndiagramm für den 50. Breitengrad

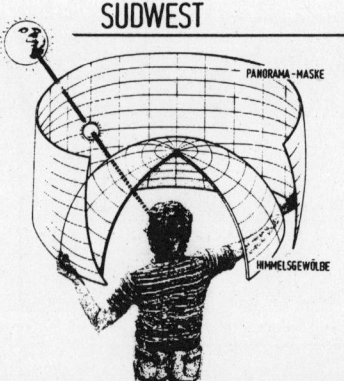

Eine elegante Methode, mit dem Sonnenbahndigramm Verschattungen zu registrieren, besteht darin, das Diagramm auf transparente Folie zu kopieren und diese so auf einem Holzbrett anzubringen, daß die 3 Himmelsrichtungen jeweils im Winkel von 90° zueinander liegen. Betrachtet man die Maske durch einen Türspion, so erkennt man die Sonnenbahnen vor dem realen Hintergrund.

Berechnung des Strömungswiderstandes und Auswahl der Pumpe

Anhang 2

Strömende Flüssigkeiten erfahren durch die Reibung an den Rohrwänden und an Kanten sowie durch Richtungsänderungen einen Fließwiderstand (= Druckverlust), der durch einen entsprechenden Pumpendruck (bzw. durch einen Auftriebsdruck bei Schwerkraftanlagen) überwunden werden muß. Der Fließwiderstand steigt mit zunehmender Strömungsgeschwindigkeit. Innen rauhe Rohre, wie z.B. Stahlrohre haben einen höheren Fließwiderstand als z.B. die innen glatten Kupferrohre.
Die folgenden Berechnungen und Diagramme beziehen sich alle auf die gebräuchlichen Kupferrohre.
Der gesamte Druckverlust des Solarkreislaufs setzt sich zusammen aus dem
- Druckverlust in der Installation,
- Druckverlust des Kollektors
- Druckverlust im Wärmetauscher.

Am Beispiel einer Rohrnetzberechnung für eine 8 m^2 Kollektoranlage (z.B. gemäß Abb. 93) sollen die Arbeitsschritte erläutert werden:

* Der erforderliche Durchfluß durch den Kollektor beträgt für reines Wasser als Wärmeträger 40 l/m^2h.
* Da jedoch ein Wasser-Frostschutzgemisch mit 40% Glykolanteil verwendet wird, ist die umzuwälzende Wärmeträgermenge um 20% zu erhöhen, da das Wasser-Glykol-Gemisch eine geringere spez. Wärme besitzt.
40 l/m^2h + 20% = 50 l/m^2h
Insgesamt müssen im Kollektorkreislauf also 50 l/m^2h x 8 m^2 = 400 l/h umgewälzt werden.

1. Druckverlust in der Installation

Für gerade Kupferrohre verschiedener Durchmesser kann aus Tabelle A2-1 der Druckverlust pro m Rohr in Abhängigkeit vom Durchfluß bestimmt werden.

Im Beispiel:
gewünschter Rohrdurchmesser: 18 mm Ø
Druckverlust nach Tab.: 25 mm Ws/m
bei 400 l/h
installierte Rohrlänge: 25 m gerade Rohre
Druckverlust in den geraden Stücken:
25 m x 25 mm Ws/m = 625 mm Ws ≙ 0,625 m Ws

Durch Winkel, T-Stücke, Ventile entsteht ein zusätzliche Druckverlust durch Umlenkung der Fließrichtung, der folgendermaßen berücksichtigt werden kann:
Aus Tabelle A2-2 können für die verschiedenen Fittings und Armaturen sogenannte "z-Werte" ermittelt werden, die für alle Elemente in der Installation addiert werden.

Im Beispiel:
10 Winkel à z = 0,5   Summe z = 5
 2 T-Stücke (Trennung) à z = 1,5   z = 3
 2 Hähne à z = 4   Summe z = 8
                                Summe aller z-Werte = 16

Die Installation soll in 18 mm Ø ausgeführt werden. Aus Tabelle A2-1 ergibt sich bei einem Durchsatz von 400 l/h eine Fließgeschwindigkeit zwischen 0,5 und 0,6 m/s (genauer 0,58 m/s). Bei dieser Fließgeschwindigkeit beträgt der Druckverlust für z = 1 17 mmWs. (Die strichpunktierte Linie im Diagramm liefert den Zusammenhang zwischen Strömungsgeschwindigkeit und Druckverlust für z = 1)

Für z = 16 (im Beispiel) beträgt der zusätzliche Druckverlust durch die Ventile und Bögen demnach
16 x 17 mmWs = 272 mmWs ≙ 272 mmWs

Der **gesamte Druckverlust in der Installation** beträgt dann
625 + 272 = 897 mmWs ≙ 0,9 mWs
1000 mm Wassersäule ≙ 1 m Wassersäule

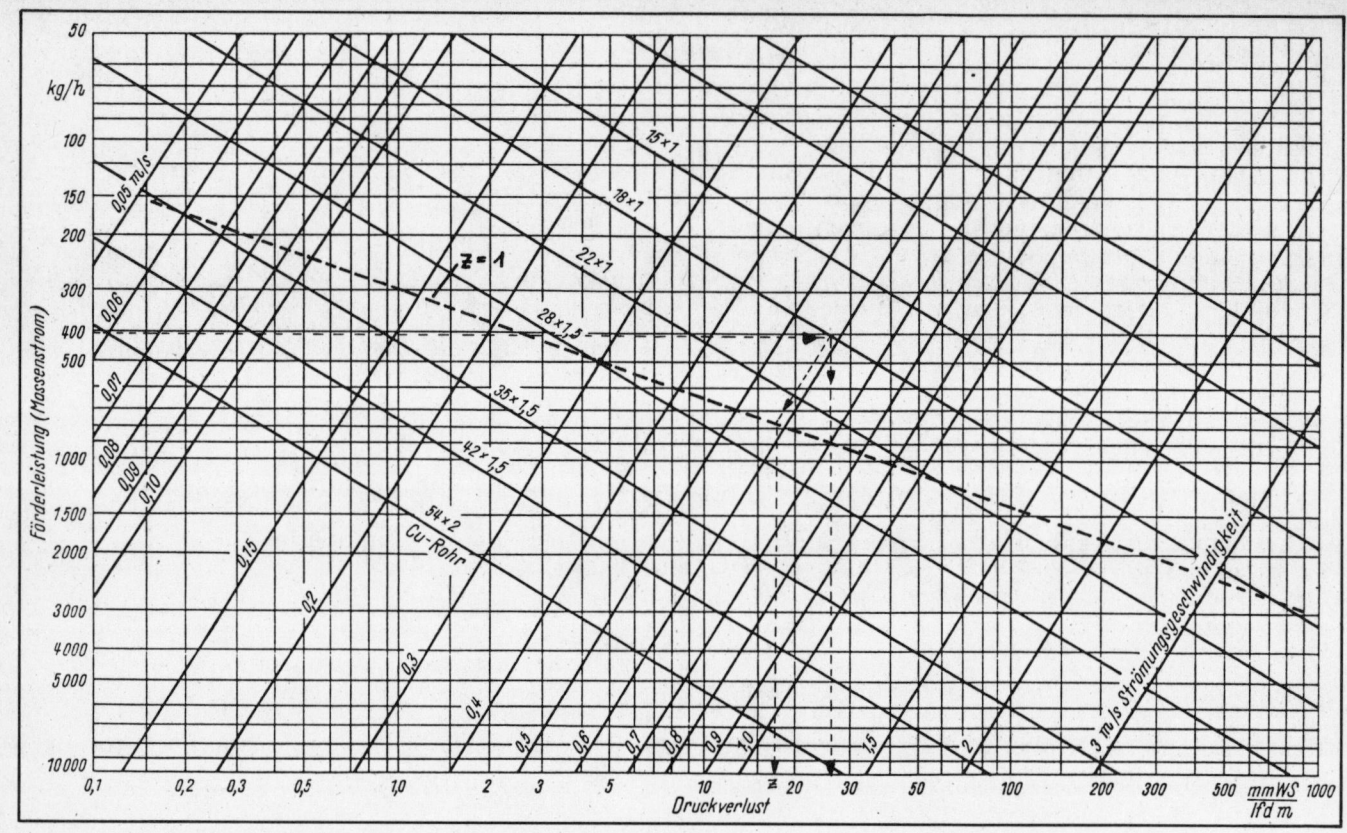

Tabelle A2-1: Druckverlust in Rohrleitungen aus Kupfer in Abhängigkeit vom
Durchfluß, der Strömungsgeschwindigkeit und vom Rohrdurchmesser
Der Druckverlust für z = 1 in Abhängigkeit von der Strömungsgeschwindigkeit kann ebenfalls abgelesen werden (gestrichelte Linie)

2. Druckverlust im Kollektor

Der Druckverlust im Kollektor muß im allgemeinen den Datenblättern der Hersteller entnommen werden. Für den SUNSTRIP-Absorber ist in Abb. 27 (Seite 23) der Druckverlust in Abhängigkeit von der Durchflußrate und der Absorberlänge dargestellt.

Im Beispiel:
gewählte Absorberlänge: 6 m
Durchfluß: 0,9 l/m²min $\cong$ 54 l/m²h
Druckverlust nach Abb. 27:
25 mbar $\cong$ 250 mmWs $\cong$ 0,25 mWs im Kollektor

3. Druckverlust im Wärmetauscher

Der Druckverlust im Wärmetauscher muß ebenfalls für den ausgewählten Typ den Herstellerunterlagen entnommen werden. Für die gebräuchlichen Rippenrohr-Wärmetauscher kann er dem Diagramm Tab. A2-3 entnommen werden.

Im Beispiel:
gewählte Tauscherfläche: 2,5 m²
Durchfluß: 400 l/h
Druckverlust im Wärmetauscher:
55 mbar $\cong$ 550 mmWs $\cong$ 0,55 mWs

Anhang 2

Widerstandsbeiwerte (z-Werte)
von Rohrleitungsteilen

```
Muffen .........................................0
Bogen 90°, r/d = 0,5 ....................1,0
          1,0 ..................0,35
          2,0 ..................0,20
          3,0 ..................0,15
T-Stück, rechtwinklig
          Trennung .........1,5
          Vereinigung .....1,0
          Trennung .........0,0
          Vereinigung .....0,5
          Gegenlauf ........3,0
T-Stück, strömungsgerecht
          Trennung .........0,5
          Vereinigung .....0,5
          Trennung .........0,0
          Vereinigung .....0,0
Normalventil ...................... 4 - 4,5
Schrägsitzventil ..................... 2 - 3
Freiflußventil ........................ 0,8 - 1
Eckventil ............................. 3,5
Schieber ............................. 0,1 - 0,15
Rückschlagklappe .................. 1,5
Rückschlagventil ................... 6
```

Tabelle A2-2

Der **gesamte Druckverlust** im Kollektorkreislauf beträgt dann:
* Installation   0,90 mWs
* Kollektor   0,25 mWs
* Wärmetauscher   0,55 mWs

Druckverlust insgesamt   1,70 mWs

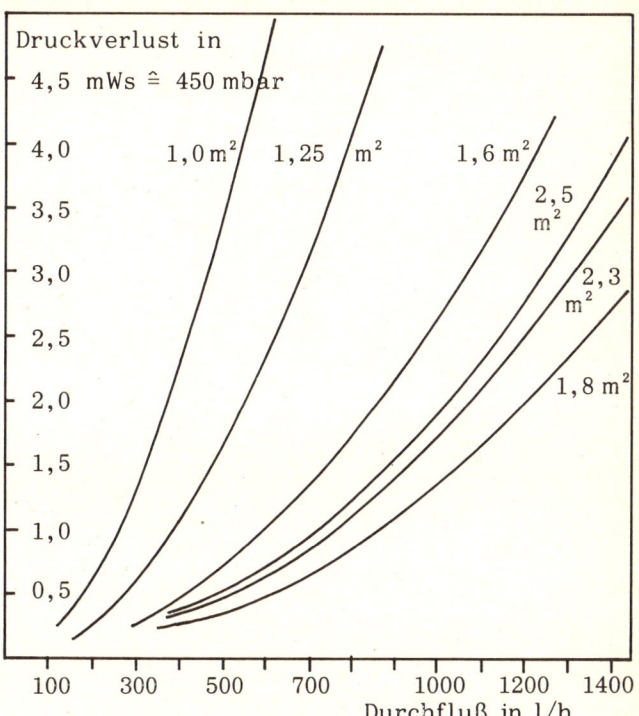

Tabelle A2-3: **Druckverlust in Rippenrohrwärmetauschern**

Wegen der höheren Viskosität der Wasser-Glykol-Mischung muß auf den für Wasser ermittelten Druckverlust ein Zuschlag von 30-40 % gerechnet werden:

1,70 mWs + 35% = 1,70 + 0,6 mWs = 2,3 mWs

Die Umwälzpumpe für die Solaranlage muß bei einem Wärmeträgerdurchfluß von 400 l/h einen Rohrreibungswiderstand von 2,3 m Wassersäule überwinden.
Bleibt der Druckverlust nicht wie in diesem Beispiel im normalen Rahmen (1 - 2,5 mWs), so muß daß Berechnungsverfahren ggf. für den nächstgrößeren (oder kleineren) Rohrdurchmesser wiederholt werden.

Auswahl der Umwälzpumpe

Mit Hilfe eines Pumpenkataloges, in dem die einzelnen Pumpenkennlinien abgebildet sind, kann nun eine geeignete Pumpe ausgewählt werden.

Im Beispiel: das dargestellte Pumpendiagramm zeigt die Kennlinie einer etwas großzügig dimensionierten Pumpe mit zwei elektrischen Schaltstufen. Die beiden Balken zeigen die Bereiche, innerhalb der die Pumpe mit der hydraulischen Regelung eingestellt werden kann.
Geht man von einer Förderhöhe von 2,3 m Wassersäule aus und sucht den Schnittpunkt mit der Fördermenge von 400 l/h, so sieht man, daß der Schnittpunkt noch unterhalb der oberen Kennlinie von Schaltstufe 1 liegt, die die maximale Leistung der Pumpe in dieser Schaltstufe angibt.

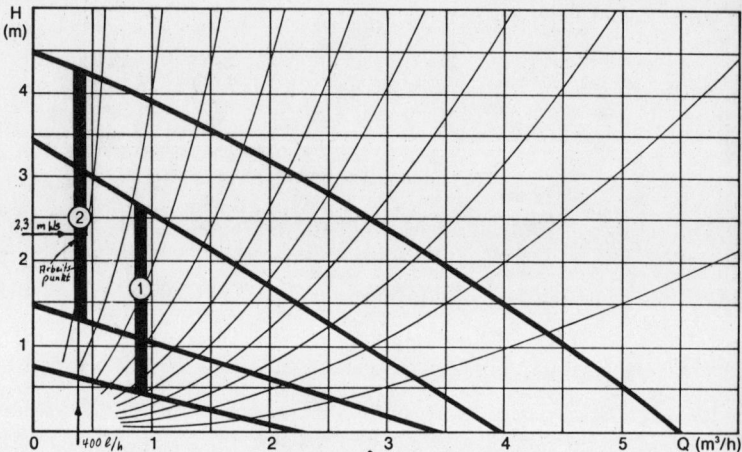

Tabelle A2-4: Kennlinie einer Heizungspumpe

Wird die Pumpe nicht mit der hydraulischen Regelung gedrosselt, werden im Beispiel etwas mehr als 400 l/h (ca. 500 l/h) umgewälzt, wobei der Druckverlust auf nahezu 3 mWs ansteigt.

Durch Einstellen der hydraulischen Regelung an der Pumpe kann anhand der Temperaturdifferenz zwischen Vor- und Rücklauf die richtige Umwälzmenge eingestellt werden.

Eventuell ist es auch sinnvoll, eine Pumpe mit einer etwas kleineren Leistung einzusetzen, um den Stromverbrauch der Solaranlage möglichst niedrig zu halten.

Anhang 2

Dimensionierung bei Schwerkraftanlagen

Da hier keine Pumpe vorhanden ist, muß der Druck zur Überwindung der Rohrreibung allein durch den Auftrieb des erwärmten Wärmeträgers erzeugt werden.

Der Antriebsdruck in Schwerkraftanlagen ist gegeben durch

$P = h \times (g_2 - g_1)$ in mmWs mit

h = Höhenunterschied zwischen Kollektorzulauf (unten) und dem Eintritt in den Speicher (höchster Punkt des Kollektorkreislaufs) in Meter
g_1 = spez. Dichte des Wärmeträgers am warmen Ende (oben) in kg/m³
g_2 = spez. Dichte am Kollektorzulauf (unten) in kg/m³

Läßt man im Kollektor eine maximale Temperaturerhöhung von 20°C zu, so beträgt die Differenz in der Dichte je nach Wärmeträgermischung etwa 10-15 kg/m³ (vgl. Tab. A2-4). Die Höhendifferenz zwischen Kollektorzulauf und Eintritt in den Speicher ist dann noch die einzige variable Größe, um den Antriebsdruck zu verändern.

Beispiel: bei einer Höhendifferenz von 3 m beträgt der Antriebsdruck dann etwa
P (3m) = 30 - 45 mmWs, bei 4 m Höhenunterschied entsprechend P (4m) = 40 - 60 mmWs

Bei der Rohrnetzberechnung müssen Rohrdurchmesser und -länge nun so gewählt werden, daß man bei dem durch die Anordnung der Schwerkraftanlage gegebenen Antriebsdruck die nötige Wärmeträgermenge von 30-40 l/m²h umgewälzt werden kann. Dazu muß der Rohrreibungswiderstand kleiner sein als der Antriebsdruck.
Der Zuschlag auf den Druckverlust bei Verwendung von Wasser-Glykol-Gemischen ist auch hier zu berücksichtigen.
Da beim Schwerkraftumlauf nur sehr geringe Antriebskräfte zur Verfügung stehen, sollte man (neben ausreichend bemessenen Rohrweiten) darauf achten, daß scharfe Knicke und strömungstechnisch ungünstige Ventile im Kreislauf vermieden werden. Da die Viskosität der Wasser-Glykol-Mischung mit zunehmendem Glykolgehalt steigt und damit auch der Strömungswiderstand größer wird, sollte man in Schwerkraftanlagen nur gerade soviel Frostschutzmittel zusetzen wie eben nötig.

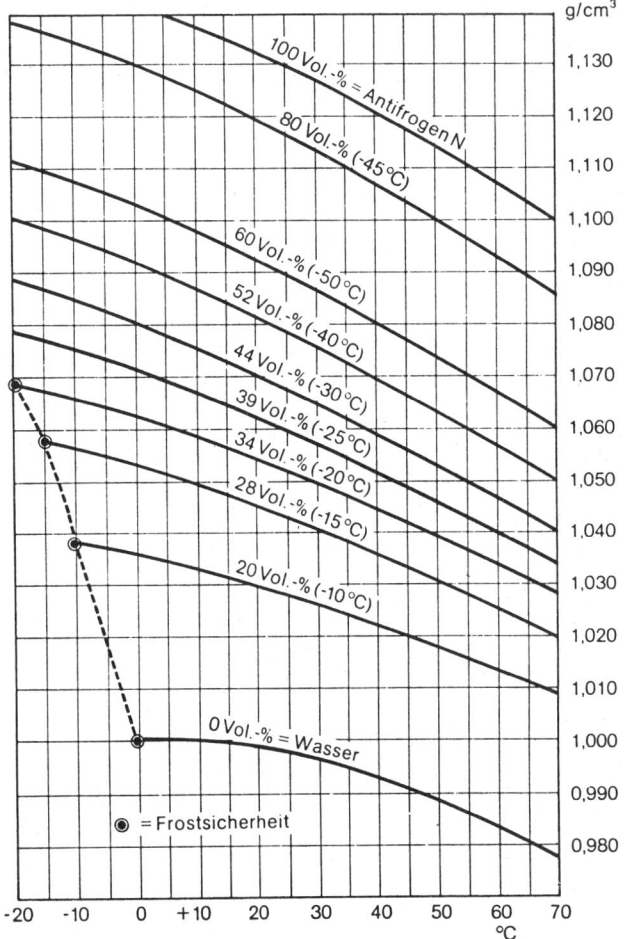

Tabelle A2-5: Dichte verschiedener Wasser-Glykol-Mischungen in Abhängigkeit von der Temperatur

Anhang 3

Dipl. Ing. Hans J. Olfs

Bauanleitung für einen Wasserspeicher aus Kupferblech

Für seine Solaranlage baute der Autor einen einfachen und preiswerten, drucklosen Speicher aus korrosionsbeständigem Kupferblech. Hier seine Bauanleitung, die einige Übung bei der Verarbeitung von Kupferblech und im Löten voraussetzt (man muß das Hartlöten beherrschen und über eine entsprechende Ausrüstung verfügen):

Da im Speicher nur der statische Wasserdruck von ca. 0,2 bar ($\cong$ 2 m Wassersäule) auftritt, kann mit relativ geringem Materialaufwand gearbeitet werden. Der 500 l Speicher ließ sich mit (gebrauchten) Wärmetauschern incl. Isolierung und Holzverkleidung für ca. 600 DM herstellen.

Materialbedarf:
2 Tafeln Kupferblech, 2000 x 1000 mm, 0,5 mm Wandstärke
2 runde Kupferbleche, 700 mm Ø, 0,5 mm dick
2 m² wasserfest verleimtes Sperrholz, 16 mm
2 m² Spanplatte, 19 mm
  ergeben einen Speicherinhalt von ca. 530 l

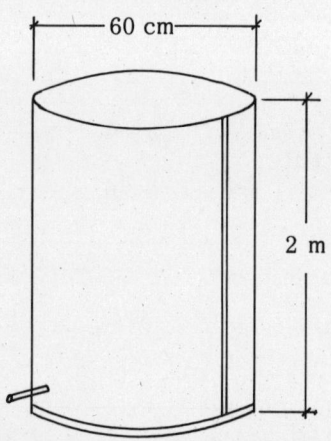

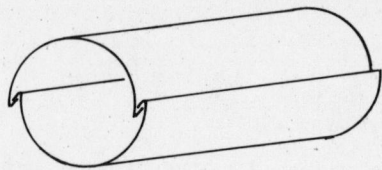

Arbeitsablauf

1. Der Mantel

* Große Blechtafeln an je einer kurzen Seite 10 mm abkanten und umschlagen (ergibt die obere Speicherkante).
* Große Blechtafeln an beiden langen Seiten ca. 15 mm abkanten, so daß sich der Mantel aus den zwei halbrund gebogenen Blechtafeln zusammenfügen läßt.
* An den entstandenen Nähten zunächst nieten (nur Kupfer-Nieten verwenden!), dann **hartlöten**.

2. Der Boden

* Umfang bzw. Durchmesser des Mantels bestimmen, dann Bodenblech als Kreisscheibe ausschneiden mit ca. 50 mm Zugabe im Durchmesser (Beispiel: Manteldurchmesser 600 mm, Bodenblechdurchmesser 650 mm).
* Bodenblech am Rand umbördeln lassen, so daß es unten über den Mantel paßt (der Mantel steht im umgebördelten Boden!).

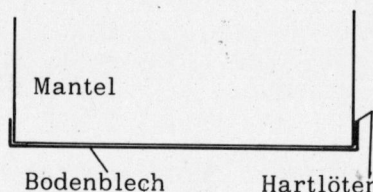

* Besteht keine Möglichkeit zum maschinellen Bördeln, kann man auch nach folgender "Heimwerker"-Methode vorgehen:

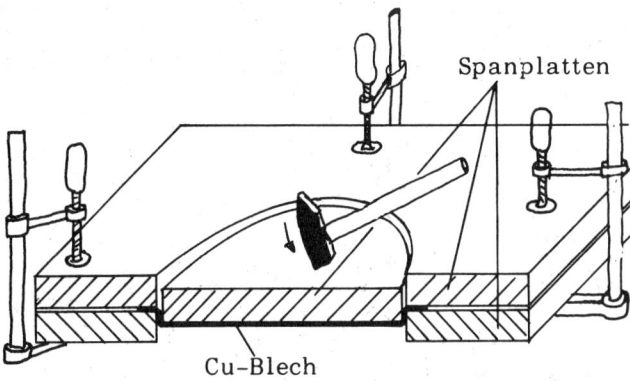

Aus zwei gleichen Spanplatten zwei gleiche Kreisscheiben mit dem Manteldurchmesser $\varnothing_M$ ausschneiden, Bodenblech wie oben angegeben ausschneiden und am Rand weichglühen; auf die Spanplatte mit Loch mittig auflegen, zweite Spanplatte mit dem Loch mittig darüberlegen und mit Schraubzwingen zusammenhalten. Eine ausgesägte Kreisscheibe aus Spanplatte auf das Blech legen und mit dem Hammer nach unten durchtreiben.

* Die Spanplatten werden später bei der Aufstellung und Isolierung des Speichers verwendet!
* Boden mit dem Mantel **hart** verlöten!

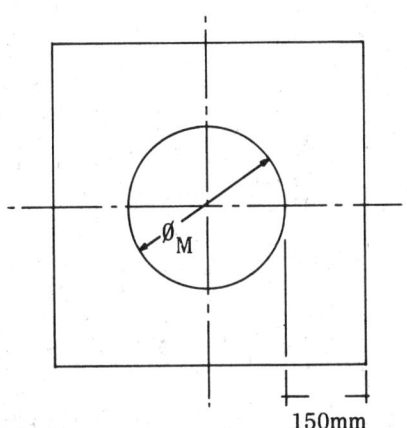

3. Der Deckel mit Wärmetauscher

Der Deckel ist zugleich Wärmetauscher-Flansch und wird aus zwei kreisrunden, wasserfest verleimten Sperrholzplatten aufgebaut. Durch unterschiedlichen Durchmesser ergibt sich ein umlaufender Falz. Der Deckel wird auf der Speicherinnenseite mit Kupferblech verkleidet. Der Falz im Kupferblech kann auf ähnliche Weise hergestellt werden wie der Rand des Bodenblechs.

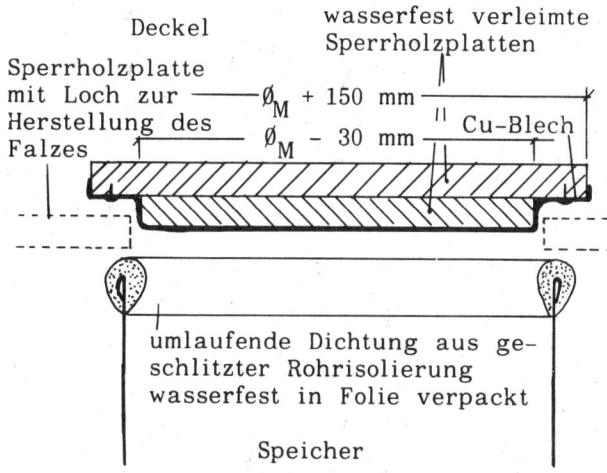

* Randbereich weichglühen und mit Hilfe der Sperrholzplatte (mit Loch) über die kleinere Deckelplatte treiben.
* Eine Sperrholzplatte mit Loch genauso zuschneiden wie die Spanplatten, sie wird später zum Bau des Gehäuses verwendet.
* Rohre die von oben durch den Deckel geführt werden, müssen mit dem Kupferblech am besten weich verlötet und von oben mit einer Rohrdurchführung oder einer Schelle gesichert werden.
* Insgesamt müssen wenigstens 4 Rohre von oben in den Speicher geführt werden: Kaltwasser, Warmwasser, Vorlauf und ein offenes Rohr zum Druckausgleich bzw. zur Wasserstandskontrolle.

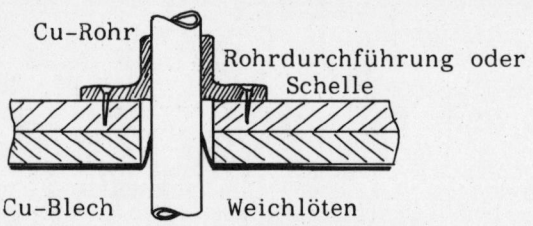

* Das Rücklaufrohr wird unten in den Speicher **hart** eingelötet. Um auch bei dem dünnen Blech genügend Stabilität zu erhalten, wird etwas zu klein vorgebohrt, die Lochrandung weichgeglüht, aufgeweitet, der Rohrnippel eingeschoben und **hart** verlötet.

4. Aufstellung des Speichers

* Erste Spanplatte mit Loch außen achteckig oder rund schneiden und auf den Boden legen.
* Runde Platte aus trittfestem Dämmstoff (z.B. Styrofoam oder Kork) in die Öffnung der Spanplatte legen, runde Spanplatte zum Schutz vor Überhitzung darüberlegen.
* Speicher auf die Platten stellen;
* Untere Hälfte des Speichers mit Dämmaterial umwickeln (alukaschierte Mineralwolle Kokos, o.ä.)
* Zweite Spanplatte mit Loch wie die erste Platte zuschneiden und von oben über den Speicher schieben.
* Obere Hälfte des Speichers isolieren.
* Sperrholzplatte mit Loch wie die Spanplatten zuschneiden und oben um den Speicher bzw. auf die Dämmung legen.
* Von außen mit Holzbrettern verkleiden.

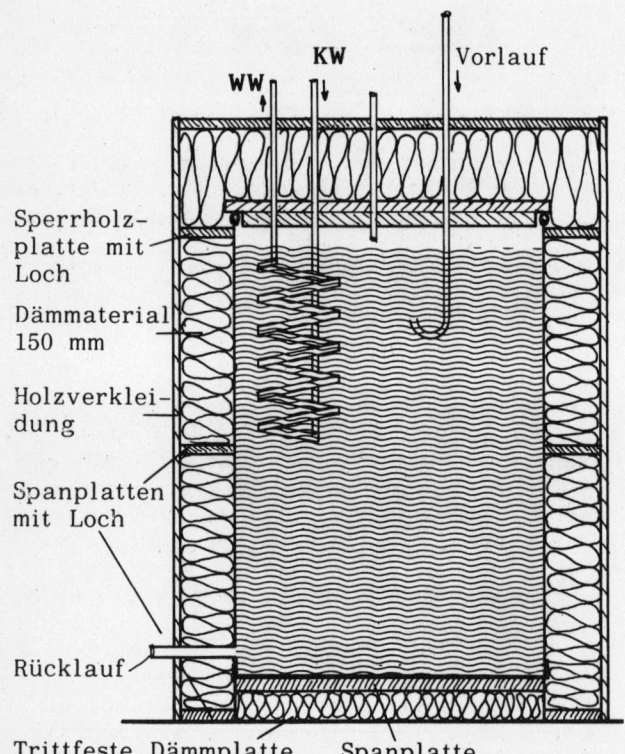

Das Anlagenschaltbild zeigt die Integration dieses Speichers in die Anlage:
Es handelt sich um ein offenes System, d.h. der Kollektorkreislauf ist zur Außenluft hin offen. Als Wärmeträger wird reines Wasser verwendet, die Kollektoren und die Installation sind so ausgeführt, daß sich das System bei Stillstand der Pumpe selbstständig entleeren kann. Die Wärme für das Brauchwasser wird über einen Wärmetauscher aus dem drucklosen Speicher entnommen.

1 Offener, druckloser **Speicher** aus Kupferblech oder einem anderen korrosionsbeständigem Material;
2 **Pumpe**: geeignet ist eine Umwälzpumpe, die bei der benötigten Förderhöhe einen ausreichenden Volumenstrom erzeugt (Beispiel: bei einer Förderhöhe von 2,5 m und einer Kollektorfläche von 8-10 m² reicht eine Leistung von 45 W elektrisch);

Anhang 3

Ergänzung: eine automatische Höherschaltung der Pumpenleistung bei höherer Strahlungsleistung erscheint im Einzelfall sinnvoll, wurde aber noch nicht erprobt; die realisierung erscheint einfach, da heute viele Pumpen drei elektrisch schaltbare Leistungsstufen haben.

3 **Speichervorlauf:** das Rohrende ist abgewinkelt und ragt unter die Wasseroberfläche, damit die Temperaturschichtung nicht gestört wird und der "Sommerbetrieb" (siehe Anmerkung am Schluß) möglich ist.

4 **Ausdehnungsbereich** im Speicher je nach Wasserinhalt der Anlage

5 **Muffenschieber** wird beim "Sommerbetrieb" benötigt (siehe Anmerkung)

6 **Schwerkraftbremse:** der Rückflußverhinderer wird bei "Sommerbetrieb" benötigt.

7 **Schnellentlüfter:** verschließbar

8 **Wärmetauscher** für die Brauchwassererwärmung: er muß eine relativ große Leistung haben; erfahrungsgemäß ist eine Tauscherfläche von 4-5 m^2 ausreichend, wenn zu große Durchflußmengen, z.B. durch gleichzeitiges Zapfen an mehreren Zapfstellen vermieden werden.
Bewährt hat sich die Reihenschaltung von z.B. 4 gebrauchten Wärmetauschern aus alten Holzkesseln (Heizungsbauer fragen, bzw. Schrottplatz aufsuchen; Entkalken nicht vergessen!

9 Übliche **Solarsteuerung**, evtl. mit Zusatz, siehe 2

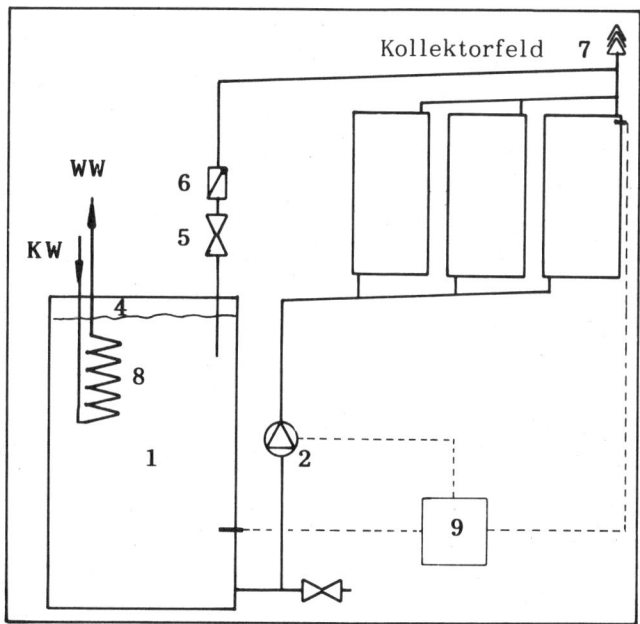

Anmerkung: "Sommerbetrieb – Winterbetrieb"

Im **Winter** muß die Anlage unbedingt mit offenem Be- bzw. Entlüfter laufen, damit das Wasser nach dem Abschalten der Pumpe wieder in den Speicher zurückläuft und dort frostsicher ist.
Die Pumpe arbeitet dann als Förderpumpe, siehe 2. Ein Teil der Rücklaufleitung und die Pumpe sind auch nach dem Abschalten der Pumpe wassergefüllt und müssen gut isoliert werden; daher ist es günstig, den Speicher in einem frostfreien Raum aufzustellen.

Im **Sommer** kann die Anlage auch mit geschlossenem Entlüfter laufen, wenn sie einmal entlüftet worden ist. Dazu den Muffenschieber 5 schließen und warten, bis sich die Anlage bei laufender Pumpe und offenem Entlüfter vollständig gefüllt hat; Entlüfter dann schließen und den Muffenschieber wieder öffnen!
Die Pumpe arbeitet nun als Umwälzpumpe, der Volumenstrom kann am Muffenschieber optimal eingestellt werden.
Diese Betriebsart ist besonders dann interessant, wenn größere Förderhöhen auftreten, weil dann im Sommer beim Umwälzbetrieb die Pumpenleistung erheblich verringert werden kann.

Lieferhinweise

Die folgende Aufstellung von Firmenanschriften gibt einige Hinweise, wo Sonnenkollektoranlagen bzw. entsprechende Bauteile bezogen werden können; sie erhebt keinen Anspruch auf Vollständigkeit.

Komplette Fertiganlagen

Es gibt in der Bundesrepublik eine ganze Reihe von kleinen und großen Herstellern von Solaranlagen, die komplette Anlagensysteme anbieten und diese entweder selbst oder über das örtliche Installationshandwerk (siehe gelbe Seiten im Telephonbuch) einbauen. Hier eine sehr begrenzte und vielleicht etwas willkürliche Auswahl von Adressen (weitere Herstelleradressen finden sich im "Energie-Sonderheft" der Stiftung Warentest, Jan.1984, sowie in dem Buch "Dauerhafte Energiequellen" von Th. Rotarius):

* Buderus AG
  Bereich Heizungs- & Klimatechnik
  Postfach 1220
  6330 Wetzlar

* Christeva Sonnenenergietechnik GmbH
  Sommerstr. 20
  8021 Sauerlach

* Gessner Energietechnik GmbH
  Postfach 5160
  5063 Overath-Untereschbach

* Herwi Solar GmbH
  Röllfelder Str. 17/18
  8761 Röllbach

* Hydrosol Solaranlagen GmbH
  Honsellstr. 8
  7640 Kehl

* Jäger Solartechnik
  Eisenbütteler Str. 13
  3300 Braunschweig

* Klöckner & Co Wärmetechnik
  Postfach 401040
  8000 München 40

* Krupp Handel GmbH
  Postfach 3509
  6000 Frankfurt 1

* Mildebrath GmbH
  Limburger Str. 4
  7831 Sasbach

* Reihard Solartechnik
  An der Riede 7
  2803 Weyhe-Lahausen

* SES F. Müller GmbH
  Industriestr.
  7181 Satteldorf

* Solar-diamant-System GmbH
  Kirchstr. 15 a
  4441 Wettringen

* Solar Energie-Technik GmbH
  Industriestr. 1-3
  6831 Altlußheim

* Stiebel Eltron GmbH & Co
  Dr. Stiebel Str.
  3450 Holzminden 1

* Vama KG
  Postfach 110
  3200 Hildesheim

* Viessmann KG
  Postfach 10
  3559 Allendorf/Eder

Selbstbausätze und Teile für den Selbstbau

für Brauchwasser- und Schwimmbad-Solaranlagen können über eine Reihe von **Energieläden** und **Handwerker-Gruppen** bezogen werden, die dazu auch praktische Beratung und Hilfestellung beim Selbstbau anbieten können. **Adressen siehe Seite 153!**

Versandhandel für Selbstbau-Solarbauteile:
Fa. Wagner & Co GmbH
Afföller Str. 30
3550 Marburg

Lieferhinweise

Bauteile für Solaranlagen

* **Absorber für Standard-Flachkollektoren**

  Fa. SEAB GmbH
  Lindigstr. 4
  8752 Kleinostheim
  (Edelstahlabsorber mit selktiver Beschichtung)

  SES F.Müller GmbH
  Industriestr.
  7181 Satteldorf
  (Alu-Absorber aufgepreßt auf Kupferrohr)

  Wagner & Co GmbH
  Afföllerstr. 30
  3550 Marburg
  (SUNSTRIP-Absorber, Alu mit Kupferkanal)

* **Schwimmbadabsorber**

  Fa. Hegler
  8735 Oerlenbach
  (Kunststoff-Hohlkammerplatten)

  Maurus Sonnen-Technik
  Liebigstr. 37
  8000 München 22
  (EPDM-Absorbermatten)

  OKU Obermaier Kunststoff
  8131 Sibichhausen
  (PE-Plattenabsorber)

  Fa. Robert Pfenning
  Gut Schwaige
  8130 Leutstetten
  (Rippenrohre und Zubehör für den Absorberbau)

  Fa. Wülfing & Hauck
  Postfach 10
  3504 Kaufungen 1
  (Absorbermatten aus PVC-beschichtetem Gewebe)

* **Luftkollektoren**

  FAB GmbH
  Feinmechanischer Apparatebau
  8191 Beuerberg

  Fa. W.Grammer Solar-Klima-Technik
  Postfach 1454
  8450 Amberg/Haselmühl

* **Transparente Abdeckungen**

  Flachglas AG Delog-Detag
  Auf der Reihe 2
  4650 Gelsenkirchen
  (Bauglas und Gewächshausglas: Bezug über den örtlichen Glas-(groß-)handel,

  Vereinigte Glaswerke GmbH
  Viktoria-Allee 3-5
  5100 Aachen
  (Albarino-Solarglas: die Firma gibt einen Händlernachweis)

  Fa. Pütz GmbH & Co
  Postfach 26
  6204 Taunusstein 4
  (Polyesterfolie "Hostaphan" u.ä.: Bezug in Kleinmengen z.B. über die "Energieläden", siehe S. 153)

  Fa. Du Pont de Nemours International S.A.
  Plastic Products Division
  78-82, route des Acacias
  CH-1211 Geneva 24, Schweiz
  (PVF-Tedlar Folie, Bezug in Kleinmengen schwierig)

* **Absorberbeschichtungen**

  Fa. Transfer Electric GmbH &Co KG
  Postfach 1327
  2844 Lemförde
  (schwarze Solar-Dispersionsfarbe, Bezug auch über die Energieläden)

  Wiggin Electrochemical Products
  Wiggin Street
  Birmingham B16 OAJ, England
  (Maxorb-Folie u.a. selektiv beschichteten Metalle: Bezug über: Energie-& Umweltzentrum, 3257 Springe-Eldagsen)

  3M Deutschland GmbH
  Postfach 643
  4040 Neuß

(schwarzer Solarlack "Velvet Coating", sowie transparente und refektierende Kunststoffolien für die Solartechnik)

* **Wärmeträger**

Tyforop Chemie GmbH
Hellbrookstr. 5a
2000 Hamburg 60
(Äthylen- & Propylenglykol mit Korrosionsschutzmitteln: Bezug: z.B. "Energieläden")

Fa. E.Schmarbeck
Ellmeney 1
7970 Leutkirch im Allgäu 3
(PKL-Wärmeträger-Flüssigkeiten)

* **Solar-Steuerungen**

Fa. R. Büttcher
Am Schleprieth 6
3101 Lachendorf
(Selbstbausätze und Fertiggeräte)

Fa. H.Maile
Zollernstr. 15
7061 Oberberken

Fa. Resol GmbH
Postfach 1370
4322 Sprockhövel 1

Ing.Büro W.Schrul
Neideckstr. 10
8000 München 60

KT-Elektronik
Seestr. 26
1000 Berlin 65
(Solar-Spezialsteuerungen und Energiesparcomputer)

* **Warmwasser-Druckspeicher**

Bindl-Energie-Systeme GmbH
Wernberger Str. 41
8473 Pfreimd

SES F.Müller GmbH
Industriestr.
7181 Satteldorf

Eisenwerk Eintracht Bäcker & Co KG
Postfach 100222
5900 Siegen

Thyssen Henrichshütte AG
Postfach 800359
4320 Hattingen

Alle Speicher werden in der Regel über den örtlichen Installations-(groß-)handel bzw. die Energieläden und Handwerkergruppen geliefert.

* **Wärmetauscher**

Fa. Behncke Energie-Spar-Technik GmbH
Werner-von-Braun Str. 1
8011 Putzbrunn bei München
(Edelstahl-Wärmetauscher)

Wieland Werke AG
Postfach 4240
7900 Ulm
(Rippenrohrwärmetauscher: Lieferung in der Regel zusammen mit dem Speicher, siehe "Speicher")

* **Installationsmaterial**

Rohre, Fittings, Verschraubungen und sonstiges Installationsmaterial (Ausdehnungsgefäß, Sicherheitsventil, Lot und anderes Zubehör) kann im allgemeinen günstig über den örtlichen Installationsbedarf besorgt werden, wo auch die Handwerker einkaufen.

Spezielles Zubehör für Solaranlagen wird in den Selbstbausätzen der Energieläden und der Fa. Wagner & Co mit angeboten.

Abbildungsnachweis

4   Firmenprospekt Fa. Viessmann, Allendorf
6   ebenso
7   Koblin: Handbuch Passive Nutzung der Sonnenenergie,
12 Firmenprospekt Solar Energie-Technik: Wärmegewinnung durch Sonnenenergie
13 RWE Handbuch Technischer Ausbau, Essen
14 Firmenprospekt: Fa. Viessmann
15 Solar Age (Zeitschrift), Harrisville USA
24 Sparsame Energie-Verwendung im Wohnbau Österr. Bundesministerium für Wissenschaft
27 Firmenprospekt: Fa. Gränges Aluminium, Finspång, Schweden
28 Fa. Wagner & Co, Marburg
29 wie 27
30 wie 28
32 S.Kornher: Solar Air Heating Systems,
35 wie 13
36 wie 13
39 Informationswerk Sonnenenergie, U.Pfriemer Verlag. Wiesbaden
42 Firmenprospekt: Fa.Etab, Bastad, Schweden
43 wie 32
45 Landtechnik Weihenstephan
46 ebenso
50 Wozniak: Solar heating systems for the UK
51 wie 13
57 Deutsches Kupferinstitut, Berlin
58 ebenso
60 wie 32
62 Heizen mit der Sonne, Tagungsbericht der Deutschen Gesellschaft für Sonnenenergie
68 Firmenprospekt: Fa.Resol, Sprockhövel
69 wie 39
71 wie 68
74 Firmenprospekt: Fa. Thyssen
75 ebenso
76 Firmenschrift: Fa.Norsk Hydro Magnesiumgesellschaft, Essen
78 Solar-Heizungssysteme 1984, Österr. Bundesministerium für Wissenschaft und Forschung, Wien
79 ebenso
80 Sonnenenergie & Wärmepumpe (Zeitschrift)
81 wie 32
86 Firmenprospekt: Fa. Stiebel Eltron, Holzminden,
87 wie 12
88 wie 86
94 wie 12
96 wie 12
98 ebenso
99 wie 13
101 wie 13
103 wie 78
104/105 wie 32
106 Firmenprospekt: Fa.Brink Klimaheizung, Oldenburg
108 wie 12
116 Energie- & Umweltzentrum, Springe
119 ebenso
121/122 ebenso

Die Tabellen A1-1, A1-2, A1-4, A1-5, A1-6 und A1-7 wurden dem Buch: Koblin u.a., "Handbuch Passive Nutzung der Sonnenenergie" entnommen.

Literaturhinweise

* **Allgemeine Einführung**

- Thomas Rotarius: Dauerhafte Energiequellen Verlag Th. Rotarius, Cölbe 1983

- Informationspaket Sonnenenergie zur Warmwasserbereitung und Raumheizung; Teil 1+2 Fachinformationszentrum Energie, Physik, Mathematik GmbH, Karlsruhe 1982/1983

* **Solartechnik**

- Lippold, Trogisch, Friedrich: Solartechnik, Thermische und fotoelektrische Nutzung der Sonnenenergie; Verlag Ernst & Sohn, Berlin 1984

- F.Kreith, j.F.Kreider: Principles of Solar Engineering, McGraw Hill, New York 1978

- S.J.Wozniak: Solar heating systemsfor the UK, Department of Enviroment, London 1979

- Solar-Heizungssysteme 1984, Bundesministerium für Wissenschaft und Forschung, Wien 1984

- Sparsame Energie-Verwendung im Wohnbau, Bundesministerium für Wissenschaft und Forschung, Wien 1980

- H.Grallert: Solarthermische Heizungssysteme Verlag R.Oldenbourg, München 1978

- Informationswerk Sonnenenergie Bd. 1-4 U. Pfriemer Verlag, München/Wiesbaden 1981

- Wagner & Co: So baue ich meine Solaranlage; Selbstverlag, Marburg 1982

- S.Kornher: Solar Air Heating Systems; Rodale Press, Emmaus,Pa. 1983

- H.Schulz: Sonnenenergie, Top agrar extra; Landwirtschaftsverlag, Münster 1981

- Bauanleitung für einen Selbstbau-Warmwasserkollektor; Landtechnik Weihenstephan, Vöttinger Str. 36, 8050 Freising, 1981

- Bauanleitung für einen Selbstbau-Serpentinenkollektor; Landtechnik Weihenstephan, Freising

- Energiesparen, Solaranlagen,Wärmepumpen; Energie-Sonderheft der Stiftung Warentest, Berlin 1/84

- Tagungsbericht des 3. Internationalen Sonnenforums, Hamburg 1980, Deutsche Gesellschaft für Sonnenenergie, Augustenstr. 79, 8 München 2

- Tagungsbericht des 5. Internationalen Sonnenforums, Berlin 1984, Deutsche Gesellschaft für Sonnenenergie, München

- Zeitschrift "Sonnenenergie", 6 x im Jahr Herausgeber: Deutsche Gesellschaft für Sonnenenergie, München

- Zeitschrift "Sonnenenergie & Wärmepumpe" Herausgeber: A. Urbanek, Sonnenenergie Verrlags-GmbH, Sarreiter Weg 79, 8017 Ebersberg (6 x im Jahr)

- W.Koblin u.a.: Handbuch Passive Nutzung der Sonnenenergie; Bundesminister für Raumordnung, Bauwesen und Städtebau, Schrift Nr. 04.097, Bonn 1984

* **Heizungstechnik**

- Recknagel, Sprenger: Handbuch Heizung + Klimatechnik; Verlag R.Oldenbourg, München 1984

- Die fachgerechte Kupferrohr-Installation; Deutsches Kupfer-Institut, Knesebeckstr. 96 1000 Berlin 12

- Handbuch Planung und Projektierung wärmetechnischer Gebäudesanierungen; Bundesamt für Konjunkturfragen, Bern 1983

- C.L.Kruse: Kathodischer Korrosionsschutz für emaillierte Speicher-Wassererwärmer; Norsk Hydro Magnesiumgesellschaft mbH, Essen 1982

Solaranlagen zum Selberbauen

- Solarzellen und solare Stromversorgungssysteme
- Sonnenkollektoren für Brauchwasser, Heizung und Schwimmbad
- Bauen und biologische Baustoffe

Wir sind ein Zusammenschluß von selbstverwalteten Projekten und Betrieben ohne Chefs, die sich der Verbreitung ökologisch sinnvoller Techniken verschrieben haben.
Wir haben langjährige Erfahrungen im Bau von preiswerten, aber technisch ausgereiften, leistungsfähigen Anlagen zur Nutzung der Sonnenenergie. Unsere Gemeinschaft besteht aus folgenden Gruppen:

Hier finden Sie Solarzellen und das gesamte Zubehör für solare Energienutzung:

Sanfte Energie GmbH,	Energie- und Umweltzentrum	3257 Springe 3	05044-380
H. Jäger Solartechnik,	Marienbergstr. 1	3300 Braunschweig	0531-871088
Wagner & Co Solartechnik,	Zimmermannstr. 17	3550 Marburg	06421-63155
Kölner Energieladen	Kattowitzerstr. 37	5000 Köln 80	0221-697678
Ökol. Bau- & Energietechnik	Liebfrauenstr. 1	6100 Darmstadt	06151-76091
Der Energiesparladen	Gostenhofer Hauptstr. 51	8500 Nürnberg	0911-262535

ENERGIE-GRUPPEN
Betriebe in Selbstverwaltung
- Für eine sonnige Zukunft -

Weitere Schwerpunkte unserer Arbeit:
- Solararchitektur, Anlehngewächshäuser
- Energieberatung, Planung energietechnischer /
- Farben und Holzschutzmittel auf biologischer l
- Bauberatung, Wärme- und Schalldämmung
- Vertrieb ökologischer Dämmstoffe und von Zub
- Regenwassernutzung, Wasserspartechniken

Weitere Mitgliedsgruppen, die vornehmlich im Bereich "Bauen & biologische Baustoffe" tätig sind:

Energie- & Umweltladen	Bültenweg 95	3300 Braunschweig	0531-332992
Öko-Bauladen	Schönfelderstr. 12	3500 Kassel	0561-27223
Holz & Haus	Lohstr. 28	4500 Osnabrück	0541-258467
Baubude	Artilleriestr. 12	4950 Minden	0571-84854
Biohaus	Ludwigstr. 18	4790 Paderborn	05251-730352
Glashaus	Alexanderstr. 69-71	5100 Aachen	0241-23227
Baumhaus	Vorstadtstr. 22	6600 Saarbrücken	0681-52704
REA GmbH	Holzstr. 2	8000 München	089-2607333

Sach- und Fachbücher zur umweltfreundlichen Technik

Holger König
Wege zum gesunden Bauen
Aus dem Inhalt: richtige Baustoffwahl, geeignete Baukonstruktionen mit Eigenschaften und Anwendungsbereichen, Beispiele ausgeführter Häuser, Baunormen, Bauphysik, Preise und Bezugsquellen. Ein Handbuch für Bauherren, Selbstbauer, Architekten und Handwerker, das die theoretischen und praktischen Aspekte der Baubiologie anschaulich und nachvollziehbar miteinander verbindet. 192 S. m.v. Abb., Neuauflage 1989   39,80 DM

G. Häfele, W. Oed, L. Sabel
Althauserneuerung
Ein Handbuch für alle Hausbesitzer und Bauherrn, das ausführlich den behutsamen, handwerklich sachgerechten Umgang mit alter Bausubstanz beschreibt und zeigt, worauf es bei einer umweltverträglichen und kostengünstigen Renovierung ankommt, welche Maßnahmen bei den einzelnen Bauteilen angebracht sind. Mit Anleitungen zur Selbsthilfe, ausführlicher Baustoffkunde und Kostenübersicht. 226 S. m. v. Abb., 1988   39,80 DM

Othmar Humm
Niedrigenergiehäuser in Theorie und Praxis
Alles, was man für den Bau von Häusern mit sehr niedrigem Energieverbrauch wissen muß, wird in diesem Buch behandelt: planerischen Konzepte, Baukonstruktionen und besondere Haustechniken; mit 14 ausgeführten Beispielen, die die Bandbreite der Lösungsmöglichkeiten dokumentieren und die Energiesparerfolge belegen. 220 S.m.v.Abb., 1990   ca. 40,- DM

Claudia Lorenz Ladener
Naturkeller
Grundlagen, Planung und Bau von naturgekühlten Lagerräumen im Haus oder Freiland, um für Obst und Gemüse geeignete Überwinterungsmöglichkeiten zu schaffen. ca. 120 S. m.v.Abb., 1990   ca. 24,80 DM

Claudia Lorenz-Ladener, Heinz Ladener
Solaranlagen im Selbstbau
Das Handbuch der Sonnenkollektortechnik für Warmwasserbereitung, Schwimmbad- und Raumheizung; mit Anleitungen und nützlichen Tips für den Selbstbau. 7 Aufl. 1985; 154 S. m. vielen Abb.   24,80 DM

Peter Weissenfeld
Holzschutz ohne Gift?
Holzschutz und Holzoberflächenbehandlung in der Praxis mit vielen Anleitungen und Rezepten für alle, die in Haus und Hof selbst zum Pinsel greifen. 7. überarbeitete Aufl. 1988, 141 S. mit Abb. DIN A5 br.   16,80 DM

Claus-Dieter Clausnitzer
Historischer Holzschutz
Eine wissenschaftliche Abhandlung über die Entwicklung der baulichen, chemischen und sonstigen, heute möglicherweise vergessenen Holzschutzmaßnahmen von den Anfängen vor ca. 7000 Jahren bis ins 20. Jahrhundert. ca. 250 S. m. vielen Abb., 1990   ca. 44,- DM

Georg Hänisch
Kork - ein Baustoff
Gewinnung, Eigenschaften, Verarbeitung und Anwendungsbeispiele für den Baustoff Kork, mit konkreten Empfehlungen und Konstruktionsbeispielen für Planer und Praktiker. 100 S. m.v.Abb., 1990   16,80 DM

Wolfgang Martin, Gunter Geller
Biologische Abwasserreinigung im Haus
3 Selbstbauanleitungen für Komposttoilette, Grauwasserreinigung im Gewächshaus und Abwasserreinigung durch Pflanzenbeete (Schilfkläranlage). 68 Seiten m. vielen Abb. + 3 Faltplänen, 21 x 20 cm, 1984   16,80 DM

Wolfgang Bredow
Regenwasser-Sammelanlage
Eine leicht verständliche Anleitung für den Bau verschiedener Regenwasser-Sammelanlagen, mit denen viel kostbares Trinkwasser eingespart werden kann. 7. überarb. Aufl. 1988, 126 S. m. vielen Abb.   16,80 DM

Hans Mönninghoff, Hrsg.
Ökotechnik: Wasserversorgung im Haus
Wassersparende Armaturen und Toilettenspülsysteme, doppelte Wassernetze, Regenwassernutzung, Grauwasserreinigung: Grundlagen, Betriebserfahrungen, Anleitungen sowie kommunal- und landespolitische Handlungsmöglichkeiten. 115 S. m. vielen Abb. 1988   24,80 DM

Bücher zu aktuellen Themen
Bauen - Energie - Umwelt

Heinz Ladener
Solare Stromversorgung
Neben den Grundlagen der Solarzellentechnik vermittelt das Buch Wissen und Fakten, die für den Bau solarer Stromversorgungsanlagen gebraucht werden: Solarpanele, Akkus, Schaltungstechnik und energiesparende Geräte. Mit Beispielen und Erfahrungen von erprobten Solarstrom-Anlagen für Geräte, Fahrzeuge u. Häuser. 168 S. m. vielen Abb., 1986   29,80 DM

Robert Borsch, Peter Stenhorst
Das Solarzellen-Bastelbuch
Für alle, die sich zunächst einmal auf spielerischer Ebene mit der neuen Technik der Stromerzeugung durch Solarzellen beschäftigen wollen. Mit Anleitungen für einfache Solarspielzeuge, praktischen Schaltungen und Bezugsquellenverzeichnis. 92 S. mit vielen Abb., 1983   14,80 DM

Heinz Schulz
Der Savonius-Rotor
Detaillierte Bauanleitungen für verschiedene Rotorkonstruktionen zur Nutzung der Windenergie im Leistungsbereich von 100 -2000 W. Mit Hinweisen zur Auswahl langsamlaufender Generatoren und Wasserpumpen. 80 Seiten mit vielen Abb. + Konstruktionsplänen, 1989   12,80 DM

U. Stampa, W. Bredow
Die Windwerker
Dokumentation von 16 Selbstbau-Windkraftanlagen im norddeutschen Raum; mit Betriebserfahrungen, Daten und Detailskizzen zu jeder Anlage sowie Hinweisen auf Nachteile und Fehler der Konstruktionen - eine Fundgrube für jeden Praktiker. 96 S. m. vielen Abb., 1987   19,80 DM

 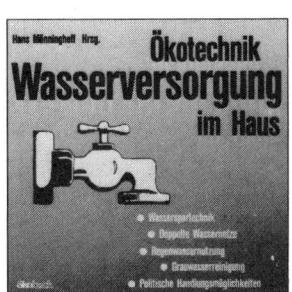   

Heinz Schulz
Wärme aus Sonne und Erde
Detaillierte Bauanleitung für ein energiesparsames Heizungssystem mit Solarabsorber, Erdwärmespeicher u. Dieselmotorwärmepumpe. Betriebserfahrungen u. Auslegungshinweise. 103 S.m.v. Abb., 1987   24,80 DM

Richard Niemeyer
Der Lehmbau und seine praktische Anwendung
Nachdruck des Originalwerks von 1946: hier werden alle bekannten Techniken ausführlich dargestellt. Eine gute und umfassende Einführung in den traditionellen Lehmbau! 157 Seiten mit vielen Abb., DIN A5,   14,80 DM

Horst Crome
Windenergie - Praxis
Aus langjähriger Praxis vermittelt der Autor nicht nur das nötige Grundwissen über Windenergienutzung und Anlagenkonstruktion, sondern beschreibt auch Schritt für Schritt den Bau einer soliden und leistungsfähigen Anlage (1-3 kW) zu Stromerzeugung. 152 S. m. v. Abb. 1987/89   29,80 DM

Uwe Hallenga
Wind: Strom für Haus und Hof
Eine ausführliche, reich bebilderte Bauanleitung mit komplettem Zeichnungssatz für eine kleine Windkraftanlage mit 2,2 m Rotor-Ø, die bei gutem Wind 200-500 Watt Leistung liefert. 76 S. m.v.Abb., 1990   14,80 DM

Preisstand 1.5.1990 - Änderungen vorbehalten!

Unsere Bücher erhalten Sie in allen guten Buchhandlungen!

In unserer *Versandbuchhandlung* haben wir über 300 Titel auf Lager, die Sie direkt bei uns bestellen können, und zwar zu folgenden Themen: Solararchitektur - Bauen & Selbstbau - Nutzung von Sonnen-, Wind- und Wasserkraft - Bioenergie - Energiekonzepte - Land- und Gartenbau - Tierhaltung - gesunde Küche - und vieles mehr ....

Fordern Sie einfach die große Buchliste an bei:

7813 Staufen   Postfach 1126